FORSCHUNGSBERICHTE DES LANDES NORDRHEIN-WESTFALEN

Nr. 1720

AF783677

Herausgegeben

im Auftrage des Ministerpräsidenten Heinz Kühn

von Staatssekretär Professor Dr. h. c. Dr. E. h. Leo Brandt

DK 666.974.539.217.1 : 620.193

Prof. Dr. phil. nat. habil. Hans-Ernst Schwiete
Dr.-Ing. Udo Ludwig
Dr.-Ing. Hans-Peter Lühr

Institut für Gesteinshüttenkunde der Rhein.-Westf. Techn. Hochschule Aachen

I. Teil

Resonanzfrequenzmessungen an in Wasser und aggressiven Lösungen gelagerten Mörtelprismen

II. Teil

Der Einfluß der Porosität auf die Aggressivbeständigkeit von Zementmörtelprismen

SPRINGER FACHMEDIEN WIESBADEN GMBH 1967

ISBN 978-3-663-06671-2 ISBN 978-3-663-07584-4 (eBook)
DOI 10.1007/978-3-663-07584-4

Verlags-Nr. 011720

© 1967 by Springer Fachmedien Wiesbaden
Ursprünglich erschienen bei Westdeutscher Verlag, Köln und Opladen 1967

I. TEIL

Resonanzfrequenzmessungen an in Wasser und aggressiven Lösungen gelagerten Mörtelprismen

Inhalt

1. Einleitung und Literaturübersicht

Die zerstörungsfreie Prüfung von metallischen Werkstoffen wird seit vielen Jahren erfolgreich durchgeführt.

In letzter Zeit sind immer wieder Versuche unternommen worden, dieses Prüfverfahren auch zur Beurteilung silikatischer Materialien wie Beton, Zementmörtel und feuerfeste Baustoffe anzuwenden, die infolge ihrer relativ größeren Inhomogenität für dieses Meßverfahren zunächst weniger geeignet erschienen waren. Doch haben die Versuchsergebnisse gezeigt, daß die Anwendung dieser Methode interessante Auskünfte über die Beschaffenheit der genannten Materialien erbringt, die man sonst nur durch Festigkeitsprüfungen erhalten könnte, die jedoch mit der Zerstörung der Bau- oder Prüfkörper verbunden sind.

So bedeutet die Anwendung dieses Verfahrens bei Laborversuchen eine Verringerung der Prüfkörperzahl und die Prüfung immer wieder an denselben Prüfkörpern. Zusätzlich lassen sich Messungen an der Baustelle unmittelbar am Bauwerk durchführen. Es können die Festigkeitsentwicklung von Beton und Mörtel sowie deren Verhalten gegenüber Frostwechsel und aggressiven Lösungen verfolgt werden.

Zur Beurteilung der Beschaffenheit eines Baustoffes dient der dynamische E-Modul, der nach zwei Verfahren bestimmt werden kann, und zwar nach dem dynamischen Impulsverfahren sowie nach der dynamischen Resonanzmethode.

Beim Impulsverfahren (Ultraschallmethode, Laufzeitmessungen) werden Schallimpulse durch den Prüfkörper geleitet und deren Fortpflanzungsgeschwindigkeit gemessen, mit der bei bekannter Dichte des Prüfkörpers der dynamische E-Modul berechnet werden kann. Je nach Art des Prüfkörpers werden Frequenzen von 1 bis 10 MHz (Metalle) und 20 bis 100 kHz (Beton) verwendet.

Die dynamische Resonanzfrequenzmethode beruht darauf, den Prüfkörper durch Anregung in Resonanzschwingungen zu versetzen.

Erfolgt die Anregung mit der Eigenfrequenz, so schwingt der Prüfkörper sehr stark mit, die Schwingungsamplitude erreicht ein Maximum. Je nachdem, wie der Prüfkörper angeregt wird, können verschiedene Resonanzfrequenzen gemessen werden. So liegen bei Mörtelnormenprismen die Resonanzfrequenzen der Längsschwingung im Bereich von 10 bis 14, der Biegeschwingung bei 4 bis 6 kHz. Aus diesen Resonanzfrequenzen kann ebenfalls der E-Modul berechnet werden.

Der Elastizitätsmodul E ist durch die Beziehung $\frac{\Delta l}{l} = \frac{1}{E} \cdot \sigma$ definiert, wobei $\frac{\Delta l}{l}$ die durch Dehnung eines homogenen isotropen stabförmigen Körpers hervorgerufene Längenänderung und σ die Normalspannung bedeuten. Man unterscheidet zwischen dem statischen und dem dynamischen E-Modul. Da Beton unter Belastung eine bestimmte bleibende Verformung erleidet, die nur schwierig genau ermittelt werden kann, wird bei der Bestimmung des E-Moduls von Beton auch das dynamische Verfahren angewandt. Hierbei wird der Prüfkörper mit Hilfe mechanischer Schwingungen (kleine Kräfte aber hohe Lastfrequenzen) periodischen Belastungsänderungen ausgesetzt, die nur noch zu geringen Verformungen führen, die vernachlässigt werden können.

Dabei ist bekannt, daß der dynamische E-Modul wesentlich vom E-Modul der Zuschlagstoffe abhängt, während der statische E-Modul in erster Linie durch den Zementstein bestimmt wird. Sie stimmen um so besser überein, je trockener die Prüfkörper sind. So kann bei statischen Messungen das Wasser wandern, während dies bei der dynamischen Bestimmung aus zeitlichen Gründen nicht möglich ist [54]. Während die Ermittlung des dynamischen E-Moduls nach dem Resonanzverfahren im Spannungszustand $\sigma = 0$ erfolgt, können Laufzeitmessungen auch bei Prüfkörpern unter Belastung vorgenommen werden.

Von besonderem Interesse sind die Beziehungen zwischen dem dynamischen E-Modul und den Festigkeitswerten, für die es eine Anzahl empirischer Beziehungen gibt.

Bei vielen Untersuchungen muß man sich mit relativen Zu- oder Abnahmen der Resonanzfrequenz bzw. der Schallgeschwindigkeit oder des E-Moduls begnügen, wie z. B. bei der Beurteilung von Mörtel- und Betonprüfkörpern während der Aggressivlagerung, wenn die Einwirkung der angreifenden Flüssigkeit stets an denselben Prüfkörpern verfolgt werden soll.

Bereits im Jahre 1877 stellte Rayleigh [1] mathematische Beziehungen zwischen Resonanzfrequenz von Prüfkörpern, Schallgeschwindigkeit und deren E-Moduln auf.

Wenige Jahre später führte Bach [2] 1895 die ersten Versuche zur Bestimmung des elastischen Verhaltens von Beton durch. Im Jahre 1935 wurde u. a. von Hummel [3] darauf hingewiesen, daß ein günstiger Straßenbaubeton einen geringen E-Modul besitzen müsse. Zur Steigerung der Betonelastizität wurden Zusätze von Traß, Kieselgur, Ziegelsplitt und Kalk vorgeschlagen. Diese Erhöhung der Betonelastizität hat aber eine Festigkeitsverringerung zur Folge. Durch geeignete Betonzuschlagstoffe konnte bei gleicher Festigkeit ebenfalls eine Steigerung der Betonelastizität erzielt werden. Es wurde weiter darauf aufmerksam gemacht, daß der E-Modul bei Beton von mindestens sieben Variablen abhängt [3, 4]:

1. Bindemittelart und -menge
2. Mischungsverhältnis
3. Korngröße
4. Grobe Zuschläge
5. W/Z-Faktor
6. Herstellungsart
7. Alter

Powers [5] führte 1938 Schallmessungen an Beton durch und stellte fest, daß eine gute Übereinstimmung der mittels Ultraschall und statischer Methoden bestimmten E-Moduln besteht. Obert [6] bestimmte den E-Modul an Betonen mit und ohne Belastung mittels der Ultraschallmethode.

Im Jahre 1938 verfolgten MEYER und BUCHMANN [7] mit Hilfe von Ultraschallmessungen den Abbindevorgang bei Purzementmischungen (W/Z = 0,35). Die Messung ergab, daß das Erstarren nach ca. 50 Minuten begann und nach 5 Stunden beendet war. MEYER und BOCK [8] berichteten 1939 über die erfolgreiche Bestimmung von feinen unsichtbaren Querrissen in eisenbewehrten Betonbalken mit Hilfe von Ultraschall.
Über die Anwendung der Schallmethode bei durch Frost–Tau-Wechseln beanspruchten Betonen wird 1939 von HORNIBROOK [9] und 1940 von WILLIS, DE REUS und THOMSON [11] sowie 1944 von WALKER [16] berichtet.
HORNIBROOK [10] beschreibt 1941 Messungen der linearen Ausdehnung sowie des dynamischen E-Moduls an sulfatgelagerten Mörtelprismen. Bei einem Mischungsverhältnis Zement : Ottawa-Sand wie 1 : 5 wurden zwei Versuchszemente mit 6 und 12% C_3A verwendet. Nach 7- bzw. 28tägiger Wasservorlagerung wurden die 5×5×25-cm-Prismen in 10%ige Na_2SO_4- bzw. $MgSO_4$-Lösung eingelagert. Dabei wurden zwei Lagerungsarten angewandt – eine kontinuierliche sowie eine periodische.
In Abb. 1 sind die Änderungen des E-Moduls sowie die Längenzunahme der Prismen nach 7tägiger Wasservorlagerung gegen die Sulfatlagerungsdauer aufgetragen. Während die Proben mit 6% C_3A (Proben 9 und 10) nach 12wöchiger Lagerung sowohl in der Na_2SO_4 – als auch in der $MgSO_4$-Lösung eine relativ geringe Ausdehnung und eine kontinuierliche *Zunahme* des E-Moduls zeigen, tritt bei den Prüfkörpern mit 12% C_3A (Proben 1 und 2) bereits nach 3 bzw. 5 Wochen Sulfatlagerung die mit einem starken Abfall des E-Moduls verbundene starke lineare Ausdehnung der Prüfkörper ein.
Als Grenze der Sulfatbeständigkeit wurde in dieser Versuchsreihe ein E-Modul von mindestens $2{,}5 \cdot 10^6$ psi (175 000 kp/cm²) sowie eine lineare Längenänderung von maximal 0,2% der Prüfkörper angegeben.
In seinem Bericht über die amerikanischen Langzeitversuche führt DAHL [20] an, daß der E-Modul der sulfatgelagerten Betonproben gut mit der Beurteilung nach Augenschein und den Festigkeitswerten übereinstimmt. Im Jahre 1941 schlagen OBERT und DUVALL [12] die dynamische Untersuchungsmethode für die Beurteilung von Beton zur Normung vor.
Über umfangreiche Laufzeitmessungen an im Freien stehenden Betonkörpern berichten LONG und KURTZ [13], LONG, KURTZ und SANDENOW [14] und WEST [15]. Viele Veröffentlichungen amerikanischer und französischer Autoren haben in den Jahren 1949–1953 Ultraschall-Untersuchungen an Betonen zum Inhalt, u. a. so JONES [17], CHEESMANN [19], LESLIE und CHEESMANN [18], WHITEHURST [21], L'HERMITE [22], ARNDT [23], ANDERSEN und NERENST [24], MEYER [25] und PARKER [26]. In der Veröffentlichung von L'HERMITE [58] war die für die Beziehung zwischen Druckfestigkeit und dynamischem E-Modul wichtige Beziehung $E_{\text{dyn.}} = K \sqrt{\beta_D}$ aufgestellt worden.
In einer umfangreichen Arbeit vergleichen BATCHELDER und LEWIS [27] Resonanzfrequenz- und Laufzeitmessungen bei der Beurteilung der Zerstörung von Laborprüfkörpern unter der Einwirkung von Frost–Tau-Wechseln. Sie kommen auf Grund ihrer Untersuchungen u. a. zu dem Ergebnis, daß Geschwindigkeits-

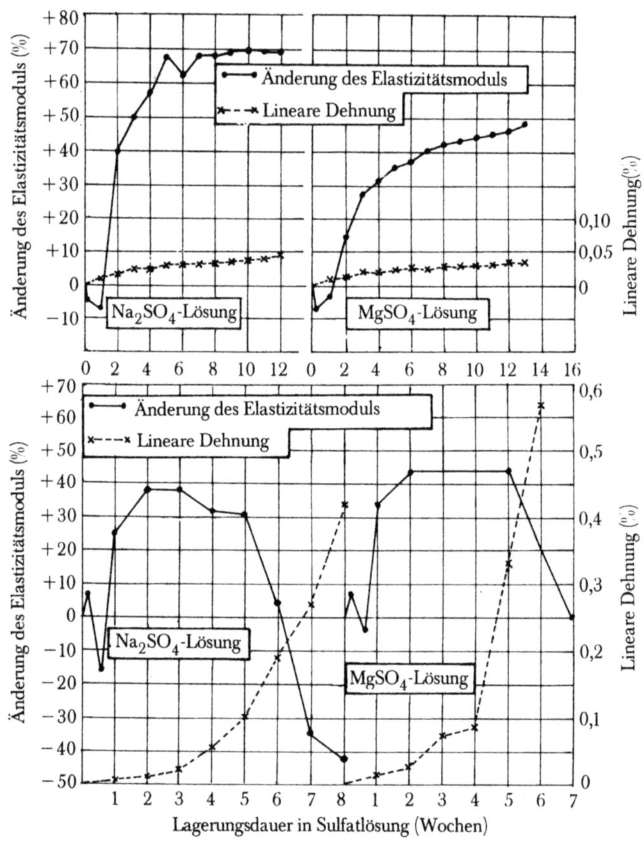

Abb. 1 Änderung des E-Moduls und der Prismenlänge während der Sulfatlagerung (nach HORNIBROOK)

messungen bei der Beurteilung der Zerstörung weniger empfindlich sind als Resonanzfrequenzmessungen. So ist die Abnahme des aus der Resonanzfrequenz errechneten E-Moduls bei der Betonzerstörung zweimal so groß wie der aus der Schallgeschwindigkeit errechnete. Unterschiede zwischen den E-Moduln aus Resonanzfrequenz und Ultraschall errechnet, die an nicht den Frost–Tau-Wechseln ausgesetzten Betonen gemessen wurde, führen die Verfasser auf die Tatsache zurück, daß die Ultraschall-Druckwellen sich den Weg durch die dichtesten Partien des Betons suchen und somit keine Auskunft über die durchschnittliche Beschaffenheit des Prüfkörpers geben. Dagegen wird mit der Resonanzfrequenz die durchschnittliche Beschaffenheit des Prüfkörpers ermittelt.

STEINKAMP berichtet 1953 über die Untersuchung von Rissen in Beton mittels Ultraschall, wobei die Rißweiten bestimmt werden konnten [28].

Nach WESCHE [29] ist es auf Grund der großen Streuung ($\rightarrow \pm 25\%$) der Meßergebnisse, die auf die unterschiedlichen Mischungsverhältnisse des Betons sowie auf die verschiedenen E-Moduln der verwendeten Zuschläge zurückgeführt werden, nur möglich, den Beton nach gemessenen Schallgeschwindigkeiten in beispielsweise vier Güteklassen einzuteilen. Zur Beurteilung eines Betons wird vorgeschlagen, zusätzlich die Ergebnisse der Kugelschlagprüfung mit heranzuziehen. Die zunehmende Bedeutung des zerstörungsfreien Prüfverfahrens fand in der Durchführung eines Symposiums über zerstörungsfreie Materialprüfung im Januar 1954 in Paris ihren Ausdruck. Die über die zerstörungsfreie Prüfung von Beton gehaltenen Vorträge sind in dem Rilem-Bulletin, Heft 19, [30] zusammengefaßt.

Von den Veröffentlichungen der Jahre 1954–1956, die sich wiederum mit Schallmessungen im Beton befassen, ist u. a. neben denen von Ardevol [31], Challier [32], Elvery [33], Phillico [34], Wesche [35] die von Dawance und Chefdeville [36] zu erwähnen, die E-Modul-Messungen sowohl an wasser- als auch an luftgelagerten Betonen durchgeführt haben und weiterhin die Zerstörung von Beton durch Frost, Korrosion und Feuereinwirkung verfolgten. Sie führten gleichfalls Untersuchungen der Abbinde- und Erhärtungsvorgänge an Frischbeton und Zementleim durch. Auch konnte das sogenannte falsche Abbinden durch Änderung der Schallgeschwindigkeit erfaßt werden, wie es Abb. 2 zeigt, wo die Schallgeschwindigkeiten über den Erstarrungszeiten für einen normales und einen falsches Abbinden zeigenden Zement aufgetragen sind.

Der Abfall der Resonanzfrequenz bzw. des E-Moduls als Maß für die Beständigkeit von Mörtel und Beton gegenüber aggressiven Lösungen sind von Stutterheim, Lochner und Burger [37], Evans, Blaine und Worksmann [38] sowie von Aardt [39] verwendet worden. Walz und Weil [40] konnten mit Hilfe von Resonanzfrequenzmessungen den Einfluß luftporenbildender Zusatzmittel im Beton bei Frostwechseln nachweisen.

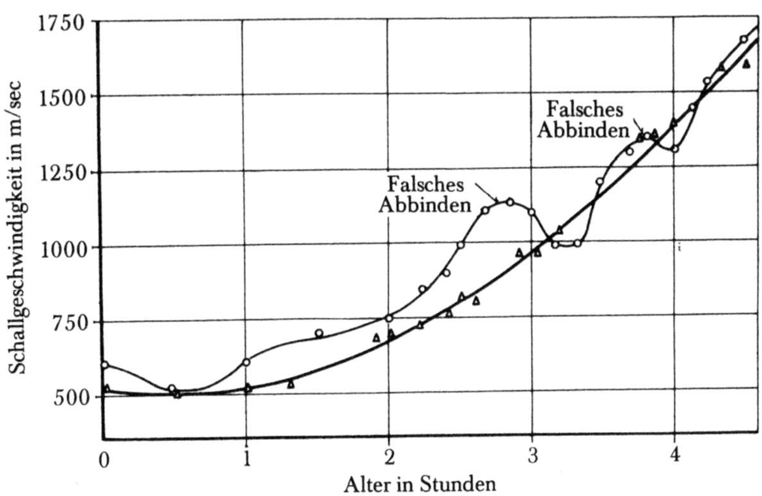

Abb. 2 Änderung der Schallgeschwindigkeit in Funktion der Zeit während des Abbindens von zwei Zementen gleicher Art, wovon der eine ein falsches Abbinden zeigte (nach Dawance und Chefdeville)

Fritsch und Kottas [41] kontrollierten mit Hilfe von Ultraschallsonden, die in kleine Bohrungen von Massenbetonbauwerken eingeführt wurden, die Gleichmäßigkeit des Betons. Vinkeloe [42] berichtet 1962 über die Bestimmung des dynamischen E-Moduls von Betonprismen mit Hilfe der Resonanzfrequenzmessung. Zur Bestimmung des dynamischen E-Moduls an feuerfesten Materialien ist von Keler und Wesselowa [43] die Ultraschallmethode angewandt worden.
Die Anwendungsmöglichkeit der Resonanzfrequenzmessung bei der Beurteilung der Festigkeit und der Temperaturwechselbeständigkeit feuerfester Baustoffe wird von Schwiete [44] beschrieben. Dieses an Normalsteinen durchgeführte Verfahren hat den Vorteil, daß bereits sehr feine Risse erfaßt werden können.
Über die zerstörungsfreie Prüfung der Druckfestigkeit wassergelagerter Normenprismen ist von Catharin [45, 56] berichtet worden. Die Bestimmung des dynamischen E-Moduls erfolgte aus der Resonanzfrequenz der Biegeschwingung. Nach Catharin hat sich als Maß für die Druckfestigkeit das Produkt aus Elastizitätsmodul und Schubmodul am besten bewährt. Nach Eintragung der EG-Produkte über den entsprechenden Druckfestigkeiten erhielt man Kurven, die der Gleichung $EG = c\left(\frac{D}{D+b}\right)^2$ entsprechen, wobei die Werte für b und c für jeden Zement verschieden sind und jeweils neu bestimmt werden müssen. Die Berechnung der Druckfestigkeit erfolgt aus den gemessenen E- und G-Moduln entsprechend der Gleichung $D = \frac{b \cdot \sqrt{EG}}{\sqrt{c} - EG}$.
Die Untersuchungen ergaben ferner, daß b dem Alitgehalt (nach Bogue) direkt proportional ist, während c sowohl vom Alitgehalt als auch von der spezifischen Oberfläche abhängt. Für Hochofenschlacken enthaltende Zemente mußten die b- und c-Werte korrigiert werden. Es wurde weiterhin eine lineare Abhängigkeit zwischen dem EG-Produkt und der Biegezugfestigkeit angegeben.
Ciganek [46] berichtet über die Aufnahme von sogenannten Isochronen, die als Linien gleicher Ultraschallgeschwindigkeit aufzufassen sind. Aus deren Verlauf konnte die Homogenität großer Betonteile beurteilt werden.
Richter und Wist [47] wenden Resonanzfrequenzmessungen an Steinzeugrohren an und kommen dabei zu dem Ergebnis, daß diese mit verhältnismäßig großer Sicherheit mit Hilfe dieses Verfahrens auf ihren normengerechten Zustand hin untersucht werden können.

2. Beschreibung der *E*-Modul-Apparatur

Die Bestimmung des dynamischen *E*-Moduls wurde nach der Resonanzmethode vorgenommen.

Die nach dem Baukastenprinzip zusammengesetzte *E*-Modul-Apparatur besteht aus einem Frequenzgenerator, einem Röhrenvoltmeter, einem Oszillographen, einem Elektronenschalter sowie einem Schwingungsgeber und einem Schwingungsnehmer, deren Anordnung die Abb. 3 zeigt.

Die im Frequenzgenerator erzeugten Schwingungen werden mit Hilfe des nach dem elektrodynamischen Prinzip arbeitenden Schwingungsgebers auf das Mörtelprisma übertragen. Bei der Bestimmung der Resonanz der Biegeschwingung wird der Prüfkörper in der Mitte zwischen beiden Auflagern angeregt. Diese Anord-

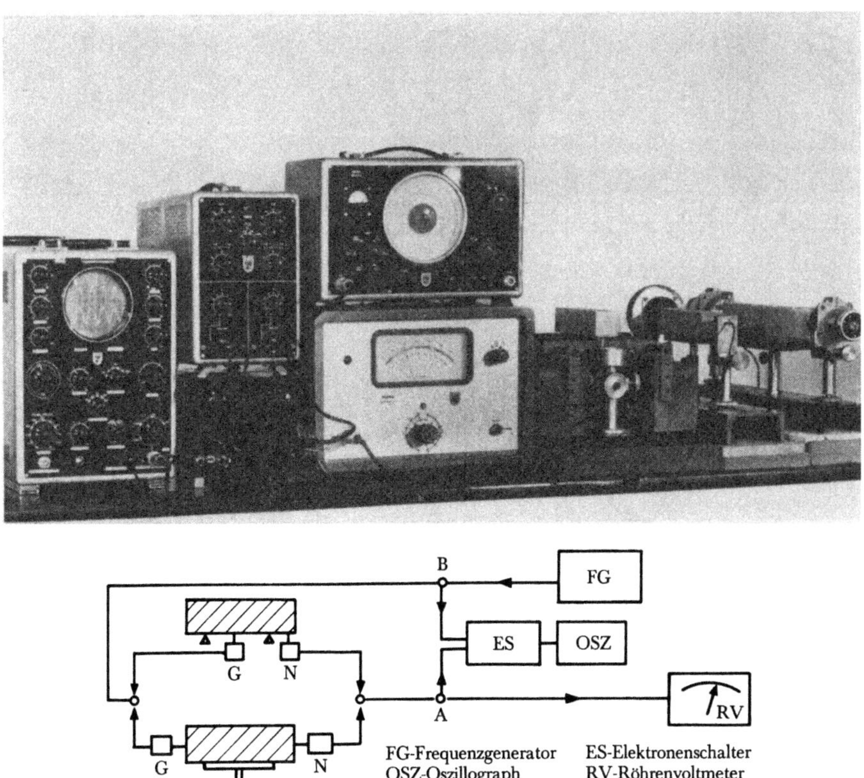

Abb. 3 Anordnung der *E*-Modul-Apparatur

nung schließt die erste und dritte Oberschwingung aus, während die zweite und vierte durch die Auflager so stark behindert werden, daß sie nur eine sehr kleine Amplitude besitzen [42].

Die Schwingungsabnahme geschieht mittels eines nach dem Piezo-Effekt arbeitenden Nehmers außerhalb der Auflageschneiden, wie es die Abb. 4 zeigt.

Abb. 4 Halterung und Prüfkörper bei transversaler Anregung

Abb. 5 Halterung und Prüfkörper bei longitudinaler Anregung

Die Halterung ruht auf einer Schaumstoffunterlage, die auftretende äußere Erschütterungen aufnehmen soll.
Bei longitudinaler Anregung des Prüfkörpers erfolgen Anregung und Abnahme an den Stirnseiten des Prismas, wie es in Abb. 5 zu sehen ist. Auch hier ruht die Halterung auf einer Schaumstoffunterlage.
Für beide Anregungsarten wurden bei 4×4×16-cm-Prismen ein elektrodynamischer Schwingungserreger sowie ein piezoelektrischer Schwingungsaufnehmer verwandt.
Für die größeren 5×5×25-cm-Prismen wurden elektrodynamisch arbeitende Geber und Nehmer verwendet.

2.1. Arbeitsweise

Vom Schwingungsaufnehmer werden die Schwingungen in elektrische Spannung umgewandelt und diese wird dem Röhrenvoltmeter sowie dem Elektronenschalter bzw. dem Oszillographen zugeleitet. Im Resonanzfall zeigt das Röhrenvoltmeter einen Maximalausschlag, wobei gleichzeitig die Amplitude der sinusförmigen Schwingung auf der Mattscheibe des Kathodenstrahloszillographen ihren Maximalwert erreicht.
Um die echte Resonanzfrequenz des Prüfkörpers von anderen auftretenden Resonanzen unterscheiden zu können, hat sich die Verwendung eines Elektronenschalters als zweckmäßig erwiesen. Dieser Elektronenschalter macht die aufgegebene sowie die abgenommene sinusförmige Schwingungskurve *gleichzeitig* auf dem Oszillographenschirm sichtbar.

In der Abb. 6 sind die Oszillographenbilder für

a) keine Resonanz (kein Ausschlag des RV)
b) echte Resonanz (maximaler Ausschlag des RV)
c) »falsche« Resonanz (Ausschlag des RV)

dargestellt.

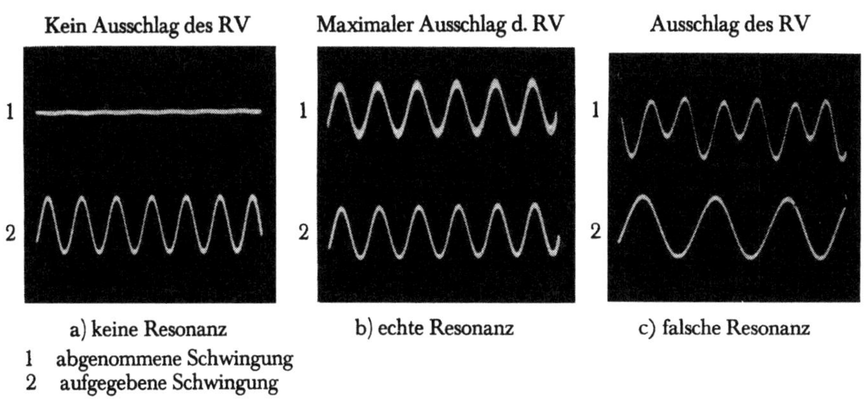

Abb. 6 Abbildungen auf dem Oszillographenschirm

Die nur in einem bestimmten Frequenzgebiet auftretende sogenannte »falsche« Resonanz wird auf das Mitschwingen von Halterungsteilen bzw. auf Störstrahlung von außen zurückgeführt.

3. Ableitung der Bestimmungsgleichung für den dynamischen E-Modul aus der Resonanz der Biegeschwingung

Durch Betrachtung des Kräfte- bzw. Momenten- und Schubspannungs-Gleichgewichtes an einem Balkenelement der Länge dx ergibt sich die allgemeine Diffgl. des Balkens zu

$$\frac{\partial^4 v}{\partial x^4} = -\frac{\varrho \cdot F}{E \cdot I} \cdot \frac{\partial^2 v}{\partial t^2} \tag{1}$$

Hierbei bedeuten:

v = die Geschwindigkeit
ϱ = die Dichte
F = die Querschnittsfläche
E = der E-Modul
I = das Flächenträgheitsmoment

Mit dem Ansatz einer rein periodischen zeitlichen Abhängigkeit ergibt sich

$$\frac{\partial^4 v}{\partial x^4} = v \frac{\varrho \cdot F \cdot \omega^2}{E \cdot I} = k^4 \cdot v \tag{2}$$

(Hierbei ist k die Wellenkonstante)

Die vollständige Lösung der Diffgl. (2) ist mit Hilfe des Rayleighschen Ansatzes möglich.

$$\begin{aligned} C(kx) &= \frac{1}{2} \cdot (\mathfrak{Cos}\, kx + \cos kx) \\ s(kx) &= \frac{1}{2} \cdot (\mathfrak{Sin}\, kx - \sin kx) \\ c(kx) &= \frac{1}{2} \cdot (\mathfrak{Cos}\, kx - \cos kx) \\ S(kx) &= \frac{1}{2} \cdot (\mathfrak{Sin}\, kx + \sin kx) \end{aligned} \tag{3}$$

Diese Lösungen haben folgende Eigenschaften:

1) $C(0) = 1 \qquad s(0) = c(0) = S(0) = 0$

2) $\frac{dC}{dkx} = s(kx); \quad \frac{ds}{dkx} = c(kx);$

$\frac{dc}{dkx} = S(kx); \quad \frac{dS}{dkx} = C(kx)$

Wir setzen jetzt als Lösung an:

$$v_x = \alpha \cdot C(kx) + \beta \cdot S(kx) + \gamma \cdot c(kx) + \delta s(kx) \tag{4}$$

Durch Differenzieren folgt:

$$u_x = k\,[\alpha \cdot s \cdot (kx) + \beta \cdot C(kx) + \gamma \cdot S(kx) + \delta \cdot c(kx)] \tag{5}$$

Nochmaliges Differenzieren ergibt:

$$M_x = \frac{E \cdot I \cdot k^2}{i\omega}\,[\alpha \cdot c(kx) + \beta \cdot s(kx) + \gamma \cdot C(kx) + \delta \cdot S(kx)] \tag{6}$$

Unter Berücksichtigung der Beziehung

$$p = -\frac{\partial M}{\partial x} \tag{7}$$

ergibt sich:

$$px = -\frac{E \cdot I \cdot k^3}{i\omega}\,[\alpha \cdot S(kx) + \beta \cdot c(kx) + \gamma \cdot s(kx) + \delta \cdot C(kx)] \tag{8}$$

Die Konstanten α, β, γ, δ können durch die Werte v_a, u_a, M_a, P_a ausgedrückt werden.

$$v_a = v_{x=0}$$

Durch Einsetzen in Gl. (4) erhält man: $\alpha = v_a$, (9)

in Gl. (5) erhält man: $\beta = \dfrac{u_a}{k}$ (10)

in Gl. (6) erhält man: $\gamma = \dfrac{i \cdot \omega}{E \cdot I \cdot k^2} \cdot M_a$ (11)

setzt man $\dfrac{E \cdot I \cdot k^2}{\omega} = Z$, so ergibt sich aus

Gl. (8) $\gamma = \dfrac{i}{Z} M_a = -\dfrac{1}{iZ} M_a$; $\delta = -\dfrac{i \cdot \omega}{E \cdot I \cdot k^3} \cdot P_a$ (12)

$$= \frac{1}{i \cdot Zk} \cdot P_a \tag{13}$$

Setzt man dies in das Gleichungssystem (4) bis (8) ein, so erhält man:

$$\left.\begin{aligned}
v_x &= C(kx)\,v_a + \frac{1}{k} S(kx)\,u_a - \frac{1}{iZ} c(kx)\,M_a + \frac{1}{iZk} s(kx)\,P_a \\
u_x &= ks(kx)\,v_a + C(kx)\,u_a - \frac{k}{iZ} S(kx)\,M_a + \frac{1}{iZ} c(kx)\,P_a \\
M_x &= -iZc(kx)\,v_a - \frac{iZ}{k} s(kx)\,u_a + C(kx)\,M_a - \frac{1}{k} S(kx)\,P_a \\
P_x &= iZkS(kx)\,v_a + iZc\,(kx)\,u_a - ks(kx)\,M_a + C(kx)\,P_a
\end{aligned}\right\} \tag{14}$$

Randbedingungen

Setzt man ein Gleichungssystem (14) $x = l$, so erhält man die entsprechenden Gleichungen, die die Balkenkoordinaten v_e, u_e, M_e, P_e (am Balkenende) – durch die Koordinaten am Anfang, nämlich v_a, u_a, M_a und P_a ausdrücken.
Kehrt man das Gleichungssystem um, so erhält man die v_a, u_a, M_a, P_a durch die v_e, u_e, M_e und P_e ausgedrückt.

$$\left.\begin{aligned}
v_a &= C(kl)\,v_e - \frac{1}{k}\,S(kl)\,u_e - \frac{1}{iZ}\,c(kl)\,M_e - \frac{1}{iZK}\,S(kl)\,P_e \\
u_a &= -\,ks(kl)\,v_e + C(kl)\,u_e + \frac{k}{iZ}\,S(kl)\,M_e + \frac{1}{iZ}\,c(kl)\,P_e \\
M_a &= -\,iZc(kl)\,v_e + \frac{iZ}{k}\,s(kl)\,u_e + C(kl)\,M_e + \frac{1}{k}\,S(kl)\,P_e \\
P_a &= -\,iZkS(kl)\,v_e + iZc(kl)\,u_e + ks(kl)\,M_e + C(kl)\,P_e
\end{aligned}\right\} \qquad (15)$$

Für den Fall, daß beide Balkenenden frei schwingen, gilt:

$$P_{x=0} = P_{x=e} = M_{x=0} = M_{x=e} = 0$$

Aus den beiden letzten Gleichungen des Systems (15) erhält man:

$$\left.\begin{aligned}
-\,c(kl)\,v_e + \frac{1}{k}\,s(kl)\,u_e &= 0 \\
-kS(kl)\,v_e + c(kl)\,u_e &= 0
\end{aligned}\right\} \qquad (16)$$

Dieses System hat nur dann eine Lösung, wenn die Determinante verschwindet. Dies führt zur Stammgleichung

$$-\,[c(kl)]^2 + s(kl)\,S(kl) = 0 \qquad (17)$$

Durch Einsetzen von Gl. (3) erhält man:

$$(\mathfrak{Cos}\cdot kl - \cos kl)^2 = (\mathfrak{Sin}\,kl + \sin kl)\,(\mathfrak{Sin}\,kl - \sin kl) \qquad (18)$$

$$\left.\begin{aligned}
\mathfrak{Cos}^2\,kl - 2\,\mathfrak{Cos}\,kl\cdot\cos kl + \cos^2 kl &= \mathfrak{Sin}^2\,kl - \sin^2 kl \\
2 - 2\,\mathfrak{Cos}\,kl\cdot\cos kl &= 0 \\
2\,(1 - \mathfrak{Cos}\,kl\cdot\cos kl) &= 0 \\
\mathfrak{Cos}\,kl\cdot\cos kl &= 1
\end{aligned}\right\} \qquad (19)$$

Die Lösung dieser Gleichung ergibt sich nach Jahnke-Emde [48] zu

$$\left.\begin{aligned}
k_n\cdot l &= \frac{\pi}{2}\,(2\,n+1) - (-1)^n\cdot\alpha_n \\
\alpha_n &\approx 2\,e^{-(2n+1)\frac{\pi}{2}} \\
n &= 1,2\,\ldots\,n
\end{aligned}\right. \qquad (20)$$

Hierbei ist α_n ein Korrekturfaktor, der nur bei $n = 1$ und $n = 2$ zu berücksichtigen ist.

Tab. 1 Zusammenstellung der Korrekturfaktoren für die einzelnen Schwingungsordnungen

$n =$	1	2	3	>3
$k_n \cdot l =$	4,7300	7,8532	10,9956	$(2\,n+1)\,\dfrac{\pi}{2}$
$\lvert\alpha_n\rvert = \left\lvert k_n \cdot l - (2\,n+1)\,\dfrac{\pi}{2}\right\rvert =$	0,0176	0,0008	0,00003	$\ll 1$

Die Kreisfrequenzen der Eigenschwingungen ergeben sich aus (Gl. 2)

$$k = \sqrt[4]{\frac{u \cdot \omega^2}{E \cdot I}}$$

zu

$$\omega_n = k_n^2 \sqrt{\frac{E \cdot I}{\varrho \cdot F}} \approx \left(\frac{(2\,n+1)}{2\,l}\,\pi\right)^2 \cdot \sqrt{\frac{E \cdot I}{\varrho \cdot F}} \tag{21}$$

Diese Frequenzen stehen also im Verhältnis

$$9:25:49:81:\ldots$$

sie sind also unharmonisch.

Um den E-Modul zu erhalten, lösen wir Gl. (21) nach E auf und erhalten:

$$\frac{E \cdot I}{\varrho \cdot F} = \frac{\omega_n^2}{k_n^4}; \quad E = \frac{\omega_n^2 \cdot \varrho \cdot F}{I \cdot k_n^4} \tag{22}$$

und mit $\omega_n = 2\,\pi \cdot f_n$

$$E = \frac{f_n^2 \cdot \varrho \cdot F}{\dfrac{k_n^4}{(2\,\pi)^2} \cdot I} \tag{23}$$

Für die Grundschwingung ($n = 1$) ergibt sich mit $k_1 l = 4{,}73$ (siehe Tab. 1)

$$E = \frac{f_1^2 \cdot \varrho \cdot F \cdot l^4}{\dfrac{4{,}73^4}{(2\,\pi)^2} \cdot I} \tag{24}$$

und mit $M = \varrho \cdot F \cdot l$

$$E = f_1^2 \cdot M \frac{l^3}{\dfrac{4{,}73^4}{(2\,\pi)^2} \cdot I} \tag{25}$$

setzt man noch $\frac{4{,}73^2}{2\pi} = C$, so ergibt sich:

$$E = f_1^2 \cdot M \frac{l^3}{C^2 \cdot I} \left[\frac{\text{dyn}}{\text{cm}^2}\right] \qquad (26)$$

Durch Umrechnung von dyn auf kp ergibt sich

$$(1 \text{ kp} = 981 \cdot 10^3 \text{ dyn})$$

$$E = f_1^2 \cdot M \frac{l^3}{C^2 \cdot I \cdot 981} [\text{kp/cm}]^2 \qquad (27)$$

3.1. Bestimmung des Korrekturfaktors

Wie bei der Bestimmungsgleichung für den E-Modul aus longitudinaler Resonanzfrequenz gilt die abgeleitete Formel streng nur für Prüfstäbe, für die die Bedingung $l \gg d$ erfüllt ist.

l = Länge
d = Dicke des Prüfkörpers

Ist dies nicht der Fall, muß der Einfluß der Querkontraktion berücksichtigt werden. Zu diesem Zweck ist ein Korrekturfaktor anzubringen.
Bereits RAYLEIGH [1] berücksichtigt die Rotationsenergie der Querschnitte. Diese war jedoch zur Wiedergabe experimenteller Ergebnisse nicht ausreichend.
TIMOSCHENKOS [49] Ansatz berücksichtigt neben der Rotationsenergie bereits die Scherung. Die von ihm aufgestellten Diffgl. wurden von GOENS [50] gelöst und aus dieser Lösung brauchbare Näherungsformeln entwickelt, die der exakten Lösung um so näher kommen, je niedriger die Ordnungszahl ist.

Dieser GOENS'sche Korrekturfaktor hat die Form:

$$T = 1 + 2\, m\varphi\,(\text{m}) \frac{\varkappa^2}{l^2}\left(3 - \xi \frac{E}{G}\right) + m^2\varphi^2\,(\text{m}) \frac{\varkappa^2}{l^2}\left(1 + \xi \frac{E}{G}\right) - \frac{4\pi^2\varrho \cdot \xi\varkappa^2}{G} n^2 \qquad (28)$$

Hierbei bedeuten:

E = Elastizitätsmodul
G = Torsionsmodul
$\varkappa$ = Trägheitsradius des Stabquerschnitts

$$\varkappa^2 = \frac{a^2}{12} \quad \text{(Rechteckquerschnitt)}$$

n = Schwingungszahl/sec
ϱ = Dichte
p = Ordnungszahl der Eigenschwingung

$$\varphi(m) = 2\left[\left(\mathfrak{Ctg}\,\frac{m}{2} - \operatorname{ctg}\frac{m}{2}\right) + \left(\mathfrak{Tg}\,\frac{m}{2} + \operatorname{tg}\frac{m}{2}\right)\right]^{-1}$$

mit $m = k_n \cdot l$
(für $n = 1$ ist $m = 4{,}73$)

$\xi \rightarrow$ Konstante, die ungleichmäßige Verteilung der Schubspannungen über den Querschnitt berücksichtigt, nach FÖPPL [51] gleich $\frac{6}{5} = 1{,}20$

Die von GOENS vorgenommene experimentelle Überprüfung obiger Formel ergab, daß die Abweichung 0,01% vom exakten Wert nicht überstieg.
Für praktische Messungen gibt GOENS [52] folgenden vereinfachten Korrekturfaktor für prismenförmige Prüfkörper an:

$$T = 1 + \frac{a^2}{l^2}\left[A + B\,\frac{E}{G} - C\left(\frac{n_p}{n_t}\right)^2\right] \tag{29}$$

Hierbei bedeuten:

a = Höhe des Prismas

l = Länge des Prismas

$A = 4{,}123$

$B = 1{,}230$

$C = \frac{\pi^2}{10}$ (Rechteckquerschnitt)

$n_t = \frac{1}{2\,l} \cdot \sqrt{\frac{G}{\varrho}}$

$n_p = \frac{(k_n \cdot l)^2 \cdot a}{4\,\pi \cdot \sqrt{3} \cdot l^2} \sqrt{\frac{E}{\varrho}}$ (Schwingungszahl)

$\frac{E}{G} = 2\,(1 + \mu)$

Das 3. Glied in der Klammer kann bei schlanken Proben und kleinem p (p = Ordnung der Schwingung) vernachlässigt werden.
Für Prüfkörper der Abmessung $4 \times 4 \times 16$ cm mit einer Poisson-Konstanten von $\mu = 1/6$ ergibt sich der Korrekturfaktor T zu:

$$T = 1 + \frac{16}{256}\left[4{,}123 + 1{,}23\,\frac{7}{3} - \frac{\pi^2}{10}\,\frac{(k_n \cdot l)^4 \cdot a^2 \cdot E \cdot 4\,\varrho \cdot l^2}{16 \cdot \pi^2 \cdot 3 \cdot l^4 \cdot \varrho \cdot G}\right]$$

$$= 1 + \frac{16}{256}\left[4{,}123 + \frac{8{,}61}{3} - \frac{500{,}56 \cdot 64}{480 \cdot 16^2} \cdot \frac{E}{G}\right]$$

$$= 1 + \frac{16}{256}\left[4{,}123 + \frac{8{,}61}{3} - \frac{500{,}56 \cdot 64}{480 \cdot 256} \cdot \frac{7}{3}\right]$$

$$T = 1 + \frac{16}{256}\,[4{,}123 + 2{,}87 - 0{,}608]$$

$$T = 1{,}40$$

Dieser GOENSschen Konstante T liegt eine Poisson-Konstante von $\mu = 1/6$ zugrunde. Nach PICKETT [57] liegt μ zwischen 0,10 (trockene Prismen) und 0,25 (wassergesättigte Prismen).
Würde man mit einer Poisson-Konstanten von $\mu = 0{,}25$ rechnen, so wäre in Gl. (29) für $\frac{E}{G} = 2\,(1 + \mu) = \frac{5}{2}$ einzusetzen.
Bei einem Abweichen der Poisson-Konstanten vom Wert $\mu = 1/6$ kann nach PICKETT [57] auch durch nachstehende Beziehung eine Korrektur an T vorgenommen werden.

$$T' = T\left[\frac{1 + (0{,}26\,\mu + 3{,}22\,\mu^2)\,\frac{K}{l}}{1 + 0{,}1328\,\frac{K}{l}}\right] \tag{30}$$

Hierbei bedeuten

$$K = \frac{h}{\sqrt{12}} = \frac{h}{3{,}464} \quad \text{bei rechteckigem Querschnitt}$$
$$(h = \text{Dimension in Richtung der Anregung})$$

$$= \frac{4}{3{,}464} = 1{,}555 \quad \text{bei } 4 \times 4 \times 16\text{-cm-Normenprismen}$$

$$\frac{K}{l} = \frac{1{,}155}{16} = \quad = 0{,}072 \quad \text{bei } 4 \times 4 \times 16\text{-cm-Normenprismen}$$

Den vorliegenden Berechnungen in dieser Arbeit liegt die Poisson-Konstante von $\mu = 1/6$ zugrunde.
Der Einfluß extremer μ-Werte ($\mu = 0{,}10$ bzw. $\mu = 0{,}25$) auf den E-Modul wird bei der Fehlerbetrachtung diskutiert.

4. Berechnung der Knotenlinien

Geht man mit den aus Gl. (20) berechneten Werten für $k_n l$ in die Gl. (16) ein, so erhält man einen linearen Zusammenhang zwischen v_e und u_e, etwa $v_e = a \cdot u_e$. Geht man mit diesem Ausdruck in die vollständige Lösung [Gl. (14)] der Diffgl. (2), wobei die Randbedingungen zu berücksichtigen sind, so erhält man die Biegelinie des Balkens für die Grundschwingungen ($n = 1$) sowie für die Oberschwingungen ($n = 2,3 \ldots .$).

Die Knotenpunkte erhält man durch Nullsetzen.

Im folgenden sollen die Knotenpunkte numerisch für die Grundschwingung eines an beiden Enden freien Balkens berechnet werden.

Die Gl. (14) lauten in der Schreibweise der Gl. (16), wenn $c(kl)$, $s(kl)$ und $S(kl)$ gemäß Gl. (3) ersetzt werden, wie folgt:

$$\left.\begin{aligned} &+ (\mathfrak{Cof}\, kl - \cos kl)\, v_a + \frac{1}{k}(\mathfrak{Sin}\, kl - \sin kl)\, u_a = 0 \\ &+ k(\mathfrak{Sin}\, kl + \sin kl)\, v_a + (\mathfrak{Cof}\, kl - \cos kl)\, u_a = 0 \end{aligned}\right\} \qquad (31)$$

Aus der Tab. (1) entnehmen wir für die Grundschwingung ($n = 1$): $k_1 l = 4{,}73$.

Durch Einsetzen in Gl. (31) erhält man:

$$+ [56 + \cos(\pi + 91°)]\, v_e + \frac{1}{4{,}73}(56 - \sin(\pi + 91°)\, u_e = 0$$

$$+ \frac{4{,}73}{l}[56 + \sin(\pi + 91°)]\, v_e + [56 - \cos(\pi + 91°)]\, u_e = 0$$

Aus der ersten Gleichung erhält man durch Auflösen nach v_e die Beziehung

$$v_e = 0{,}215\, l u_e \qquad (32)$$

Schreibt man nun die allgemeine Lösung [Gl. (14)] der Diffgl. (2) unter Berücksichtigung der Randbedingungen, so erhält man für

$$v(x) = C(kx)\, v_a + \frac{1}{k} S(kx)\, u_a \qquad (33)$$

Ersetzt man $C(kx)$ und $S(kx)$ gemäß Gl. (3), so erhält man

$$v(x) = \frac{1}{2}(\mathfrak{Cof}\, kx + \cos kx)\, v_a + \frac{1}{k}\,\frac{1}{2}(\mathfrak{Sin}\, kx + \sin kx)\, u_a$$

Ersetzt man u_a durch

$$u_a = -\frac{4{,}73 \cdot 56\, l}{57\, l}\, v_e \tag{34}$$

so erhält man

$$v(x) = \frac{1}{2}\,(\mathfrak{Cof}\, kx + \cos kx)\, v_a - \frac{1}{2}\,\frac{4{,}73 \cdot 56\, l}{4{,}73 \cdot 57\, l}\,(\mathfrak{Sin}\, kx + \sin kx)\, v_e \tag{35}$$

Die Bedingung für die Knotenpunkte lautet: $v(x_0) = 0$!

$$\mathfrak{Cof}\, kx_0 + \cos kx_0 - \frac{56}{57}\,(\mathfrak{Sin}\, kx_0 + \sin kx_0) = 0 \tag{36}$$

Für diese Gleichung gibt es keine analytische Lösung, sie ist nur durch Näherungsverfahren zu lösen. Ihre Richtigkeit soll in der Weise kontrolliert werden, daß der Tabellenwert $x_0 = 0{,}224\, l$ [53] eingesetzt wird.

Setzt man nun in Gl. (36) $k = \frac{4{,}73}{l}$ und $x_0 = 0{,}224\, l$ ein, so ergibt sich

$$\mathfrak{Cof}\, 1{,}06 + \cos 1{,}06 - \frac{56}{57}\,(\mathfrak{Sin}\, 1{,}06 + \sin 1{,}06)$$

$$= \frac{2{,}88 + 0{,}348}{2} + \cos 60{,}6^\circ - \frac{56}{57}\left(\frac{2{,}88 - 0{,}348}{2} + \sin 60{,}6^\circ\right)$$

$$= 1{,}614 + 0{,}49 - 0{,}982\,(1{,}266 - 0{,}87) = 2{,}104 - 2{,}10 \approx 0$$

Der zweite Knoten liegt bei $x = 0{,}776\, l$, was man analog dem Vorhergehenden zeigen kann.

Die Grundschwingung des an beiden Enden freien Balkens sowie die 1. Oberschwingung sind in Abb. 7 dargestellt.

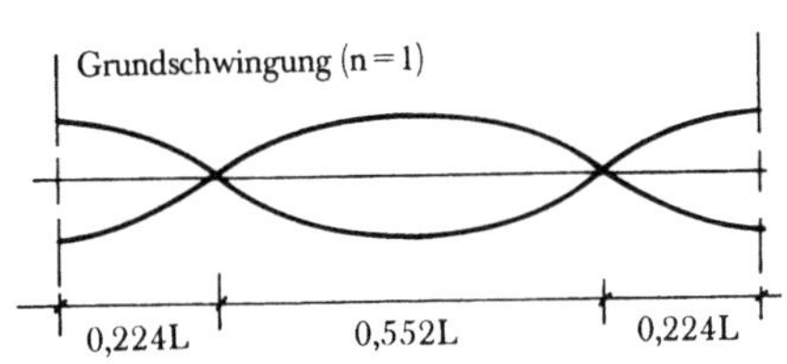

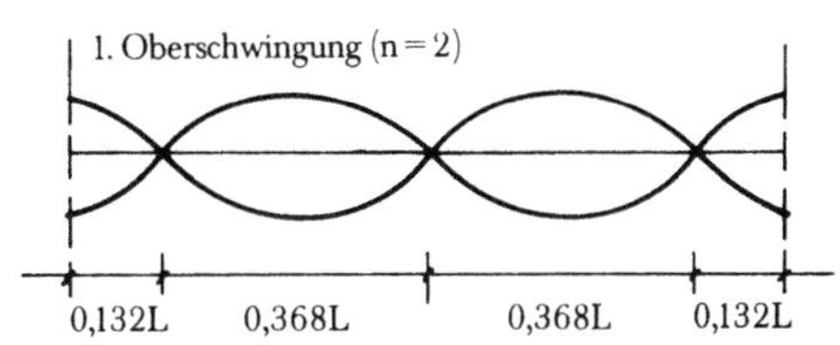

Abb. 7 Biegeschwingungen des freischwebenden Balkens
Grundschwingung ($n = 1$)
1. Oberschwingung ($n = 2$)

5. Ableitung der Bestimmungsgleichung für den dynamischen E-Modul aus der Resonanz der Längsschwingung

Aus der Gleichgewichtsbetrachtung für ein Stabelement der Länge dx ergibt sich die Diffgl.

$$\varrho \frac{\partial^2 y}{\partial t^2} = E \frac{\partial^2 y}{\partial x^2} \tag{37}$$

Hierbei bedeuten:

t = Zeit
ϱ = Dichte
E = E-Modul
y = Verschiebung der Teilchen in Längsrichtung
x = Koordinate in Längsrichtung

Diese Gleichung stellt die allgemeine Wellengleichung dar. Die Wellengeschwindigkeit w ist gegeben durch

$$w = \sqrt{\frac{E}{\varrho}}\,. \tag{38}$$

Unter Annahme einer rein periodischen zeitlichen Abhängigkeit der Kraft P ergibt sich

$$\frac{\partial^2 P}{\partial x^2} = \gamma^2 \cdot P \tag{39}$$

deren Lösung lautet

$$P = a \operatorname{Cos} \gamma x + b \operatorname{Sin} \gamma x \tag{40}$$

γ = Wellenkonstante

Die Berechnung der Eigenfrequenz erfolgt durch Einsetzen der Randbedingungen. Sie lauten für einen nicht eingespannten Stab

$$P_{x=0} = 0; \quad P_{x=l} = 0 \tag{41}$$

Hieraus ergibt sich

$$\operatorname{Sin} \gamma l = 0$$

$$\gamma l = i \cdot n \cdot \pi \qquad (n = 1, 2 \ldots\ldots n)$$

Für $n = 1$ erhält man die Grundschwingung

$$\gamma_1 = \frac{i \cdot \pi}{l} \tag{42}$$

Aus den Gleichungen

$$\gamma = \lambda \sqrt{\frac{\varrho}{E}} \tag{43}$$

und

$$\gamma = \frac{i \cdot \pi}{l} \tag{44}$$

ergibt sich die Frequenz λ zu

$$\lambda = \gamma \sqrt{\frac{E}{\varrho}} = \frac{i \cdot \pi}{l} \sqrt{\frac{E}{\varrho}} \tag{45}$$

Dies ist die Kreisfrequenz der Grundschwingung

$$\omega_n = \frac{n \cdot \pi}{l} \sqrt{\frac{E}{\varrho}} \tag{46}$$

Man kann also schreiben

$$2\pi \cdot f = \frac{\pi}{l} \sqrt{\frac{E}{\varrho}} \tag{47}$$

$$f = \frac{1}{2l} \sqrt{\frac{E}{\varrho}} \tag{48}$$

$$\underline{E = f^2 \cdot 4\, l^2 \cdot \varrho} \left[\frac{\text{dyn}}{\text{cm}^2}\right] \tag{49}$$

Durch Umrechnung von dyn auf kp

$$\left(1 \text{ kp} = 981 \cdot 10^3 \text{ dyn}; \quad 1 \text{ dyn} = \frac{1 \text{ kp}}{981 \cdot 10^3}\right)$$

ergibt sich die Bestimmungsgleichung zu

$$E = \frac{4\, l^2 \cdot M \cdot f^2}{V \cdot 981} \, [\text{kp/cm}^2] \tag{50}$$

5.1. Bestimmung des Korrekturfaktors

Diese Formel zur Berechnung des E-Moduls gilt streng aber nur für Prüfkörper, deren Länge sehr groß gegen deren Dicke ist. Wegen der endlichen Dicke der Prismen muß der Einfluß der Querkontraktion berücksichtigt werden.

Unter Berücksichtigung des Korrekturfaktors (52) ergibt sich die Gleichung zur Bestimmung des E-Moduls für prismatische Prüfkörper wie folgt:

$$E = f^2 \cdot 4\, l^2 \cdot \varrho \cdot \left(1 + \pi^2 \mu^2 \frac{\frac{a^2 + b^2}{12}}{l^2}\right) \tag{51}$$

Nach Einsetzen von $\mu = 1/6$ (Poisson-Konstante) und $a = b = 4$ cm bzw. $l = 16$ cm läßt sich der Korrekturfaktor zu 1,0029 bestimmen, so daß er vernachlässigt werden kann.

6. Berechnung der E-Moduln

Die Berechnung des dynamischen E-Moduls aus der Resonanz der Biegeschwingung erfolgt also nach der Formel

$$E_{\text{transv.}} = f^2 \cdot M \frac{l^3 \cdot T}{C^2 \cdot I \cdot 981} \text{ [kp/cm}^2\text{]} \tag{52}$$

Hierbei bedeuten:

f = die Resonanzfrequenz (in Hz)
M = die Masse des Prüfkörpers (in kg)
l = die Länge des Prüfkörpers (in cm)
C = ein dimensionsloser Faktor, der von der Entfernung der Auflager abhängig ist
Bei einem Auflageabstand von den Prüfkörperenden von 0,2242 l beträgt $C = 3{,}56$
I = das Flächenträgheitsmoment $\frac{b \cdot h^3}{12}$ (in cm^4)
T = die Goensche Konstante, unter Zugrundelegung einer Poissonschen Konstanten von $\mu = 1/6$ für Prüfkörper der Abmessung
$4 \times 4 \times 16$ cm zu $T = 1{,}40$ und
$5 \times 5 \times 25$ cm zu $T = 1{,}26$ bestimmt.

Die Berechnung des dynamischen E-Moduls aus der Resonanz der Längsschwingung erfolgt nach der Beziehung

$$E_{longit.} = f^2 \cdot M \frac{4\, l^2}{V \cdot 981} \text{ [kp/cm}^2\text{]}$$

Hierbei bedeuten:

f = die Resonanzfrequenz (in Hz)
M = die Masse des Prüfkörpers (in kg)
l = die Länge des Prüfkörpers (in cm)
V = das Volumen des Prüfkörpers (in cm^3)

7. Resonanzfrequenzmessungen an 4×4×16-cm-Normenprismen

7.1. Vorversuche

7.1.1. Bestimmung der Resonanzfrequenz bzw. des dynamischen E-Moduls bei transversaler und longitudinaler Anregung

Nach der beschriebenen Meßanordnung wurden an wassergelagerten Portland- und hüttensandreichen Hochofenzementmörtelprismen die Resonanzfrequenzen bei longitudinaler und transversaler Anregung gemessen. Im Anschluß daran wurden die Biegezug- und Druckfestigkeit bestimmt. Die Prüfkörpergewichte, die Resonanzfrequenzen, die daraus errechneten E-Moduln sowie die Festigkeiten sind in den Tab. 2 und 3 zusammengestellt. Die in den Spalten 7 bzw. 8 der Tabellen aufgeführten absoluten bzw. relativen Abweichungen der beiden E-Moduln, die aus den Resonanzfrequenzen bei longitudinaler (Spalte 3) und transversaler Anregung (Spalte 4) errechnet wurden, sind gering, so daß man von einer guten Übereinstimmung sprechen kann. Dies wird auch in der Abb. 8 deutlich, in der beide E-Moduln gegeneinander aufgetragen wurden. In der Abb. 9 sind die E-Moduln über der Druckfestigkeit aufgetragen. Man erhält dabei Kurven, deren Verlauf mathematisch nur schwer zu erfassen ist. Es war deshalb von Interesse zu prüfen, ob die von L'HERMITE [58] beschriebene und an Betonkörpern gefundene Beziehung

$$E = K \cdot \sqrt{\beta_D} \tag{53}$$

auch für Mörtelprismen gilt.

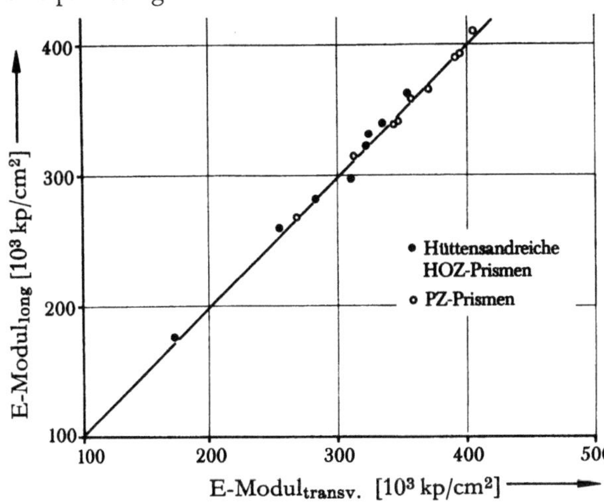

Abb. 8 E-Modul$_{longit.}$ in Abhängigkeit vom E-Modul$_{transv.}$

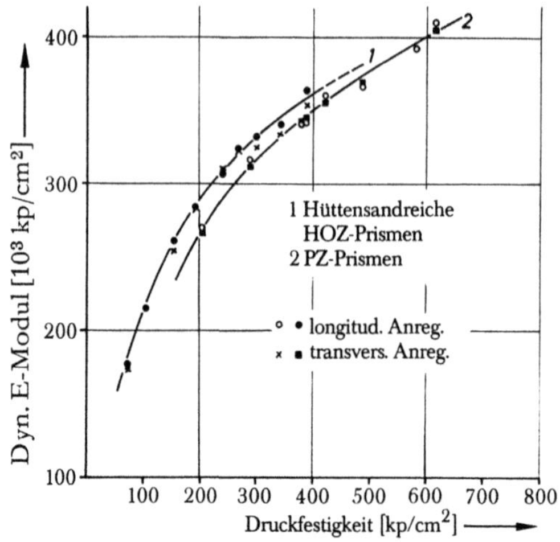

Abb. 9 *E*-Modul in Abhängigkeit von der Druckfestigkeit

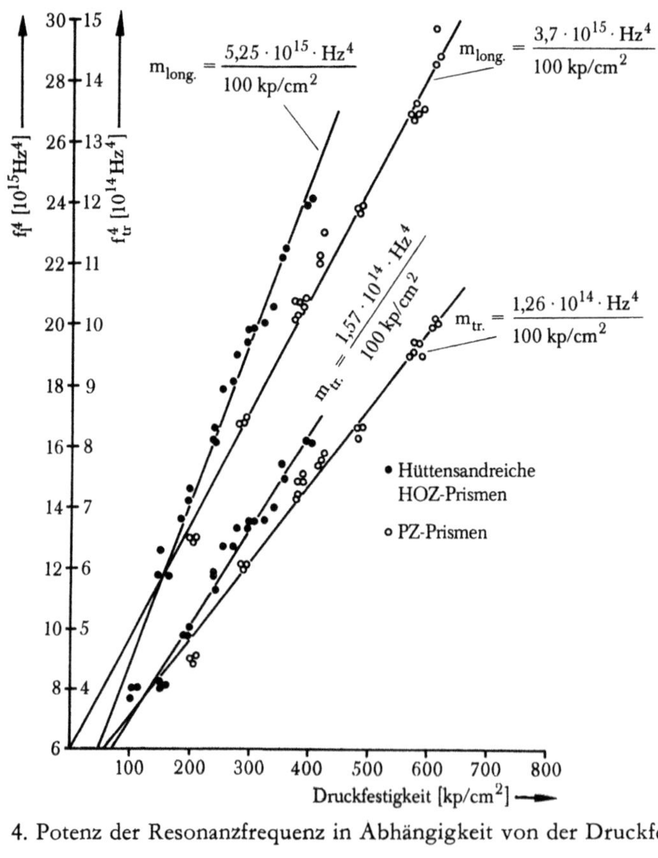

Abb. 10 4. Potenz der Resonanzfrequenz in Abhängigkeit von der Druckfestigkeit

Tab. 2 Zusammenstellung der Resonanzfrequenzen, Prüfkörpergewichte und Festigkeitswerte von Mörtelprismen aus normalem PZ 375

1	2		3		4		5	6	7	8	9		10	
Wasserlagerung	Prüfkörpergewicht		Resonanzfrequenz (longit.)		Resonanzfrequenz (transv.)		E-Modul (l.)	E-Modul (tr.)	Abs. Abw. $E_{tr.} - E_{l.}$	Rel. Abw. $\frac{E_{tr.} - E_{l.}}{E_{l.}}$	Biegezugfestigkeit		Druckfestigkeit	
(Tage)	(kg)	Mittel	(Hz)	Mittel	(Hz)	Mittel	($\times 10^3$ kp/cm²)			(%)	(kp/cm²)	Mittel	(kp/cm²)	Mittel
	0,580		10 670		4 610						45		201	
2	0,581	0,581	10 660	10 670	4 600	4 610	269	267	— 2	— 0,7	44	45	205	205
	0,580		10 670		4 620						45		209	
	0,588		11 380		4 950						58		288	
3	0,588	0,588	11 370	11 480	4 950	4 960	316	312	— 4	— 1,3	62	58	285	288
	0,587		11 400		4 960						55		292	
	0,587		12 010		5 240						73		389	
5	0,588	0,587	11 920	11 980	5 170	5 210	342	345	+ 3	+ 0,9	71	72	378	386
	0,587		12 000		5 220						72		390	
	0,585		11 940		5 180						70		380	
7	0,582	0,584	12 000	11 980	5 220	5 210	341	343	+ 2	+ 0,9	71	70	378	379
	0,584		12 000		5 220						70		381	
	0,590		12 320		5 300						83		426	
11	0,587	0,588	12 210	12 240	5 280	5 290	360	356	— 4	— 1,1	74	76	417	420
	0,588		12 200		5 280						72		418	
	0,591		12 430		5 370						84		488	
14	0,589	0,589	12 420	12 420	5 370	5 360	367	370	+ 3	+ 0,8	85	85	487	486
	0,586		12 400		5 340						85		482	
	0,587		12 850		5 580						79		578	
28	0,589	0,588	12 830	12 830	5 550	5 560	394	394	± 0	± 0	86	81	589	579
	0,588		12 810		5 550						79		571	
	0,585		12 825		5 580						78		585	
56	0,585	0,585	12 800	12 810	5 560	5 560	391	392	+ 1	+ 0,3	74	76	575	579
	0,586		12 805		5 550						75		578	
	0,593		13 000		5 620						94		611	
90	0,593	0,593	13 025	13 050	5 630	5 630	411	405	— 6	— 1,5	93	95	617	612
	0,593		13 130		5 640						98		609	

Tab. 3 Zusammenstellung der Resonanzfrequenzen, Prüfkörpergewichte und Festigkeitswerte von Mörtelprismen aus hüttensandreichem HOZ

1	2		3		4		5	6	7	8	9		10	
Wasserlagerung	Prüfkörpergewicht		Resonanzfrequenz (longit.)		Resonanzfrequenz (transv.)		E-Modul (l.)	E-Modul (tr.)	Abs. Abw. $E_{tr.} - E_{l.}$	Rel. Abw. $\frac{E_{tr.} - E_{l.}}{E_{l.}}$	Biegezugfestigkeit		Druckfestigkeit	
(Tage)	(kg)	Mittel	(Hz)	Mittel	(Hz)	Mittel	($\times 10^3$ kp/cm²)			(%)	(kp/cm²)	Mittel	(kp/cm²)	Mittel
	0,580		8 650		3 700						21		71	
2	0,578	0,580	8 650	8 660	3 705	3 705	177	173	— 4	— 2,3	24	23	72	72
	0,581		8 690		3 710						24		74	
	0,590		9 370								32		100	
3	0,592	0,591	9 470	9 440	n. b.		214	n. b.	–	–	32	33	102	102
	0,592		9 490								35		103	
	0,583		10 400		4 490						46		162	
5	0,580	0,581	10 600	10 470	4 520	4 500	260	254	— 6	— 2,3	46	46	149	153
	0,579		10 410		4 480						45		147	
	0,587		10 800		4 705						50		182	
7	0,585	0,586	10 980	10 900	4 730	4 710	283	282	— 1	— 0,4	49	52	199	193
	0,586		10 920		4 700						57		197	
	0,595		11 340		4 940						68		240	
11	0,594	0,593	11 280	11 300	4 930	4 920	308	310	+ 2	+ 0,6	64	65	240	241
	0,589		11 270		4 880						62		242	
	0,587		11 740		5 080						73		277	
14	0,585	0,586	11 560	11 630	5 020	5 040	324	322	— 2	— 0,6	71	70	256	268
	0,587		11 600		5 020						66		272	
	0,584		11 880		5 100						69		305	
28	0,581	0,582	11 870	11 850	5 100	5 090	332	324	— 8	— 2,4	79	74	300	301
	0,580		11 800		5 080						74		297	
	0,574		11 980		5 140						76		340	
56	0,585	0,578	12 205	12 030	5 270	5 170	341	334	— 7	— 2,1	82	79	356	341
	0,576		11 900		5 100						80		326	
	0,586		12 430		5 330						84		395	
90	0,586	0,584	12 470	12 380	5 325	5 290	364	354	—10	— 2,7	90	84	405	387
	0,581		12 250		5 225						78		360	

7.1.2. *Die Beziehung zwischen der 4. Potenz der Resonanzfrequenz und der Druckfestigkeit*

Unter Berücksichtigung der Beziehung zwischen E-Modul und Resonanzfrequenz $E = f^2 \cdot \ldots$ und der empirisch gefundenen Beziehung

$$E = K \cdot \sqrt{\beta_D}$$

ergibt sich folgende Proportionalität:

$$E = K \cdot \sqrt{\beta_D} \qquad E = f^2 \cdot \ldots$$

$$E^2 = K' \cdot \beta_D \qquad E^2 = f^4 \cdot \ldots$$

$$\beta_D \sim E^2 \sim f^4$$

Trägt man also die 4. Potenz der Resonanzfrequenz über der Druckfestigkeit auf, so erhält man Geraden, die leicht zu charakterisieren sind.
In Abb. 9 wurden die 4. Potenzen der Resonanzfrequenzen sowohl bei longitudinaler als auch bei transversaler Anregung über der Druckfestigkeit aufgetragen.
Mit Hilfe der Koordinaten der einzelnen Meßpunkte wurden die sogenannten Bestgeraden errechnet und eingezeichnet. Zur Charakterisierung der einzelnen Geraden diente deren Anstieg, ausgedrückt in

$$\frac{\text{Hz}^4}{100\ \text{kp/cm}^2\ \text{Druckf.}}$$

Es ergaben sich folgende Anstiegswerte:

	longitudinale Anregung	transversale Anregung
Hochofenzement (hüttensandreich)	5,25 $\frac{10^{15} \cdot \text{Hz}^4}{100\ \text{kp/cm}^2}$	1,57 $\frac{10^{14} \cdot \text{Hz}^4}{100\ \text{kp/cm}^2}$
Portlandzement	3,70	1,26

Aus diesen Zahlen ist zu entnehmen, daß die Gerade des hüttensandreichen Hochofenzementes einen größeren Anstieg besitzt als die des Portlandzementes. Das bedeutet weiterhin, daß Hochofenzement- und Portlandzementmörtelprismen gleicher Festigkeit einen unterschiedlichen E-Modul besitzen, was bereits aus Abb. 9 zu entnehmen ist.
Und zwar besitzen die hüttensandreichen Mörtelprismen einen größeren E-Modul bei gleicher Festigkeit.

Unter Berücksichtigung der Beziehung

$$\sigma_D = \varepsilon \cdot E \qquad (54)$$

wobei σ_D die Spannung in kp/cm², ε die relative Längenänderung $\frac{\Delta l}{l}$ und E der Elastizitätsmodul in kp/cm² bedeuten, wird ε für den oben genannten Fall bei einem hüttensandreichen Hochofenzementmörtel einen kleineren Wert besitzen als bei Portlandzementmörteln. Das würde wiederum bedeuten, daß ein Portlandzementmörtel elastischer ist als ein hüttensandreicher Hochofenzementmörtel.

7.2. Hauptversuche

7.2.1. Bestimmung der Best- und Streugeraden

In den folgenden Versuchen wurden an Portlandzement-, Eisenportlandzement-, Hochofenzement- und hüttensandreichen Hochofenzementmörtelprismen, hergestellt sowohl nach DIN 1164 als auch nach RILEM-CEM, vor der mechanischen Festigkeitsprüfung die Resonanzfrequenzen sowohl bei longitudinaler als auch bei transversaler Anregung gemessen und die 4. Potenzen über der Druckfestigkeit aufgetragen.

Die Errechnung der Bestgeraden aus den Koordinaten der Meßpunkte erfolgte unter Zugrundelegung der Geradengleichung $y = ax + b$ aus folgenden Beziehungen:

$$a = \frac{n \cdot \sum xy - \sum x \cdot \sum y}{n \cdot \sum x^2 - \sum x \cdot \sum x} \tag{55}$$

$$b = \frac{\sum x^2 \sum y - \sum xy \cdot \sum x}{n \cdot \sum x^2 - \sum x \cdot \sum x} \tag{56}$$

wobei n die Anzahl der Meßwerte bedeutet.

Die Streugeraden (Fehler von a und b) wurden nach folgenden Beziehungen bestimmt:

$$m_a = \pm \sqrt{\frac{\sum \varepsilon^2}{n-2} \cdot \frac{n}{n \sum x^2 - \sum x \sum x}} \tag{57}$$

$$m_b = \pm \sqrt{\frac{\sum \varepsilon^2}{n-2} \cdot \frac{\sum x^2}{n \sum x^2 - \sum x \sum x}} \tag{58}$$

Hierbei bedeutet ε die Abweichung in Richtung der Ordinate.

Diese Beziehungen gelten aber nur für den Fall, daß die Streuung der Gaußschen Verteilung entspricht, was unter 7.2.2. nachgewiesen wird.

Im folgenden sei für die Portlandzementmörtelprismen nach RILEM-CEM bei longitudinaler Anregung die Berechnung der Best- und Streugeraden als Beispiel angegeben.

$$n = 97$$
$$x = 47\,612$$
$$y = 2\,511$$
$$xy = 1\,285\,432$$
$$x^2 = 25\,046\,123$$
$$\varepsilon^2 = 128$$

$$a = \frac{97 \cdot 1\,285\,432 - 47\,612 \cdot 2\,511}{97 \cdot 25\,046\,123 - 47\,612^2} = \underline{0{,}0314}$$

$$b = \frac{25\,046\,123 \cdot 2\,511 - 1\,285\,432 \cdot 47\,612}{97 \cdot 25\,046\,123 - 47\,612^2} = \underline{10{,}45}$$

$$m_a = \pm \frac{128 \cdot 97}{95 \cdot 97 \cdot 25\,046\,123 - 47\,612^2} = \pm\,\underline{0{,}0009}$$

$$m_b = \pm \frac{128 \cdot 25\,046\,123}{95 \cdot 97 \cdot 25\,046\,123 - 47\,612^2} = \underline{\pm\,0{,}585}$$

Für den Anstieg der Bestgeraden ergibt sich dann ein Wert von

$$a = 0{,}0314 \pm 0{,}0009$$

Der Schnittpunkt der Bestgeraden mit der Ordinate liegt bei

$$b = 10{,}45 \pm 0{,}585$$

Daraus ergeben sich die Anstiegswerte für die beiden Streugeraden wie folgt:

$$a = 0{,}0314 \pm 0{,}0009 \begin{cases} \nearrow \dfrac{3{,}23}{100} \to \dfrac{19{,}38}{600} \to \dfrac{19{,}38 + 11{,}04}{600} = \underline{\dfrac{30{,}42}{600}} \\[2ex] \searrow \dfrac{3{,}05}{100} \to \dfrac{18{,}30}{600} \to \dfrac{18{,}3 + 9{,}87}{600} = \underline{\dfrac{28{,}17}{600}} \end{cases}$$

Dabei wurde auch die Streuung des Schnittpunktes mit der Ordinate berücksichtigt, die wie folgt beträgt:

$$b = 10{,}45 \pm 0{,}585 \begin{cases} \nearrow 11{,}035 \\ \searrow 9{,}865 \end{cases}$$

Unter Berücksichtigung dieser ungünstigsten Fälle sind in Abb. 11 die Bestgerade und Streugeraden als Beispiel für die genannte Mörtelart eingetragen. Nach diesem Schema wurde auch bei der Aufstellung der anderen Eichgeraden verfahren.

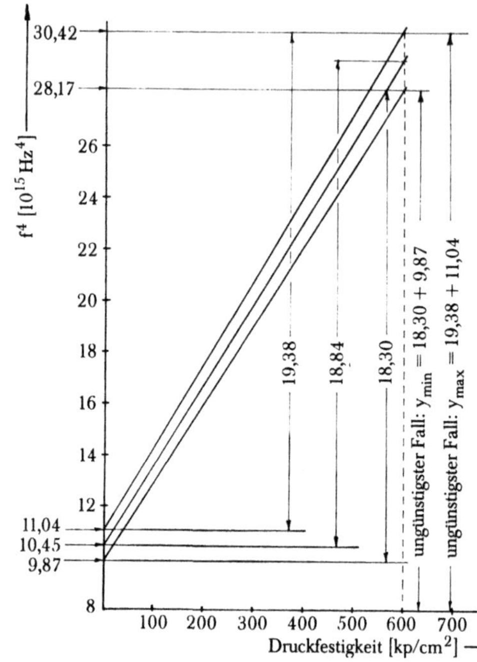

Abb. 11 Graphische Darstellung von Bestgerade und Steuergeraden

7.2.2. Ermittlung der Art der Streuung

Zur Bestimmung der Art der Streuung wurden die Meßpunkte der nach DIN 1164 und Rilem-Cem hergestellten Portlandzementmörtelprismen herangezogen.

Die Abweichungen in Richtung der Ordinate wurden in gleichmäßige Bereiche von $0{,}2 \cdot 10^{15}$ Hz^4 geteilt, die der Anzahl der Werte entsprechenden prozentualen Anteile errechnet und schließlich die Häufigkeitssummen (in %) über den Abweichungsbereichen in das Wahrscheinlichkeitsnetz eingetragen (Tab. 4 und 5).

Da die Ordinate nach dem Gaußschen Integral geteilt ist, müssen die Punkte auf einer Geraden liegen, wenn die Streuung der Meßpunkte nach der Gaußschen Verteilung erfolgt.

In den Abb. 12 und 13 ist die Häufigkeitsverteilung der Streuung von $f^4_{longit.}$ für die Portlandzementprismen nach Rilem-Cem und DIN 1164 dargestellt. Wie aus diesen Abbildungen zu ersehen ist, liegen die Punkte recht gut auf einer Geraden.

Nach dieser Beweisführung konnten mit Hilfe der Streugeraden die relativen Fehler aus den Abb. 14–20 abgelesen bzw. errechnet und in denselben für den jeweiligen Druckfestigkeitsbereich mitangegeben werden.

Tab. 4 Zusammenstellung der Abweichungen in Richtung der Ordinate
PZ-Mörtelprismen nach DIN 1164 (longitudinale Anregung)

Prüf-körper Nr.	Bereich der Abweichung $\times 10^{15}$ Hz^4	Abweichung $\times 10^{15}$ Hz^4	Anzahl *n*	Anteil in %	Häufigkeits-summe in %
1		— 2,1			
2	— 2,1 ... — 1,91	— 2,1	3	2,22	2,22
3		— 2,0			
4		— 1,90			
5	— 1,90 ... — 1,71	— 1,85	3	2,22	4,44
6		— 1,80			
7		— 1,70			
8	— 1,70 ... — 1,51	— 1,65	4	2,96	7,40
9		— 1,60			
10		— 1,55			
11		— 1,50			
12	— 1,50 ... — 1,31	— 1,45	3	2,22	9,62
13		— 1,40			
14		— 1,30			
15		— 1,30			
16		— 1,25			
17	— 1,30 ... — 1,11	— 1,20	7	5,19	14,81
18		— 1,20			
19		— 1,20			
20		— 1,15			
21		— 1,10			
22		— 1,10			
23		— 1,10			
24	— 1,10 ... — 0,91	— 1,00	8	5,93	20,74
25		— 1,00			
26		— 1,00			
27		— 0,95			
28		— 0,95			
29		— 0,90			
30		— 0,90			
31		— 0,90			
32	— 0,9 ... — 0,71	— 0,80	8	5,95	26,67
33		— 0,80			
34		— 0,80			
35		— 0,80			
36		— 0,80			

Tab. 4 (Fortsetzung)

Prüfkörper Nr.	Bereich der Abweichung $\times 10^{15}$ Hz^4	Abweichung $\times 10^{15}$ Hz^4	Anzahl *n*	Anteil in %	Häufigkeitssumme in %
37		— 0,70			
38		— 0,65			
39		— 0,65			
40	— 0,70 ... — 0,51	— 0,65	7	5,19	31,86
41		— 0,60			
42		— 0,60			
43		— 0,60			
44		— 0,50			
45		— 0,50			
46		— 0,45			
47		— 0,45			
48		— 0,45			
49	— 0,50 ... — 0,31	— 0,45	11	8,15	40,01
50		— 0,40			
51		— 0,40			
52		— 0,40			
53		— 0,40			
54		— 0,35			
55		— 0,30			
56		— 0,25			
57		— 0,25			
58		— 0,20			
59		— 0,20			
60		— 0,20			
61		— 0,20			
62	— 0,30 ... — 0,11	— 0,20	16	11,86	51,86
63		— 0,20			
64		— 0,20			
65		— 0,20			
66		— 0,15			
67		— 0,15			
68		— 0,15			
69		— 0,15			
70		— 0,15			
71		— 0,10			
72		± 0			
73		± 0			
74		± 0			
75	— 0,10 ... + 0,09	± 0	9	6,67	58,53
76		± 0			
77		± 0			
78		± 0			
79		+ 0,01			

Tab. 4 (Fortsetzung)

Prüfkörper Nr.	Bereich der Abweichung $\times 10^{15}$ Hz^4	Abweichung $\times 10^{15}$ Hz^4	Anzahl *n*	Anteil in %	Häufigkeitssumme in %
80		+ 0,10			
81		+ 0,10			
82		+ 0,10			
83		+ 0,10			
84		+ 0,10			
85	+ 0,10 ... + 0,29	+ 0,10	11	8,15	66,68
86		+ 0,10			
87		+ 0,20			
88		+ 0,20			
89		+ 0,20			
90		+ 0,25			
91		+ 0,30			
92		+ 0,30			
93		+ 0,30			
94		+ 0,30			
95		+ 0,30			
96		+ 0,30			
97		+ 0,30			
98	+ 0,30 ... + 0,49	+ 0,30	15	11,11	77,79
99		+ 0,30			
100		+ 0,35			
101		+ 0,40			
102		+ 0,40			
103		+ 0,40			
104		+ 0,40			
105		+ 0,40			
106		+ 0,50			
107		+ 0,50			
108		+ 0,50			
109		+ 0,50			
110	+ 0,50 ... + 0,69	+ 0,55	9	6,67	84,46
111		+ 0,55			
112		+ 0,60			
113		+ 0,60			
114		+ 0,65			
115		+ 0,70			
116		+ 0,70			
117	+ 0,70 ... + 0,89	+ 0,75	6	4,44	88,90
118		+ 0,80			
119		+ 0,80			
120		+ 0,85			

Tab. 4 (Fortsetzung)

Prüf-körper Nr.	Bereich der Abweichung $\times 10^{15}$ Hz^4	Abweichung $\times 10^{15}$ Hz^4	Anzahl *n*	Anteil in %	Häufigkeits-summe in %
121 122 123 124 125	+ 0,90 ... + 1,09	+ 0,90 + 0,90 + 0,90 + 1,00 + 1,05	5	3,70	92,60
126 127 128 129 130	+ 1,10 ... + 1,29	+ 1,10 + 1,10 + 1,20 + 1,20 + 1,20	5	3,70	96,30
131	+ 1,30 ... + 1,49	+ 1,40	1	0,74	97,04
132 133	+ 1,50 ... + 1,69	+ 1,50 + 1,60	2	1,48	98,52
134	+ 1,90 ... + 2,09	+ 1,90	1	0,74	99,26
135	+ 2,10 ... + 2,29	+ 2,20	1	0,74	100,00

Tab. 5 Zusammenstellung der Abweichungen in Richtung der Ordinate PZ-Mörtelprismen nach RILEM-CEM (longitudinale Anregung)

Prüfkörper Nr.	Bereich der Abweichung $\times 10^{15}$ Hz^4	Abweichung $\times 10^{15}$ Hz^4	Anzahl n	Anteil in %	Häufigkeitssumme in %
1	— 2,70 ... — 2,51	— 2,7	2	2,06	2,06
2		— 2,5			
3	— 2,50 ... — 2,31	— 2,4	1	1,03	3,09
4	— 2,30 ... — 2,11	–	0	–	3,09
5	— 2,10 ... — 1,91	— 2,10	2	2,06	5,15
6		— 2,00			
7	— 1,90 ... — 1,71	–	0	–	5,15
8	— 1,70 ... — 1,51	— 1,65	1	1,03	6,18
9		— 1,45			
10	— 1,50 ... — 1,31	— 1,40	3	3,09	9,27
11		— 1,40			
12		— 1,30			
13		— 1,30			
14		— 1,20			
15		— 1,20			
16	— 1,30 ... — 1,11	— 1,20	9	9,28	18,55
17		— 1,20			
18		— 1,20			
19		— 1,20			
20		— 1,15			
21		— 1,10			
22	— 1,10 ... — 0,91	— 1,05	3	3,09	21,64
23		— 1,00			
24		— 0,90			
25		— 0,90			
26	— 0,90 ... — 0,71	— 0,80	5	5,15	26,79
27		— 0,80			
28		— 0,75			
29		— 0,70			
30		— 0,70			
31		— 0,70			
32	— 0,70 ... — 0,51	— 0,60	6	6,19	32,98
33		— 0,60			
34		— 0,55			

Tab. 5 (Fortsetzung)

Prüf-körper Nr.	Bereich der Abweichung $\times 10^{15}$ Hz^4	Abweichung $\times 10^{15}$ Hz^4	Anzahl *n*	Anteil in %	Häufigkeits-summe in %
35		— 0,50			
36	— 0,50 ... — 0,31	— 0,50	4	4,12	37,19
37		— 0,40			
38		— 0,35			
39		— 0,30			
40	— 0,30 ... — 0,11	— 0,30	4	4,12	41,22
41		— 0,20			
42		— 0,20			
43		— 0,10			
44		— 0,10			
45		— 0,10			
46		— 0,10			
47	— 0,10 ... + 0,09	— 0,10	9	9,28	50,50
48		± 0			
49		± 0			
50		± 0			
51		± 0			
52		+ 0,10			
53		+ 0,10			
54	+ 0,10 ... + 0,29	+ 0,15	6	6,19	56,69
55		+ 0,15			
56		+ 0,20			
57		+ 0,20			
58		+ 0,30			
59		+ 0,30			
60		+ 0,30			
61		+ 0,30			
62	+ 0,30 ... + 0,49	+ 0,40	9	9,28	65,97
63		+ 0,40			
64		+ 0,40			
65		+ 0,45			
66		+ 0,45			
67		+ 0,50			
68		+ 0,50			
69		+ 0,50			
70	+ 0,50 ... + 0,69	+ 0,60	8	8,25	74,25
71		+ 0,60			
72		+ 0,60			
73		+ 0,60			
74		+ 0,60			

Tab. 5 (Fortsetzung)

Prüf-körper Nr.	Bereich der Abweichung $\times 10^{15}$ Hz^4	Abweichung $\times 10^{15}$ Hz^4	Anzahl n	Anteil in %	Häufigkeits-summe in %
75 76 77 78 79	+ 0,70 ... + 0,89	+ 0,70 + 0,75 + 0,75 + 0,85 + 0,85	5	5,15	79,40
80	+ 0,90 ... + 1,09	+ 1,00	1	1,03	80,43
81 82 83	+ 1,10 ... + 1,29	+ 1,10 + 1,10 + 1,20	3	3,09	83,52
84 85 86	+ 1,30 ... + 1,49	+ 1,30 + 1,35 + 1,45	3	3,09	86,61
87	+ 1,50 ... + 1,69	–	0	–	86,61
88 89 90 91 92 93	+ 1,70 ... + 1,89	+ 1,70 + 1,70 + 1,70 + 1,80 + 1,85 + 1,85	6	6,19	92,80
94 95 96	+ 1,90 ... + 2,09	+ 1,90 + 1,90 + 1,95	3	3,09	95,89
97 98 99 100	+ 2,10 ... + 2,29	+ 2,20 + 2,20 + 2,25 + 2,25	4	4,12	100,01

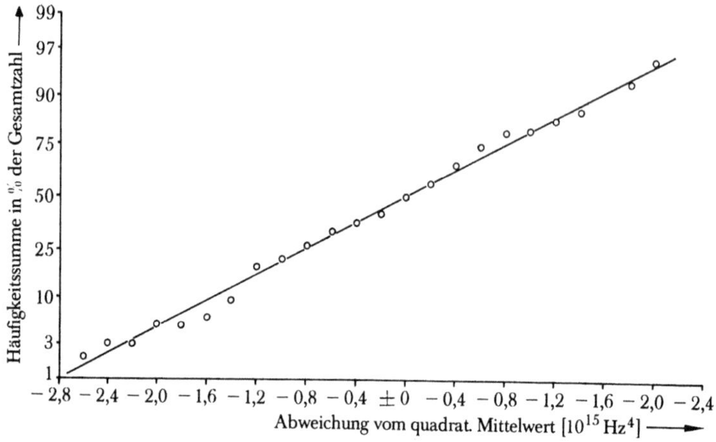

Abb. 12 Häufigkeitsverteilung der Streuung von f^4
(Portlandzementmörtel nach RILEM-CEM)

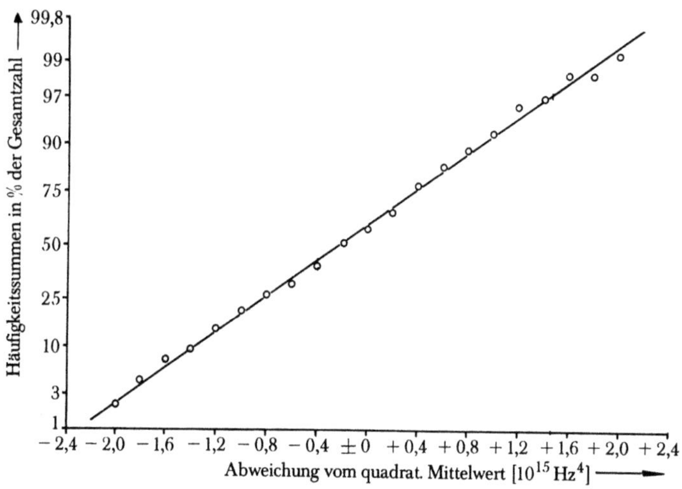

Abb. 13 Häufigkeitsverteilung der Streuung von f^4
(Portlandzementmörtel nach DIN 1164)

7.2.3. Bestimmung der relativen Fehler der durch die Bestgeraden ermittelten Druckfestigkeiten

Dazu wurden aus den Abb. 10–16 die Abweichungen der Streugeraden von der Bestgeraden für die einzelnen Druckfestigkeitsbereiche von 100, 200, 300, 400, 500, 600 und 700 kp/cm² abgelesen und die relativen Fehler mit in die Abbildungen aufgenommen.

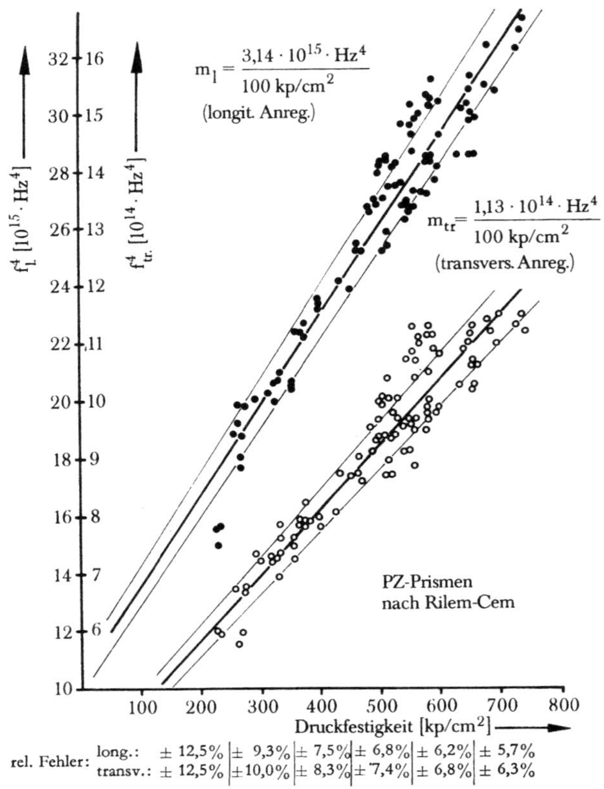

Abb. 14 Beziehung zwischen der 4. Potenz der Resonanzfrequenz und der Druckfestigkeit von Portlandzementmörtelprismen (nach Rilem-Cem)

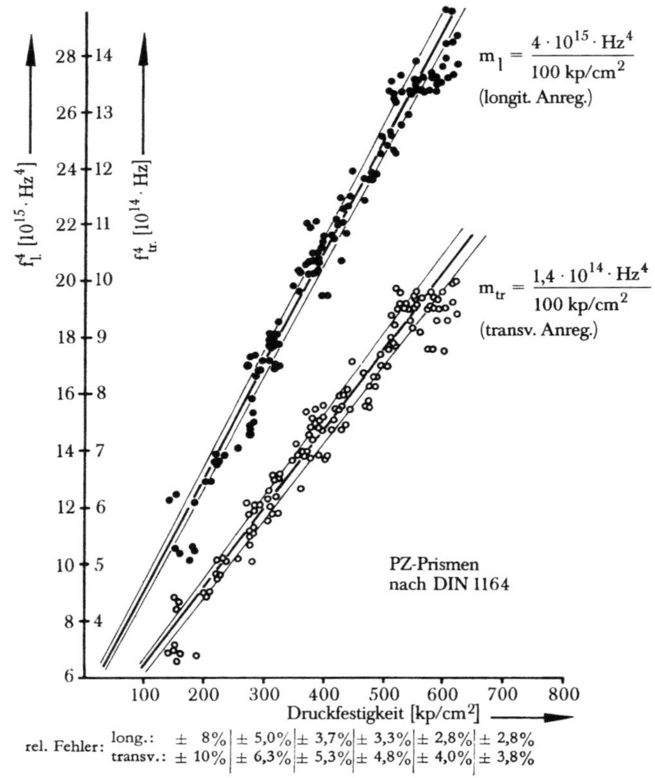

Abb. 15 Beziehung zwischen der 4. Potenz der Resonanzfrequenz und der Druckfestigkeit von Portlandzementmörtelprismen (nach DIN 1164)

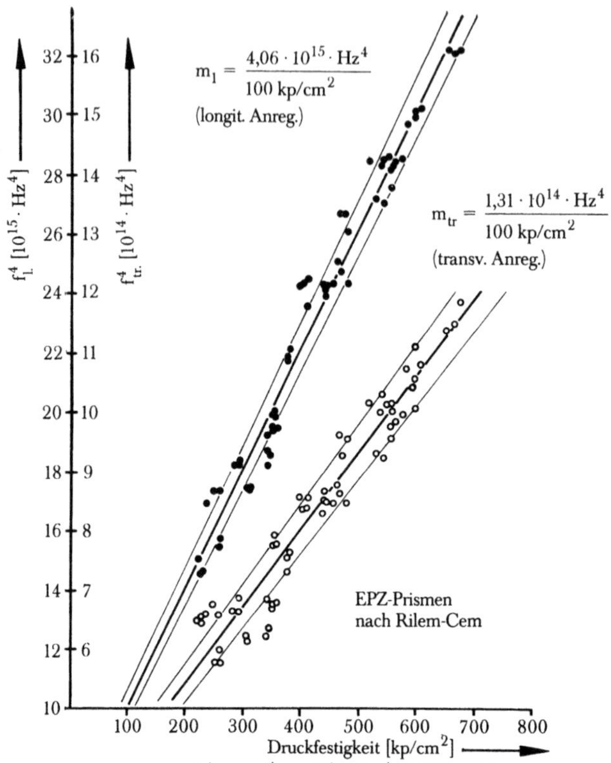

rel. Fehler:						
long.:	± 8%	± 6,3%	± 5,3%	± 4,8%	± 4,2%	± 4,1%
transv.:	± 125%	± 10,0%	± 8,0%	± 7,2%	± 6,7%	± 6,3%

Abb. 16 Beziehung zwischen der 4. Potenz der Resonanzfrequenz und der Druckfestigkeit von Eisenportlandzementmörtelprismen (nach Rilem-Cem)

Eine Zusammenstellung der relativen Fehler sowohl für longitudinale als auch für transversale Anregung zeigt die Tab. 6.

Daraus ist zu entnehmen, daß der relative Fehler mit Zunahme der Druckfestigkeit abnimmt.

Weiterhin ist ersichtlich, daß der relative Fehler der nach dem Rilem-Cem-Verfahren durch Schocken verdichteten Prismen größer ist als bei den nach DIN 1164 hergestellten. Dies dürfte auf größere Inhomogenitäten der nach diesem Verfahren hergestellten Prüfkörper zurückzuführen sein, was in der robusteren Verdichtung mittels Schocktisch seine Ursache haben sollte.

Weiterhin ist aus der Zusammenstellung zu entnehmen, daß der relative Fehler bei transversaler Anregung größer ist als bei longitudinaler, das gilt sowohl für die nach DIN 1164 als auch nach Rilem-Cem hergestellten Prismen. Die kleinsten relativen Fehler treten bei den nach DIN 1164 hergestellten Prismen mit Portlandzement und schlackenreichem Hochofenzement auf, bei also jenen Zementen, deren Zusammensetzung hinsichtlich des Klinker–Hüttensand-Verhältnisses in nur geringen Grenzen schwanken.

Tab. 6 Zusammenstellung der relativen Fehler der der 4. Potenz der Resonanzfrequenz entsprechenden Druckfestigkeitswerte

Prüfkörper	longitudinal								transversal							
	Anzahl	relative Fehler (%) im Bereich von							Anzahl	relative Fehler (%) im Bereich von						
	n	100 kp	200 kp	300 kp	400 kp	500 kp	600 kp	700 kp	*n*	100 kp	200 kp	300 kp	400 kp	500 kp	600 kp	700 kp
PZ (DIN 1164)	135	± 8,0	± 5,0	± 3,7	± 3,3	± 2,8	± 2,8	–	132	±10,0	± 6,3	± 5,3	± 4,8	± 4,0	± 3,8	–
PZ (RILEM-CEM)	97	–	±12,5	± 9,3	± 7,5	± 6,8	± 6,2	± 5,7	95	–	±12,5	±10,0	± 8,3	± 7,4	± 6,8	± 6,3
EPZ (DIN 1164)	–	–	–	–	–	–	–	–	–	–	–	–	–	–	–	–
EPZ (RILEM-CEM)	60	–	± 8,0	± 6,3	± 5,3	± 4,8	± 4,2	± 4,1	60	–	±12,5	±10,0	± 8,0	± 7,2	± 6,7	± 6,3
HOZ (DIN 1164)	129	±15,0	± 8,5	± 6,3	± 5,5	± 4,8	± 4,3	–	129	–	±10,0	± 8,0	± 6,8	± 6,0	± 5,5	–
HOZ (RILEM-CEM)	141	±17,0	±11,0	± 8,0	± 6,8	± 6,0	± 5,5	–	132	±20,0	±12,0	± 9,3	± 8,0	± 7,0	± 6,5	± 6,3
HOZ* (DIN 1164)	59	± 9,0	± 5,5	± 4,7	± 4,0	± 3,6	–	–	59	±13,0	± 8,0	± 6,3	± 5,5	± 5,0	–	–
HOZ* (RILEM-CEM)	36	±14,0	± 8,5	± 6,7	± 5,8	± 5,0	± 4,5	–	26	–	±14,0	±11,0	± 9,3	± 8,4	± 7,3	–

* Hüttensandreich.

7.2.4. *Der Einfluß der Zementart auf den Anstieg der Bestgeraden*

Zu diesem Zweck wurden an den aus verschiedenen Handels- und Laborzementen hergestellten Portlandzement-, Eisenportlandzement-, Hochofenzement- und hüttensandreichen Hochofenzementmörtelprismen vor der Druckfestigkeitsprüfung die Resonanzfrequenz sowohl für longitudinale als auch für transversale Anregung gemessen und deren 4. Potenz über der Druckfestigkeit aufgetragen. Aus den Koordinaten der Meßpunkte wurden die Bestgeraden sowie die Streugeraden errechnet und eingezeichnet (Abb. 14–20).
In nachstehender Tab. 7 sind die Anstiegswerte der Bestgeraden zusammengestellt.

Tab. 7 Anstiegswerte der Bestgeraden von Portlandzement-, Eisenportlandzement- und Hochofenzementmörtelprismen bei longitudinaler und transversaler Anregung

Zementart	Mörtelprismen hergestellt nach	Anstieg *m* der Bestgeraden	
		longitudinale Anregung $\frac{10^{15} \cdot Hz^4}{100\ kp/cm^2}$	transversale Anregung $\frac{10^{14} \cdot Hz^4}{100\ kp/cm^2}$
PZ	DIN 1164	4,0 (105)	1,4 (102)
	RILEM-CEM	3,14 (97)	1,13 (95)
EPZ	DIN 1164	–	–
	RILEM-CEM	4,06 (60)	1,31 (60)
HOZ	DIN 1164	4,10 (129)	1,6 (129)
	RILEM-CEM	3,95 (141)	1,25 (131)
HOZ schlackenreich	DIN 1164	4,8 (59)	1,6 (59)
	RILEM-CEM	4,64 (36)	1,29 (26)

Die in Klammern stehenden Zahlen geben die Anzahl der Mörtelprismen an, die zur Berechnung des Anstiegs der Bestgeraden herangezogen wurden.
Aus der Zusammenstellung ist deutlich die Tendenz zu erkennen, daß mit zunehmendem Hüttensandanteil des Bindemittels die Bestgeraden einen größeren Anstieg besitzen, d. h. steiler verlaufen. Das gilt sowohl für die nach DIN 1164 eingeschlagenen Prismen als auch für die nach dem RILEM-CEM-Verfahren hergestellten Prüfkörper.
Natürlich ist der Anstiegswert der Bestgeraden für die jeweilige Zementart um so charakteristischer, je größer die Anzahl der zur Ermittlung der Bestgeraden verwendeten Prüfkörper ist. Die Zahl der zur Verfügung stehenden 4×4×16-cm-Prismen aus Eisenportlandzementmörtel war nicht groß genug, so daß die hierbei auftretenden Abweichungen darauf zurückgeführt werden können.

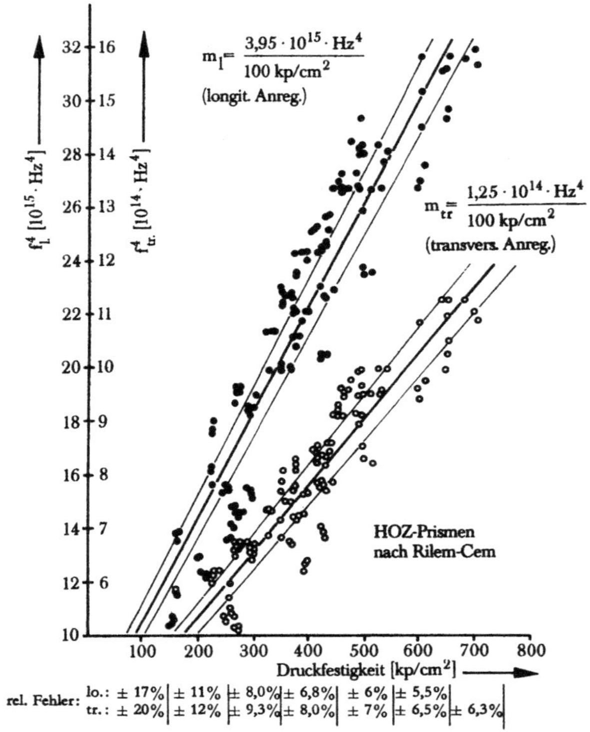

Abb. 17 Hochofenzementmörtelprismen (nach Rilem-Cem)

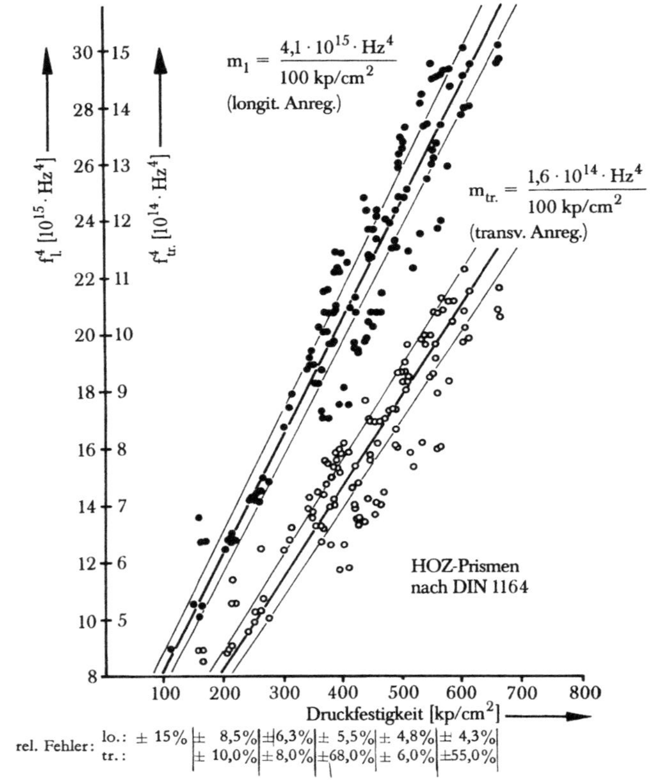

Abb. 18 Hochofenzementmörtelprismen (nach DIN 1164)

Abb. 17 und 18 Beziehung zwischen der 4. Potenz der Resonanzfrequenz und der Druckfestigkeit

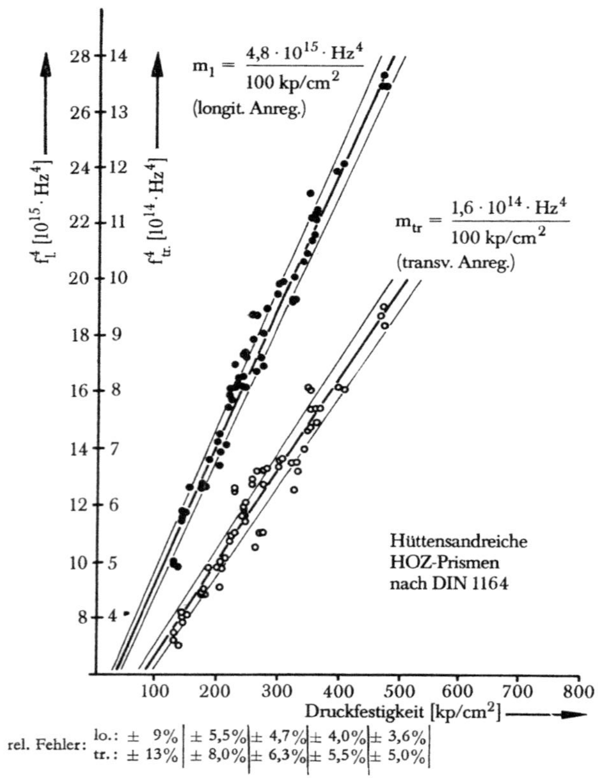

Abb. 19 Beziehung zwischen der 4. Potenz der Resonanzfrequenz und der Druckfestigkeit von hüttensandreichen Hochofenzementmörtelprismen (nach RILEM-CEM)

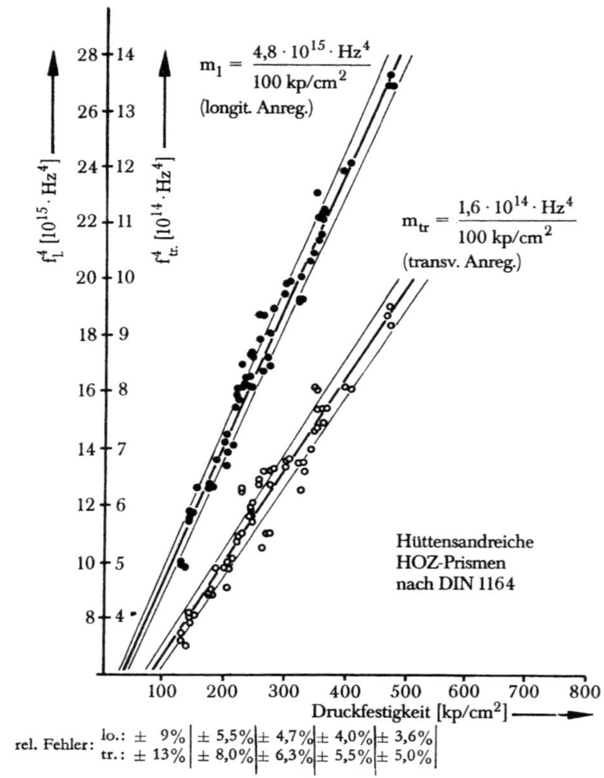

Abb. 20 Beziehung zwischen der 4. Potenz der Resonanzfrequenz und der Druckfestigkeit von hüttensandreichen Hochofenzementmörtelprismen (nach DIN 1164)

7.2.5. Der Einfluß des Hüttensandanteiles auf den Anstieg der Bestgeraden

Bei Betrachtung der Abb. 14–20 fällt auf, daß die größte Streuung der Meßpunkte bei den Hüttenzementprismen auftritt. Dies kann dadurch erklärt werden, daß bei diesem Zementtyp das Klinker–Hüttensand-Verhältnis innerhalb eines großen Bereichs schwanken kann. So kann nach DIN 1164 ein Hochofenzement sowohl aus 31% als auch aus 85% Hüttensand bestehen. Dies bedingt wiederum ein unterschiedliches mengenmäßiges Auftreten sowohl der noch nicht durchhydratisierten Klinker- und Hüttensandkörner als auch der einzelnen Hydratphasen im Zementstein, auf das die starke Streuung zurückgeführt werden kann.
In der folgenden Versuchsreihe wurde das Klinker–Hüttensand-Verhältnis im Bereich von 100:0 bis 30:70 variiert. Die nach dem RILEM-CEM-Verfahren hergestellten Prismen wurden wiederum vor ihrer Festigkeitsprüfung der Resonanzfrequenzmessung unterzogen.
In der Abb. 21 sind die Bestgeraden für die Prismen der Mischungen 0–7 über den Druckfestigkeiten aufgetragen.
Der Anstieg der Bestgeraden für die Prüfkörper der einzelnen Mischungen ist in nachstehender Tab. 8 zusammengefaßt.
Die Prüftermine lagen bei 3, 7, 28 und 56 Tagen Wasserlagerung. Die in Klammern stehenden Zahlen geben wieder die Anzahl der Prüfkörper an.

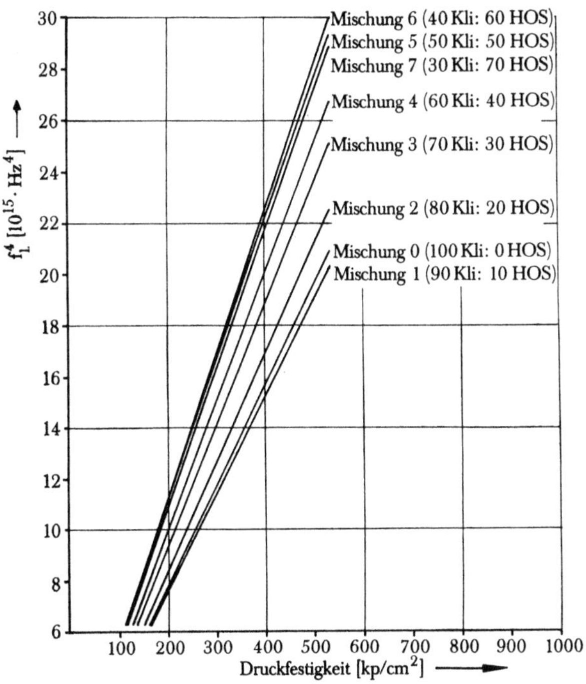

Abb. 21 Bestgeraden für die Prüfkörper der Mischungen mit abgestuftem Klinker–HÜS-Verhältnis (longitudinale Anregung)

Tab. 8 Zusammenstellung des Anstiegs der Bestgeraden für die Prüfkörper der Mischungen mit abgestuftem Klinker-HÜS-Verhältnis

Mischung	Klinker-HÜS-Verhältnis	Anstieg m der Bestgeraden	
		longitudinale Anregung $\frac{10^{15}\ Hz^4}{100\ kp/cm^2}$	transversale Anregung $\frac{10^{14}\ Hz^4}{100\ kp/cm^2}$
0	100: 0	3,9 (18)	1,5 (18)
1	90:10	3,8 (12)	1,26 (12)
2	80:20	4,2 (12)	1,20 (12)
3	70:30	4,7 (33)	1,64 (30)
4	60:40	5,0 (12)	1,30 (9)
5	50:50	5,5 (33)	1,80 (24)
6	40:60	5,6 (12)	1,5 (9)
7	30:70	5,4 (33)	2,0 (21)

Die Zunahme des Anstiegs der Bestgeraden mit Erhöhung des Hüttensandgehaltes tritt bei der longitudinalen Anregung deutlich zutage, wobei Ausnahmen als in der Fehlergrenze liegend zu betrachten sind. Bei der transversalen Anregung ist die Tendenz nicht mehr so deutlich. Die Abweichungen treten hier immer dann auf, wenn die Anzahl der Prüfkörper gering war. Zum anderen ist die Resonanzfrequenzmessung bei transversaler Anregung mit einem größeren Meßfehler behaftet als bei der longitudinalen Anregung, worauf bei der Fehlerbetrachtung noch näher eingegangen wird.

7.2.6. Der Einfluß der Molererde auf den Anstieg der Bestgeraden

Bei den Untersuchungen von H. E. Schwiete, U. Ludwig und P. Otto [56] wurde der Einfluß von Molererde auf die technologischen Eigenschaften von klinkerarmen Hochofenzementen untersucht. An solchen Prismen mit abgestuftem Molererdegehalt wurden im Rahmen der vorliegenden Arbeit auch Resonanzfrequenzmessungen durchgeführt.
Die Meßdaten der nach 7, 28 und 56 Tagen Wasserlagerung geprüften Prismen (nach Rilem-Cem) sind in Tab. 9 zusammengestellt.
In den Abb. 22 und 23 sind wiederum die Bestgeraden für die longitudinale und transversale Anregung der vier Prismenarten über der Druckfestigkeit aufgetragen.

Der Anstieg der Bestgeraden sowie die Zusammensetzung der einzelnen Mischungen sind in nachstehender Tabelle zusammengefaßt.
Aus der Tab. 10 ist deutlich zu entnehmen, daß mit Zunahme des Gehaltes an Molererde die Bestgeraden flacher verlaufen, wie es in den Abb. 22 und 23 zu erkennen ist. Dies bedeutet, daß bei Ersatz eines Teiles der Hochofenschlacke durch Molererde die Verformbarkeit $\varepsilon = \frac{\Delta l}{l}$ des erhärteten Mörtels zunimmt.

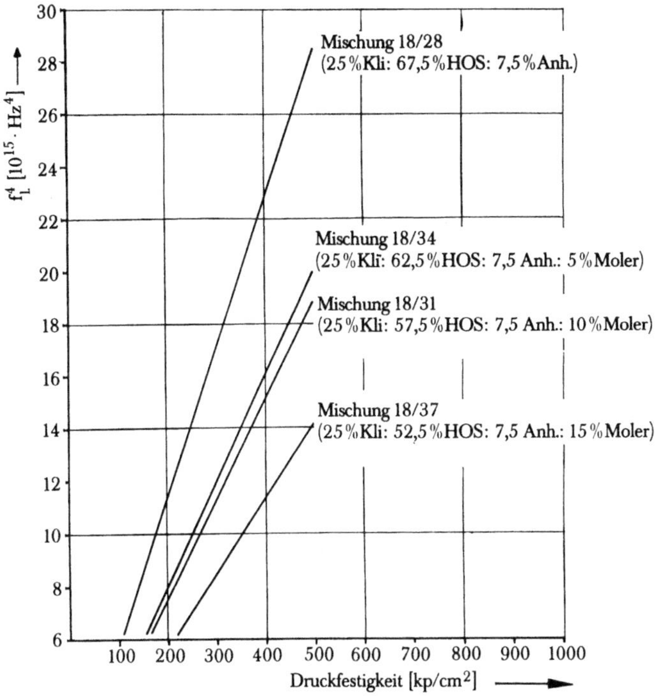

Abb. 22 Bestgeraden für Prüfkörper mit abgestuftem Molererdegehalt (longitudinale Anregung)

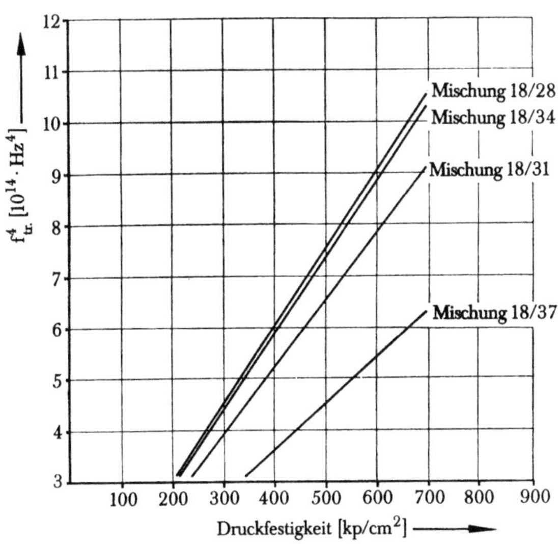

Abb. 23 Bestgeraden für Prüfkörper mit abgestuftem Molererdegehalt (transversale Anregung)

Tab. 9 Zusammenstellung der Resonanzfrequenzen, E-Moduln und Festigkeiten von mit Molererdezusatz hergestellten Mörtelprismen (nach RILEM-CEM)

1	2	3	4	5	6	7	8	9	10	11	12	13
Anzahl *n*	Wasser-lagerung (Tage)	Prüf-körper-gewicht (kg)	Resonanz-frequenz (longit.) (Hz)	f^4 (longit.) ($\times 10^{15}$ Hz⁴)	Resonanz-frequenz (transv.) (Hz)	f^4 (transv.) ($\times 10^{14}$ Hz⁴)	E-Modul (longit.) $\times$ (10^3 kp/cm²)	E-Modul (transv.)	Abs.Abw. $E_{tr.} - E_{l.}$	Rel. Abw. $\frac{E_{tr.} - E_{l.}}{E_{l.}}$ (%)	Biegezug-festigkeit (kp/cm²)	Druck-festigkeit (kp/cm²)
Mischung 18/28 (25% Klinker, 67,5% HÜS, 7,5% Anh.)												
1	7	0,584	11 050	14,90	4 900	5,76	291	303	+12	+ 4,1	45	180
2	7	0,581	11 080	15,10	4 890	5,72	291	300	+ 9	+ 3,1	44	175
3	7	0,586	11 000	14,60	4 880	5,67	289	302	+11	+ 3,8	45	175
4	28	0,586	12 580	25,10	5 490	9,08	378	382	+ 4	+ 1,1	88	325
5	28	0,586	12 600	25,20	5 500	9,15	379	383	+ 4	+ 1,1	88	332
6	28	0,587	12 640	25,50	5 505	9,19	382	385	+ 3	+ 0,8	86	329
7	56	0,586	12 810	26,90	5 570	9,62	392	393	+ 1	+ 0,3	99	403
8	56	0,589	12 810	26,90	5 560	9,55	394	394	± 0	± 0	97	395
9	56	0,587	12 800	28,80	5 530	9,35	392	388	— 4	— 1,4	96	394
Mischung 18/34 (25% Klinker, 62,5% HÜS, 5,0% Molererde, 7,5% Anh.)												
1	7	0,582	11 850	19,70	5 160	7,09	333	335	+ 2	+ 0,6	72	251
2	7	0,587	11 970	20,50	5 200	7,31	343	343	± 0	± 0	74	259
3	7	0,585	11 840	19,66	5 200	7,31	334	342	+ 8	+ 2,4	73	250
4	28	0,594	12 620	25,38	5 500	9,15	386	389	+ 3	+ 0,8	103	378
5	28	0,589	12 625	25,41	5 490	9,08	383	384	+ 1	+ 0,3	91	386
6	28	0,586	12 630	25,95	5 500	9,15	381	383	+ 2	+ 0,6	89	380
7	56	0,575	12 875	27,49	5 605	9,87	389	391	+ 2	+ 0,6	102	451
8	56	0,578	12 915	27,82	5 675	10,37	393	403	+10	+ 2,5	109	451
9	56	0,578	12 880	27,52	5 630	10,05	391	396	+ 5	+ 1,3	104	440

Tab. 9 (Fortsetzung)

1	2	3	4	5	6	7	8	9	10	11	12	13
Anzahl	Wasserlagerung	Prüfkörpergewicht	Resonanzfrequenz (longit.)	f^4 (longit.) (×10^15 Hz^4)	Resonanzfrequenz (transv.)	f^4 (transv.) (×10^14 Hz^4)	E-Modul (longit.)	E-Modul (transv.)	Abs. Abw. $E_{tr.} - E_{l.}$	Rel. Abw. $\frac{E_{tr.} - E_{l.}}{E_{l.}}$	Biegezugfestigkeit	Druckfestigkeit
n	(Tage)	(kg)	(Hz)		(Hz)		× (10³ kp/cm²)			(%)	(kp/cm²)	(kp/cm²)
					Mischung 18/31 (25% Klinker, 57,5% HÜS, 10% Molererde, 7,5% Anh.)							
1	7	0,582	11 900	20,05	5 180	7,20	336	338	+ 2	+ 0,6	71	280
2	7	0,580	11 890	20,00	5 160	7,09	334	334	± 0	± 0	65	286
3	7	0,582	11 980	20,59	5 230	7,48	341	344	+ 3	+ 0,9	77	274
4	28	0,581	12 630	25,44	5 500	9,15	378	380	+ 2	+ 0,5	105	421
5	28	0,579	12 600	25,22	5 495	9,12	375	378	+ 3	+ 0,8	100	405
6	28	0,580	12 615	25,31	5 500	9,15	376	379	+ 3	+ 0,8	103	413
7	56	0,583	12 720	26,18	5 500	9,15	385	381	— 4	— 1,0	109	447
8	56	0,580	12 750	26,44	5 560	9,55	384	388	+ 4	+ 1,0	109	436
9	56	0,582	12 735	26,30	5 530	9,35	385	385	± 0	± 0	109	441
					Mischung 18/37 (25% Klinker, 52,5% HÜS, 15% Molererde, 7,5% Anh.)							
1	7	0,578	11 950	20,40	5 240	7,54	337	343	+ 6	+ 1,8	73	297
2	7	0,577	11 925	20,22	5 230	7,48	335	341	+ 6	+ 1,8	71	289
3	7	0,577	12 025	20,90	5 280	7,77	340	348	+ 8	+ 2,4	68	294
4	28	0,571	12 580	25,06	5 430	8,69	368	364	— 4	— 1,1	94	427
5	28	0,569	12 520	24,59	5 450	8,82	364	366	+ 2	+ 0,5	94	418
6	28	0,570	12 510	24,49	5 480	9,02	364	370	+ 6	+ 1,6	94	424
7	56	0,578	12 800	26,83	5 590	9,77	386	391	+ 5	+ 1,3	107	529
8	56	0,577	12 750	26,44	5 570	9,62	382	387	+ 5	+ 1,3	106	520
9	56	0,579	12 800	26,83	5 575	9,66	387	389	+ 2	+ 0,5	108	524

Tab. 10 Zusammenstellung der Bestgeraden für die Prüfkörper der Mischungen mit 0, 5, 10 und 15% Molererdezusatz

Mischung	Klinker (%)	HÜS (%)	Anhydrit (%)	Moler-erde (%)	Anstieg *m* der Bestgeraden: longitudinale Anregung $\frac{10^{15}\,Hz^4}{100\,kp/cm^2}$	Anstieg *m* der Bestgeraden: transversale Anregung $\frac{10^{14}\,Hz^4}{100\,kp/cm^4}$
18/28	25	67,5	7,5	–	5,7	1,5
18/34	25	62,5	7,5	5,0	4,0	1,5
18/31	25	57,5	7,5	10,0	3,8	1,3
18/37	25	52,5	7,5	15,0	2,8	0,9

Die Ursache hierfür dürfte in der stärkeren Kalkbindung der Molererde liegen, die bei einer spezifischen Oberfläche von rd. 20 000 Blaine in stärkerem Maße zur Bildung von CSH-Phasen beitragen kann als der grobere Hüttensand von rd. 3000 Blaine dazu in der Lage ist. So wurden Kalkbindungswerte von 500 $\frac{\text{mg CaO}}{\text{g Moler}}$ gefunden [55].

7.2.7. Zur Relation zwischen der 4. Potenz der Resonanzfrequenz und der Biegezugfestigkeit

Wie unter 7.1.1 beschrieben, besteht zwischen der 4. Potenz der Resonanzfrequenz und der Druckfestigkeit eine lineare Beziehung, wie sie in Abb. 24 unter a) schematisch dargestellt ist.
Unter Berücksichtigung der allgemein bekannten Beziehung zwischen Biegezug- und Druckfestigkeit (Abb. 24) kann die Relation zwischen der 4. Potenz der Resonanzfrequenz und der Biegezugfestigkeit abgeleitet und wie in derselben Abbildung unter b) schematisch dargestellt werden. Das bedeutet, daß im Bereich hoher Biegezugfestigkeiten die Resonanzfrequenzen stärker zunehmen.
Diese Tendenz ist durch die eigenen Versuchsergebnisse bestätigt worden, und ist in den Abb. 25–31 deutlich zu erkennen, in denen die 4. Potenz der Resonanzfrequenzen über der Biegezugfestigkeit aufgetragen wurde.
Auffallend ist die stärkere Streuung der Meßpunkte gegenüber den Eichkurven bei der Druckfestigkeit.

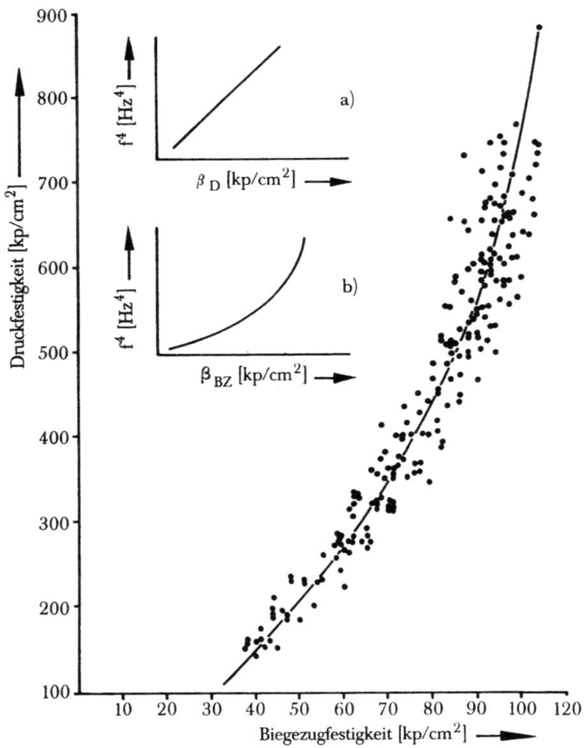

Abb. 24 Die Beziehung zwischen Druckfestigkeit und Biegezugfestigkeit

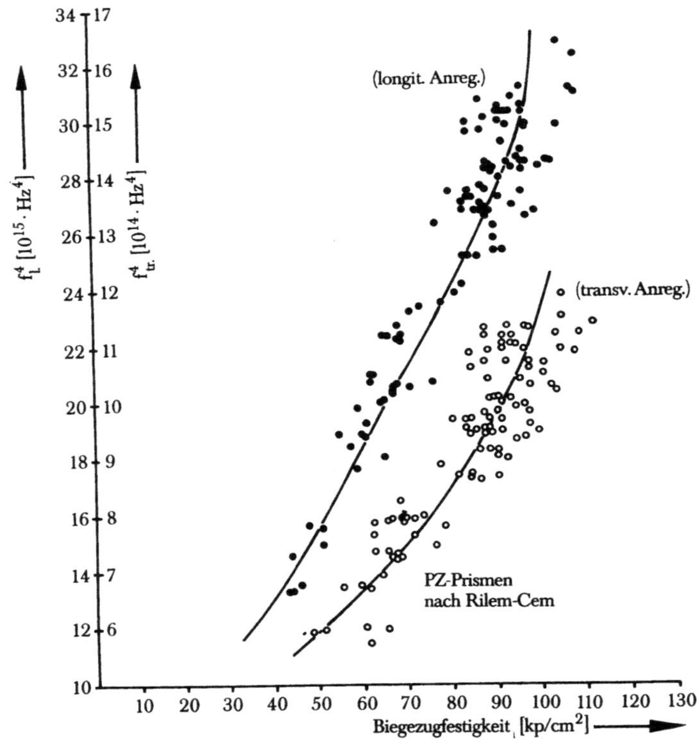

Abb. 25 Beziehung zwischen der 4. Potenz der Resonanzfrequenz und der Biegezugfestigkeit von Portlandzementmörtelprismen (nach RILEM-CEM)

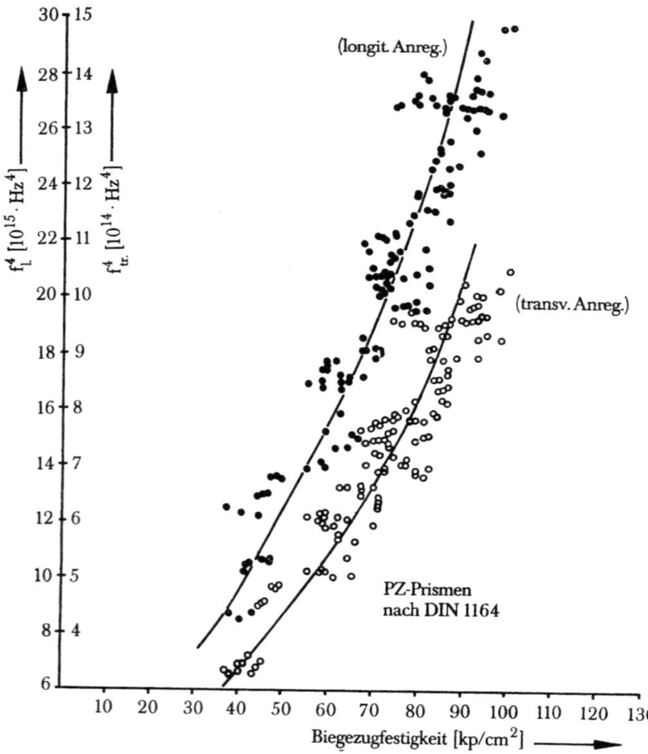

Abb. 26 Beziehung zwischen der 4. Potenz der Resonanzfrequenz und der Biegezugfestigkeit von Portlandzementmörtelprismen (nach DIN 1164)

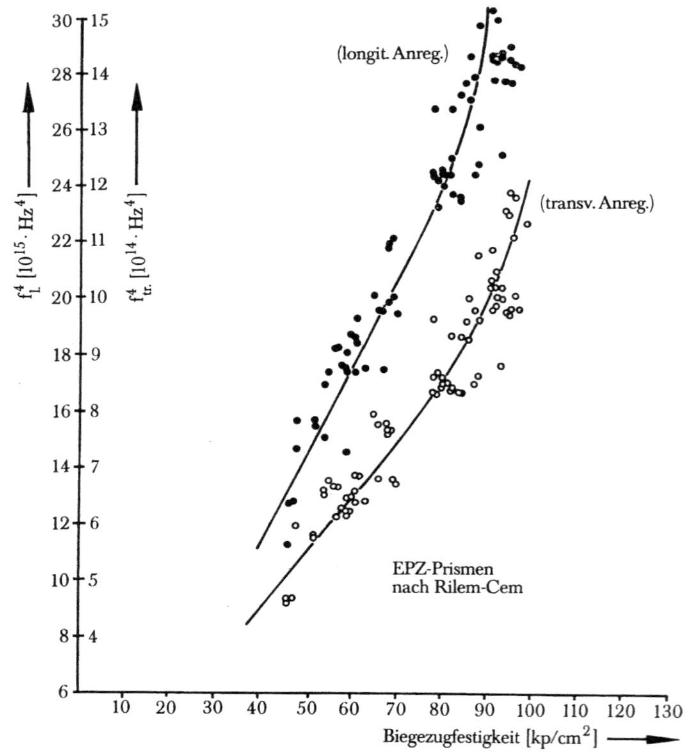

Abb. 27 Beziehung zwischen der 4. Potenz der Resonanzfrequenz und der Biegezugfestigkeit von Eisenportlandzementmörtelprismen (nach RILEM-CEM)

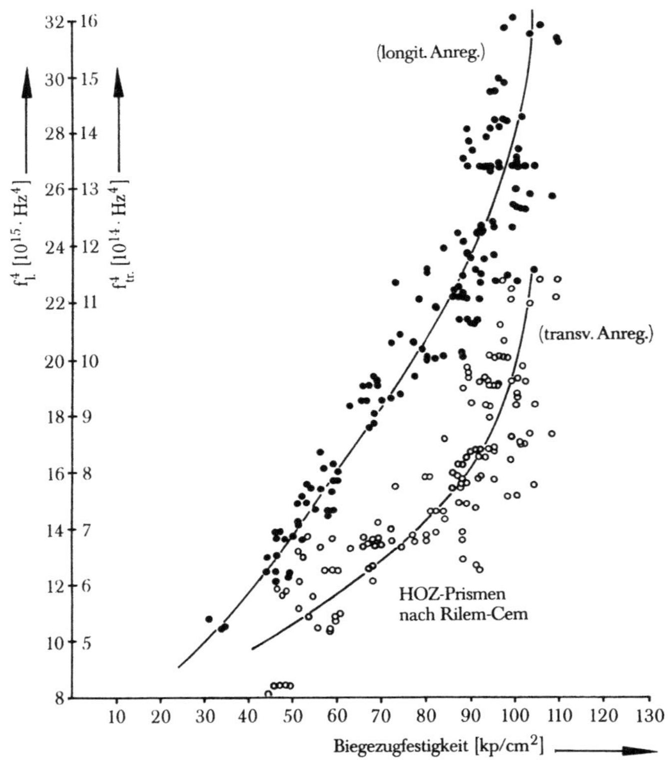

Abb. 28 Beziehung zwischen der 4. Potenz der Resonanzfrequenz und der Biegezugfestigkeit von Hochofenzementmörtelprismen (nach Rilem-Cem)

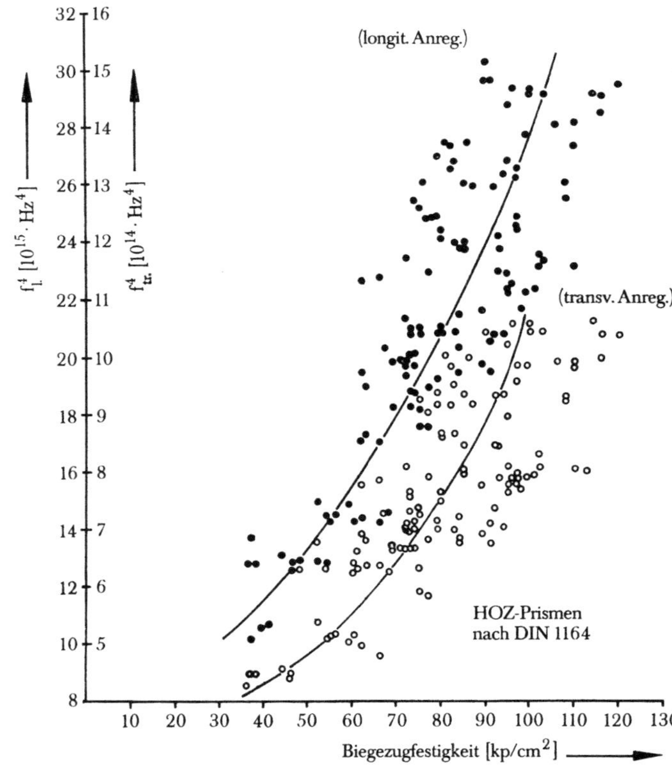

Abb. 29 Beziehung zwischen der 4. Potenz der Resonanzfrequenz und der Biegezugfestigkeit von Hochofenzementmörtelprismen (nach DIN 1164)

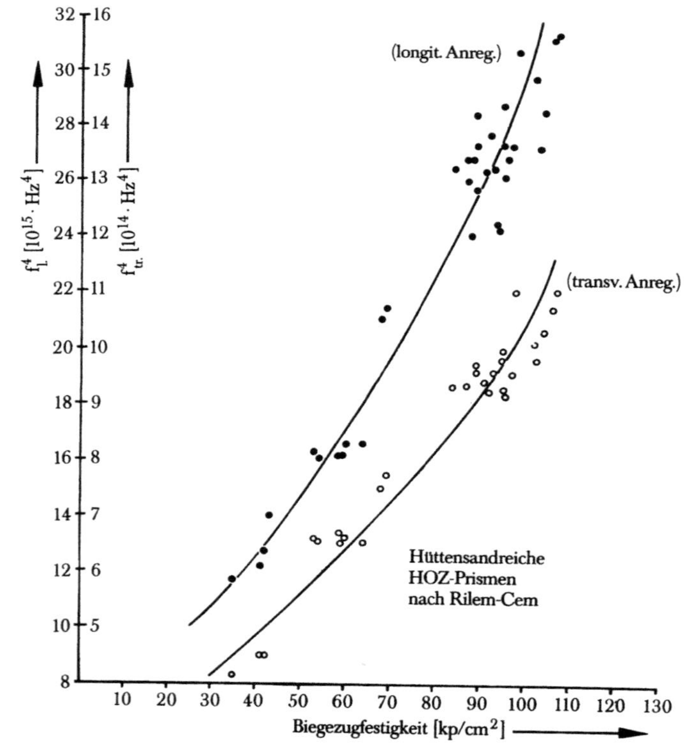

Abb. 30 Beziehung zwischen der 4. Potenz der Resonanzfrequenz und der Biegezugfestigkeit von hüttensandreichen Hochofenzementmörtelprismen (nach Rilem-Cem)

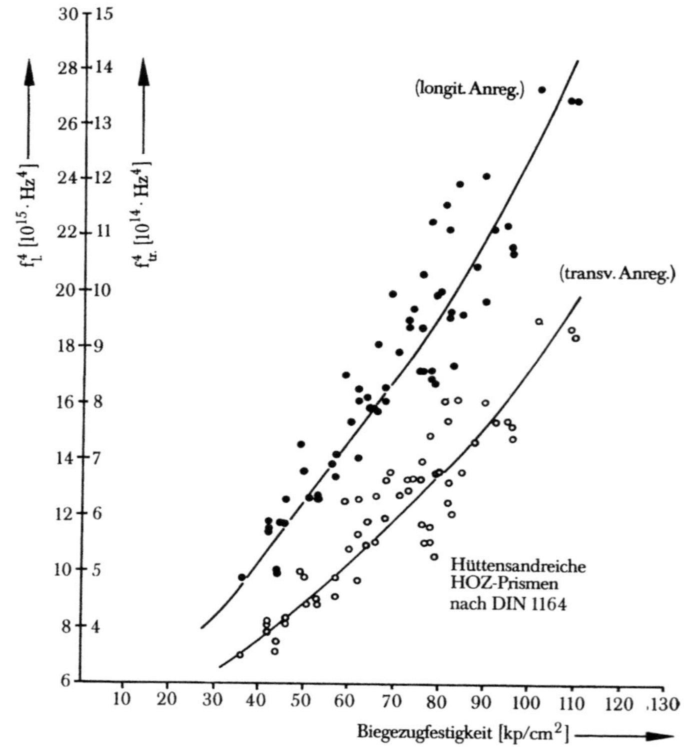

Abb. 31 Beziehung zwischen der 4. Potenz der Resonanzfrequenz und der Biegezugfestigkeit von hüttensandreichen Hochofenzementmörtelprismen (nach DIN 1164)

7.2.8. Gegenüberstellung von E-Modul$_{\text{longit.}}$ *und E-Modul*$_{\text{transv.}}$

In den Abb. 32–38 sind die aus den Resonanzfrequenzen bei longitudinaler und transversaler Anregung errechneten E-Moduln für Portlandzement-, Eisenportlandzement- und Hochofenzementmörtelprismen gegeneinander aufgetragen. Die gute Übereinstimmung der nach beiden Verfahren ermittelten E-Moduln wird durch die graphische Darstellung besonders deutlich. Die Zahlenwerte der Meßpunkte sind in den Spalten 9 und 8 der Tab. 11–17 zusammengestellt. Die absolu-

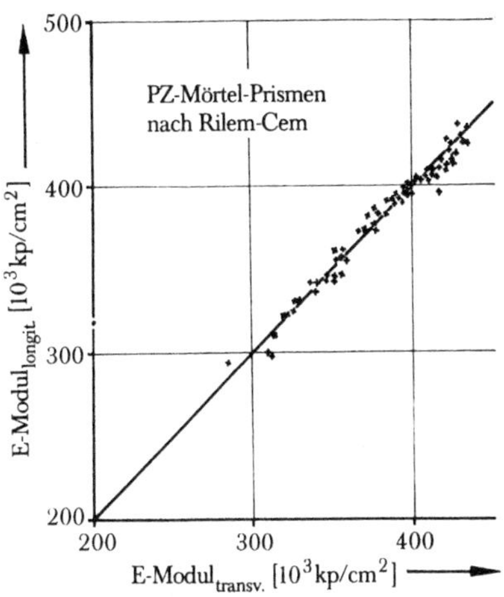

Abb. 32 PZ-Mörtelprismen (nach Rilem-Cem)

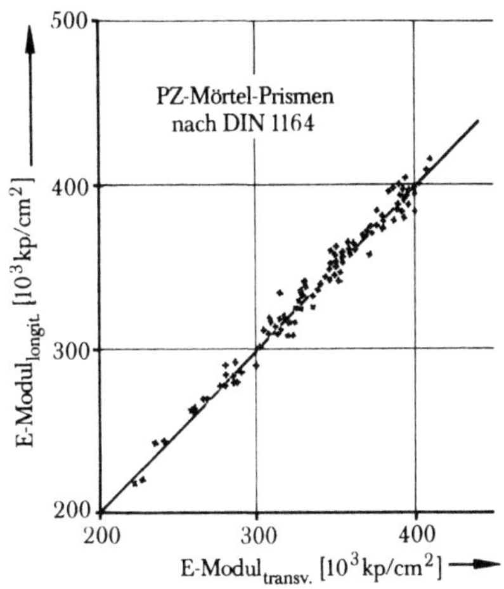

Abb. 33 PZ-Mörtelprismen (nach DIN 1164)

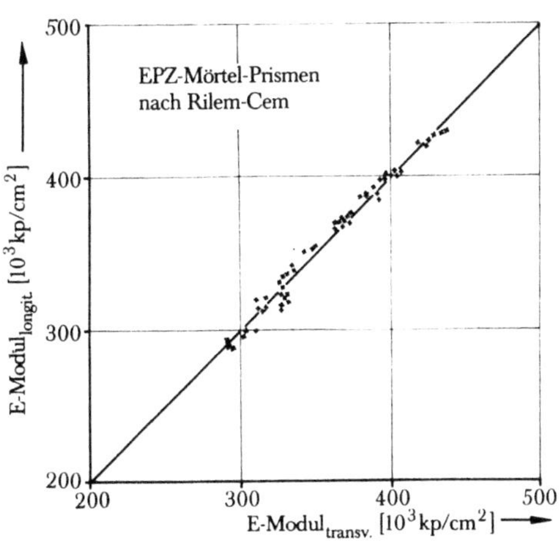

Abb. 34 EPZ-Mörtelprismen (nach Rilem-Cem)

Abb. 32–34 E-Modul$_{\text{longit.}}$ in Abhängigkeit von E-Modul$_{\text{transv.}}$

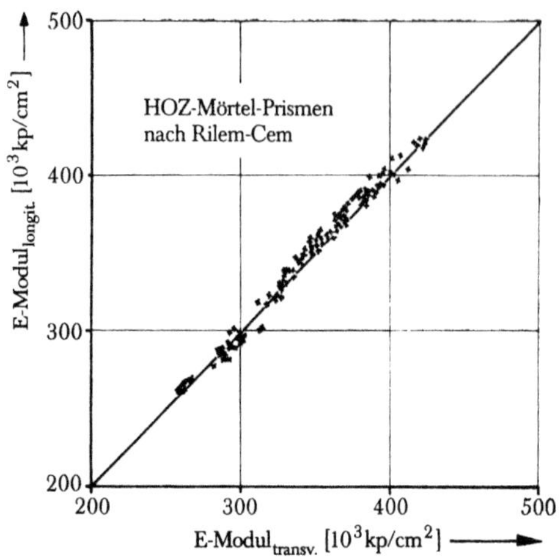

Abb. 35 HOZ-Mörtelprismen (nach RILEM-CEM)

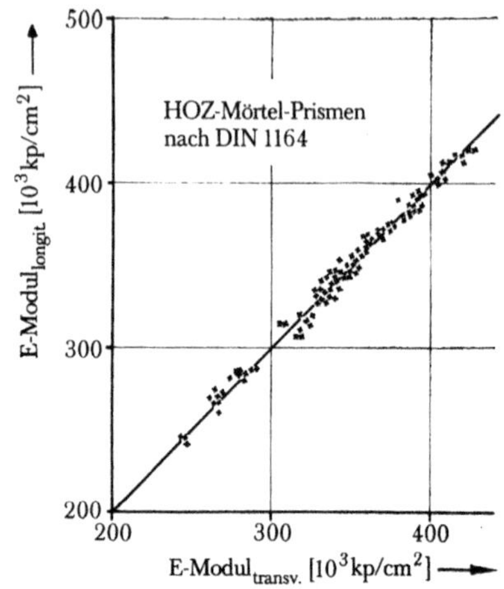

Abb. 36 HOZ-Mörtelprismen (nach DIN 1164)

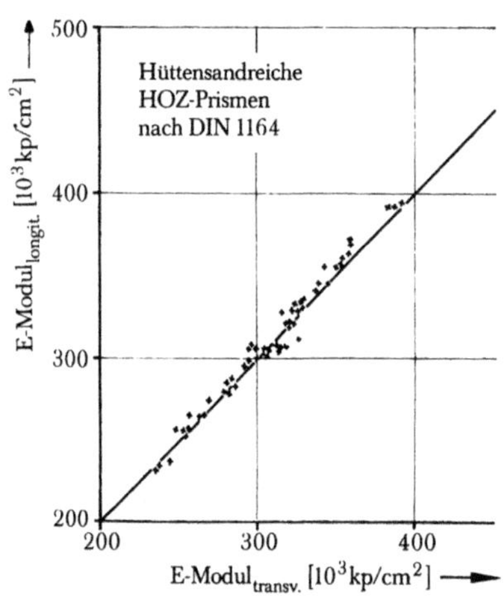

Abb. 37 Hüttensandreiche HOZ-Mörtelprismen (nach RILEM-CEM)

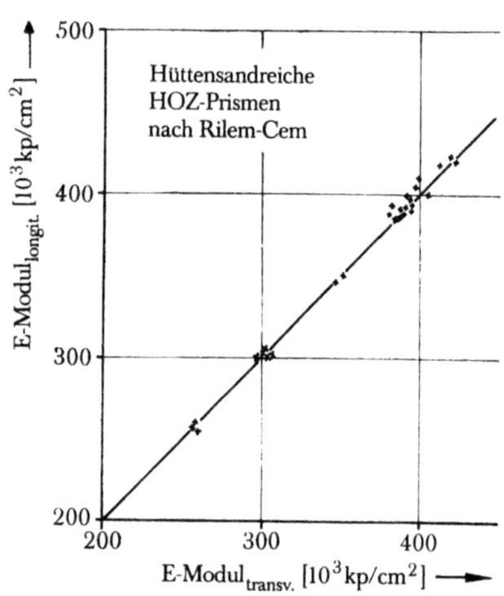

Abb. 38 Hüttensandreiche HOZ-Mörtelprismen (nach DIN 1164)

Abb. 35–38 E-Modul$_{longit.}$ in Abhängigkeit von E-Modul$_{transv.}$

ten bzw. relativen Abweichungen sind in den Spalten 10 und 12 angegeben. Die Abweichungen wurden auf die aus der Resonanzfrequenz bei longitudinaler Anregung ermittelten *E*-Moduln bezogen, da deren Bestimmung, wie die vergleichenden Untersuchungen zeigen, mit einer größeren Genauigkeit möglich ist und da zu ihrer Berechnung die Poissonsche Konstante nicht erforderlich ist, die vom Feuchtigkeitsgehalt, vom Alter und von der Rohdichte des Prüfkörpers abhängig ist [57]. Für die hier durchgeführten *E*-Moduln-Berechnungen aus der Resonanzfrequenz bei transversaler Anregung wurde eine Poisson-Konstante von 1/6 eingesetzt.

Die gute Übereinstimmung der aus beiden Resonanzfrequenzen errechneten *E*-Moduln zeigt, daß die den vorliegenden Berechnungen zugrunde liegende Poisson-Konstante von $\mu = 1/6$ der tatsächlichen recht nahe kommt, bzw. daß die durch diese Vereinfachung hervorgerufenen Fehler innerhalb des noch durch andere Fehler charakterisierten Streubereichs liegen.

Tab. 11 Zusammenstellung der Resonanzfrequenzen, E-Moduln und Festigkeiten sowie weiterer Meßdaten von PZ-Mörtelprismen (nach RILEM-CEM)

1	2	3	4	5	6	7	8	9	10	11	12	13
Anzahl n	Wasser-lagerung (Tage)	Prüf-körper-gewicht (kg)	Resonanz-frequenz (longit.) (Hz)	f^4 (longit.) ($\times 10^{15}$ Hz^4)	Resonanz-frequenz (transv.) (Hz)	f^4 (transv.) ($\times 10^{14}$ Hz^4)	E-Modul (longit.) $\times$ (10^3 kp/cm^2)	E-Modul (transv.) $\times$ (10^3 kp/cm^2)	Abs. Abw. $E_{tr.} - E_{l.}$ $\times$ (10^3 kp/cm^2)	Rel. Abw. $\frac{E_{tr.} - E_{l.}}{E_{l.}}$ (%)	Biegezug-festigkeit (kp/cm^2)	Druck-festigkeit (kp/cm^2)
1	3	0,570	11 880	19,91	5 155	7,09	328	329	+ 1	+ 0,3	60	265
2	3	0,567	11 600	18,12	5 050	6,50	311	313	+ 2	+ 0,6	65	267
3	3	0,569	11 785	19,29	5 100	6,79	322	320	— 2	— 0,6	61	263
4	7	0,583	11 990	20,68	5 195	7,28	342	340	— 2	— 0,6	68	326
5	7	0,582	11 980	20,59	5 185	7,23	341	339	— 2	— 0,6	67	321
6	7	0,580	11 940	20,33	5 200	7,31	337	339	+ 2	+ 0,6	67	317
7	28	0,578	12 600	25,22	5 440	8,76	374	370	— 4	— 1,1	84	465
8	28	0,579	12 630	25,44	5 485	9,05	377	375	— 2	— 0,5	90	465
9	28	0,576	12 600	25,22	5 420	8,63	373	366	— 7	— 1,9	86	470
10	90	0,581	13 170	30,07	5 705	10,60	411	410	— 1	— 0,2	84	654
11	90	0,581	13 150	29,90	5 700	10,60	410	409	— 1	— 0,2	97	663
12	90	0,580	13 180	30,17	5 745	10,90	411	415	+ 4	+ 1,0	88	640
13	7	0,587	11 980	20,59	5 260	7,66	343	351	+ 8	+ 2,3	71	354
14	7	0,586	11 950	20,39	5 190	7,26	341	341	± 0	± 0	67	354
15	7	0,586	12 000	20,74	5 230	7,48	344	346	+ 2	+ 0,6	76	354
16	28	0,588	12 770	26,60	5 500	9,15	391	384	— 7	— 1,8	88	488
17	28	0,583	12 805	26,90	5 580	9,70	390	393	+ 3	+ 0,8	88	497
18	28	0,584	12 815	27,00	5 530	9,35	391	387	— 4	— 1,0	94	494
19	90	0,587	13 000	28,56	5 630	10,05	404	403	— 1	— 0,2	93	588
20	90	0,589	12 980	28,39	5 610	9,90	405	402	— 3	— 0,7	94	580
21	90	0,585	13 000	28,56	5 600	9,83	403	398	— 5	— 1,2	97	580
22	3	0,589	11 070	15,01	4 740	5,05	294	285	- 9	— 3,1	51	229
23	3	0,587	11 190	15,68	4 940	5,95	300	310	+10	+ 3,3	48	233
24	3	0,587	11 175	15,60	4 950	6,00	298	311	+13	+ 4,4	51	227
25	7	0,587	12 040	21,03	5 260	7,66	346	351	+ 5	+ 1,4	62	333
26	7	0,590	12 000	20,74	5 210	7,37	347	346	— 1	— 0,3	62	332
27	7	0,589	12 040	21,03	5 290	7,88	347	355	+ 8	+ 2,3	62	333
28	28	0,592	12 730	26,28	5 500	9,15	392	389	— 3	— 0,8	90	547
29	28	0,595	12 775	26,63	5 570	9,62	395	400	+ 5	+ 1,3	97	552

30	28	0,592	12 800	26,83	5 550	9,49	396	395	— 1	— 0,3	99	559
31	3	0,578	11 870	19,85	5 105	6,79	331	326	— 5	— 1,5	59	276
32	3	0,580	11 730	18,93	5 095	6,74	325	325	± 0	± 0	55	257
33	3	0,577	11 710	18,80	5 085	6,69	323	322	— 1	— 0,3	61	273
34	7	0,582	12 350	23,26	5 310	7,95	362	356	— 6	— 1,7	71	401
35	7	0,580	12 390	23,56	5 290	7,83	362	351	—11	— 3,0	78	400
36	7	0,581	12 370	23,41	5 320	8,01	362	356	— 6	— 1,7	73	401
37	28	0,587	13 000	28,56	5 680	10,41	404	409	+ 5	+ 1,2	88	516
38	28	0,589	12 970	28,29	5 615	9,94	403	401	— 2	— 0,5	96	504
39	28	0,592	12 975	28,36	5 630	10,05	406	407	+ 1	+ 0,2	88	530
40	90	0,586	13 200	30,35	5 780	11,16	415	424	+ 9	+ 2,2	93	588
41	90	0,586	13 220	30,56	5 780	11,16	417	424	+ 7	+ 1,7	91	587
42	90	0,586	13 250	30,63	5 800	11,32	420	426	+ 6	+ 1,4	96	582
43	3	0,590	11 000	14,60	–	–	291	–	–	–	44	209
44	3	0,596	11 900	20,10	5 210	7,37	344	349	+ 5	+ 1,5	65	292
45	28	0,584	12 935	28,00	5 625	10,00	398	398	± 0	± 0	91	500
46	28	0,596	13 010	28,70	5 685	10,40	396	416	+20	+ 5,1	95	558
47	56	0,592	13 285	31,20	5 750	10,90	426	422	— 4	— 0,9	107	591
48	56	0,594	13 275	31,00	5 810	11,40	426	433	+ 7	+ 1,6	108	679
49	91	0,588	13 510	33,30	5 780	11,20	438	425	—13	— 3,0	103	743
50	91	0,591	12 975	28,40	5 690	10,50	406	412	+ 6	+ 1,5	100	583
51	3	0,587	11 540	17,70	–	–	319	–	–	–	59	270
52	3	0,594	11 890	20,00	5 130	6,93	342	336	— 6	— 1,8	64	326
53	7	0,585	12 470	24,20	–	–	370	–	–	–	83	432
54	7	0,593	12 430	23,90	5 430	8,69	374	376	+ 2	+ 0,5	81	452
55	28	0,589	13 140	29,80	5 720	10,70	416	417	+ 1	+ 0,2	97	654
56	28	0,589	13 260	30,90	5 765	11,00	422	422	± 0	± 0	94	694
57	56	0,589	13 430	32,90	5 820	11,50	436	433	— 3	— 0,7	104	738
58	56	0,583	13 420	32,40	5 780	11,20	429	420	— 9	— 2,1	108	685
59	91	0,590	13 400	32,20	5 800	11,30	431	429	— 2	— 0,5	87	727
60	336	0,594	12 850	27,26	5 580	9,70	400	400	± 0	± 0	84	580
61	336	0,594	12 830	27,33	5 580	9,70	400	400	± 0	± 0	91	561
62	336	0,595	12 900	27,69	5 600	9,83	404	404	± 0	± 0	87	594
63	336	0,588	12 830	27,09	5 580	9,70	395	396	+ 1	+ 0,3	83	550
64	336	0,587	12 800	26,83	5 550	9,49	391	391	± 0	± 0	83	549
65	336	0,591	12 850	27,26	5 550	9,49	399	394	— 5	— 1,3	85	577
66	336	0,583	12 740	26,34	5 460	8,89	387	376	—11	— 2,8	77	507
67	336	0,588	12 800	26,83	5 500	9,15	392	385	— 7	— 1,8	86	543

Tab. 11 (Fortsetzung)

1	2	3	4	5	6	7	8	9	10	11	12	13
Anzahl	Wasser-lagerung	Prüf-körper-gewicht	Resonanz-frequenz (longit.)	f^4 (longit.) (×10^{15} Hz^4)	Resonanz-frequenz (transv.)	f^4 (transv.) (×10^{14} Hz^4)	E-Modul (longit.)	E-Modul (transv.)	Abs.Abw. $E_{tr.} - E_{l.}$	Rel. Abw. $\frac{E_{tr.} - E_{l.}}{E_{l.}}$	Biegezug-festigkeit	Druck-festigkeit
n	(Tage)	(kg)	(Hz)		(Hz)		× (10^3 kp/cm^2)			(%)	(kp/cm^2)	(kp/cm^2)
68	336	0,586	12 880	27,52	5 540	9,42	395	389	— 6	— 1,5	84	525
69	336	0,593	12 880	27,52	5 580	9,70	401	399	— 2	— 0,5	80	530
70	336	0,593	12 890	27,62	5 560	9,55	401	396	— 5	— 1,2	88	540
71	336	0,593	12 880	27,52	5 560	9,55	401	396	— 5	— 1,2	96	521
72	28	0,584	12 680	25,86	5 430	8,69	382	372	—10	— 2,6	90	515
73	28	0,592	12 600	25,22	5 430	8,69	384	378	— 6	— 1,6	84	507
74	28	0,590	12 620	25,38	5 475	8,99	383	383	± 0	± 0	92	512
75	56	0,586	13 000	28,60	5 650	10,19	410	412	+ 2	+ 0,5	103	655
76	56	0,593	13 000	28,60	5 660	10,27	408	411	+ 3	+ 0,7	102	633
77	56	0,591	13 000	28,60	5 660	10,27	408	410	+ 2	+ 0,5	97	658
78	56	0,590	13 200	30,35	5 760	11,01	420	423	+ 3	+ 0,7	91	650
79	56	0,592	13 300	31,29	5 800	11,32	427	431	+ 4	+ 0,9	96	554
80	56	0,590	13 250	30,84	5 780	11,16	422	426	+ 4	+ 0,9	87	652
81	7	0,581	12 210	22,23	5 310	7,95	355	354	— 1	— 0,3	69	374
82	7	0,583	12 240	22,44	5 310	7,95	356	356	± 0	± 0	66	368
83	7	0,585	12 240	22,44	5 305	7,92	357	356	— 1	— 0,3	69	372
84	7	0,581	12 210	22,23	5 310	7,95	355	354	— 1	— 0,3	68	375
85	7	0,582	12 240	22,44	5 300	7,89	355	354	— 1	— 0,3	65	363
86	7	0,580	12 280	22,74	5 360	8,25	356	360	+ 3	+ 1,1	68	375
87	28	0,577	12 990	28,46	5 630	10,05	395	396	+ 1	+ 0,3	89	515
88	28	0,577	12 980	28,39	5 635	10,08	395	396	+ 1	+ 0,3	90	505
89	28	0,576	12 960	28,22	5 600	9,83	394	391	— 3	— 0,8	90	522
90	28	0,584	12 800	26,83	5 540	9,42	390	388	— 2	— 0,5	89	499
91	28	0,582	12 830	27,09	5 540	9,42	391	386	— 5	— 1,3	87	510
92	28	0,583	12 800	26,83	5 560	9,55	390	390	± 0	± 0	87	486
93	56	0,580	13 130	29,72	5 720	10,71	406	410	+ 4	+ 1,0	87	545
94	56	0,579	13 120	29,62	5 740	10,86	406	413	+ 7	+ 1,7	84	552
95	56	0,577	13 200	30,35	5 800	11,32	410	420	+10	+ 2,4	92	554
96	56	0,583	13 160	30,00	5 760	11,01	411	418	+ 8	+ 1,9	91	568
97	56	0,583	13 090	29,30	5 720	10,71	407	413	+ 6	+ 1,5	92	561

Tab. 12 Zusammenstellung der Resonanzfrequenzen, E-Moduln und Festigkeiten sowie weiterer Meßdaten von PZ-Mörtelprismen (nach DIN 1164)

1	2	3	4	5	6	7	8	9	10	11	12	13
Anzahl	Wasserlagerung	Prüfkörpergewicht	Resonanzfrequenz (longit.)	f^4 (longit.)	Resonanzfrequenz (transv.)	f^4 (transv.)	E-Modul (longit.)	E-Modul (transv.)	Abs.Abw. $E_{tr.} - E_{l.}$	Rel. Abw. $\frac{E_{tr.} - E_{l.}}{E_{l.}}$	Biegezugfestigkeit	Druckfestigkeit
n	(Tage)	(kg)	(Hz)	($\times 10^{15}$ Hz^4)	(Hz)	($\times 10^{14}$ Hz^4)	$\times$ (10^3 kp/cm^2)			(%)	(kp/cm^2)	(kp/cm^2)
1	56	0,591	12 850	27,26	5 520	9,28	398	391	— 7	— 1,8	86	603
2	56	0,591	12 940	28,02	5 550	9,49	405	393	—12	— 3,0	80	601
3	56	0,591	12 910	27,79	5 540	9,42	402	390	—12	— 3,0	81	620
4	28	0,594	12 780	26,67	5 520	9,28	393	391	— 2	— 0,5	95	543
5	28	0,592	12 770	26,54	5 510	9,22	392	390	— 2	— 0,5	98	516
6	28	0,593	12 860	27,36	5 570	9,62	398	398	± 0	± 0	95	512
7	14	0,596	12 840	27,20	5 570	9,59	400	400	± 0	± 0	87	552
8	14	0,599	12 790	26,80	5 510	9,22	398	394	— 4	— 1,0	93	563
9	14	0,599	12 805	26,90	5 490	9,08	400	389	—11	— 2,8	83	557
10	11	0,591	12 410	23,72	5 380	8,38	371	371	± 0	± 0	86	463
11	11	0,593	12 395	23,59	5 340	8,13	370	366	— 4	— 1,1	79	472
12	11	0,591	12 300	22,89	5 280	7,77	365	357	— 8	— 2,2	78	465
13	7	0,590	12 200	22,14	5 300	7,89	358	358	± 0	± 0	74	430
14	7	0,591	12 105	21,46	5 240	7,54	353	352	— 1	— 0,3	73	414
15	7	0,590	12 100	21,43	5 250	7,60	351	348	— 3	— 0,9	74	396
16	5	0,593	12 160	21,87	5 250	7,60	358	353	— 5	— 1,4	67	375
17	5	0,594	12 200	22,14	5 270	7,71	360	357	— 3	— 0,8	71	371
18	5	0,597	12 200	22,14	5 275	7,75	362	360	— 2	— 0,6	70	368
19	3	0,587	11 540	17,70	4 980	6,15	320	316	— 4	— 1,3	59	304
20	3	0,589	11 520	17,61	4 960	6,04	319	314	— 5	— 1,6	59	309
21	3	0,589	11 445	17,16	4 950	6,00	314	312	— 2	— 0,6	64	295
22	2	0,587	10 780	13,53	4 690	4,84	278	280	+ 2	+ 0,7	49	220
23	2	0,587	10 790	13,55	4 690	4,84	278	277	— 1	— 0,4	47	222
24	2	0,588	10 800	13,60	4 675	4,78	278	278	± 0	± 0	48	223
25	1	0,580	10 120	10,51	–	–	242	–	–	–	47	183
26	1	0,575	10 155	10,63	–	–	242	–	–	–	47	186

Tab. 12 (Fortsetzung)

1	2	3	4	5	6	7	8	9	10	11	12	13
Anzahl	Wasserlagerung	Prüfkörpergewicht	Resonanzfrequenz (longit.)	f^4 (longit.) ($\times 10^{15}$ Hz^4)	Resonanzfrequenz (transv.)	f^4 (transv.) ($\times 10^{14}$ Hz^4)	E-Modul (longit.)	E-Modul (transv.)	Abs. Abw. $E_{tr.} - E_{l.}$	Rel. Abw. $\frac{E_{tr.} - E_{l.}}{E_{l.}}$	Biegezugfestigkeit	Druckfestigkeit
n	(Tage)	(kg)	(Hz)		(Hz)		× (10^3 kp/cm²)			(%)	(kp/cm²)	(kp/cm²)
27	1	0,576	10 050	10,18	–	–	238	–	–	–	41	174
28	2	0,580	10 670	12,95	4 610	4,52	269	266	— 3	— 1,1	45	201
29	2	0,581	10 660	12,90	4 600	4,48	269	266	— 3	— 1,1	44	205
30	2	0,580	10 670	12,95	4 620	4,55	269	268	— 3	— 1,1	45	209
31	3	0,588	11 380	16,77	4 950	6,00	310	307	— 3	— 1,0	58	288
32	3	0,588	11 370	16,72	4 960	6,05	309	313	+ 4	+ 1,3	62	285
33	3	0,587	11 400	16,90	4 960	6,05	310	313	+ 3	+ 1,0	55	292
34	5	0,587	12 010	20,79	5 240	7,54	345	348	+ 3	+ 0,9	73	389
35	5	0,588	11 920	20,19	5 170	7,15	340	340	± 0	± 0	71	378
36	5	0,587	12 000	20,74	5 220	7,43	345	345	± 0	± 0	72	390
37	7	0,585	11 940	20,33	5 180	7,20	339	339	± 0	± 0	70	380
38	7	0,582	12 000	20,74	5 220	7,43	342	343	+ 1	+ 0,3	71	378
39	7	0,584	12 000	20,74	5 220	7,43	343	345	+ 2	+ 0,6	70	381
40	11	0,590	12 320	23,04	5 300	7,89	365	359	— 6	— 1,6	83	426
41	11	0,587	12 210	22,23	5 280	7,77	356	353	— 3	— 0,8	74	417
42	11	0,588	12 200	22,00	5 280	7,77	355	353	— 2	— 0,6	72	418
43	14	0,591	12 430	23,87	5 370	8,32	373	370	— 3	— 0,8	84	488
44	14	0,589	12 420	23,81	5 370	8,32	371	367	— 4	— 1,1	85	487
45	14	0,586	12 400	23,65	5 340	8,13	366	360	— 6	— 1,6	85	482
46	28	0,587	12 850	27,26	5 580	9,70	395	395	± 0	± 0	79	578
47	28	0,589	12 830	27,09	5 550	9,49	395	391	— 4	— 1,0	86	580
48	28	0,588	12 810	26,93	5 550	9,49	394	391	— 3	— 0,8	79	571
49	56	0,585	12 825	27,06	5 580	9,58	391	394	+ 3	+ 0,8	78	585
50	56	0,585	12 800	26,83	5 560	9,55	390	390	± 0	± 0	74	575
51	56	0,586	12 805	26,90	5 550	9,49	390	390	± 0	± 0	75	578
52	90	0,593	13 000	28,56	5 620	9,97	409	406	— 3	— 0,7	94	611
53	90	0,593	13 025	28,80	5 630	10,00	410	406	— 4	— 1,0	93	617

54	90	0,593	13 130	29,72	5 640	10,10	417	408	— 9	— 2,2	98	609
55	7	0,580	11 000	14,64	4 810	5,35	286	290	+ 4	+ 1,4	64	274
56	7	0,582	11 060	14,96	4 870	5,63	290	299	+ 9	+ 3,1	66	274
57	7	0,579	10 990	14,59	4 730	5,00	284	280	— 4	— 1,4	61	274
58	3	0,580	9 600	8,49	4 200	3,17	218	221	+ 3	+ 1,4	40	156
59	3	0,580	9 650	8,67	4 260	3,29	220	228	+ 8	+ 3,6	38	155
60	3	0,581	9 660	8,71	4 260	3,29	221	228	+ 7	+ 3,2	43	158
61	28	0,583	12 265	22,60	5 310	7,95	357	356	— 1	— 0,3	77	427
62	28	0,587	12 280	22,70	5 330	8,07	360	360	± 0	± 0	86	437
63	28	0,584	12 280	24,00	5 410	8,57	358	370	+12	+ 3,4	86	446
64	90	0,579	12 330	23,10	5 275	7,75	358	348	—10	— 2,8	81	439
65	90	0,576	12 430	23,87	5 300	7,87	362	349	—13	— 3,6	84	474
66	90	0,575	12 400	23,65	5 280	7,77	360	346	—14	— 3,9	79	475
67	3	0,586	10 100	10,40	4 310	3,45	243	235	— 8	— 3,3	41	158
68	3	0,585	10 150	10,60	4 320	3,48	245	236	— 9	— 3,7	45	149
69	3	0,585	10 120	10,49	4 360	3,61	244	241	— 3	— 1,2	42	149
70	7	0,584	10 850	13,85	4 750	5,09	280	285	+ 5	+ 1,8	55	230
71	7	0,585	10 860	13,90	4 750	5,09	280	286	+ 6	+ 2,1	59	221
72	7	0,584	10 900	14,10	4 750	5,09	283	285	+ 2	+ 0,7	58	254
73	28	0,581	11 820	19,52	5 115	6,84	332	330	— 2	— 0,6	79	398
74	28	0,582	11 820	19,52	5 100	6,77	332	328	— 4	— 1,2	81	403
75	28	0,583	12 000	20,74	5 215	7,40	342	344	+ 2	+ 0,6	79	428
76	90	0,576	12 750	26,44	5 610	9,90	380	392	+12	+ 3,2	89	517
77	90	0,578	12 790	26,76	5 650	10,19	384	399	+15	+ 3,5	90	512
78	90	0,579	12 790	26,76	5 570	9,62	385	388	+ 3	+ 0,8	94	526
79	3	0,587	11 490	17,42	4 945	5,98	314	310	— 4	— 1,3	58	283
80	3	0,589	11 490	17,42	4 925	5,89	316	308	— 8	— 2,5	59	275
81	3	0,587	11 420	17,00	4 975	6,13	312	315	+ 3	+ 1,0	58	270
82	7	0,576	11 950	20,39	5 020	6,35	335	314	—21	— 6,2	71	361
83	7	0,576	11 950	20,39	5 120	6,87	335	327	— 8	— 2,4	71	354
84	7	0,575	11 980	20,59	5 140	6,98	336	328	— 8	— 2,4	76	366
85	28	0,588	12 870	27,42	5 600	9,83	396	398	+ 2	+ 0,5	93	526
86	28	0,590	12 800	26,83	5 560	9,55	395	394	— 1	— 0,3	89	533
87	28	0,590	12 850	27,26	5 590	9,77	397	398	+ 1	+ 0,3	91	547
88	3	0,580	11 075	15,06	4 735	5,03	290	280	—10	— 3,4	65	279
89	3	0,581	11 100	15,18	4 760	5,10	292	286	— 6	— 2,1	59	280

Tab. 12 (Fortsetzung)

1	2	3	4	5	6	7	8	9	10	11	12	13
Anzahl	Wasser-lagerung	Prüf-körper-gewicht	Resonanz-frequenz (longit.)	f^4 (longit.)	Resonanz-frequenz (transv.)	f^4 (transv.)	E-Modul (longit.)	E-Modul (transv.)	Abs.Abw. $E_{tr.} - E_{l.}$	Rel. Abw. $\frac{E_{tr.} - E_{l.}}{E_{l.}}$	Biegezug-festigkeit	Druck-festigkeit
n	(Tage)	(kg)	(Hz)	($\times 10^{15}$ Hz^4)	(Hz)	(10^{14} Hz^4)	$\times$ (10^3 kp/cm^2)			(%)	(kp/cm^2)	(kp/cm^2)
90	3	0,588	11 220	15,85	4 875	5,65	302	302	± 0	± 0	62	279
91	7	0,589	11 830	19,57	5 165	7,12	336	340	+ 4	+ 1,2	74	352
92	7	0,589	11 840	19,66	5 140	6,98	336	335	— 1	— 0,3	77	366
93	7	0,588	11 840	19,66	5 160	7,09	336	339	+ 3	+ 0,9	77	357
94	28	0,586	12 600	25,22	5 460	8,89	379	378	— 1	— 0,3	93	510
95	28	0,585	12 560	24,90	5 400	8,50	376	370	— 6	— 1,6	83	504
96	28	0,586	12 530	24,60	5 430	8,69	375	373	— 2	— 0,5	86	492
97	3	0,585	11 450	17,19	4 900	5,76	312	304	— 8	— 2,6	62	306
98	3	0,583	11 540	17,70	4 930	5,90	317	308	— 9	— 2,8	61	313
99	3	0,584	11 550	17,80	4 930	5,90	318	308	—10	— 3,1	70	323
100	7	0,578	11 990	20,68	5 140	6,98	338	330	— 8	— 2,4	68	371
101	7	0,581	12 000	20,74	5 120	6,87	341	330	—11	— 3,2	72	375
102	7	0,580	11 960	20,45	5 130	6,93	338	330	— 8	— 2,4	72	362
103	28	0,589	12 800	26,80	5 550	9,49	393	391	— 2	— 0,5	90	540
104	28	0,590	12 700	26,00	5 560	9,55	388	395	+ 7	+ 1,8	92	537
105	28	0,588	12 650	25,60	5 550	9,49	384	391	+ 7	+ 1,8	86	523
106	3	0,579	10 520	12,25	4 550	4,29	261	259	— 2	— 0,8	40	141
107	3	0,578	10 570	12,48	4 550	4,29	263	259	— 4	— 1,5	37	152
108	3	0,579	10 510	12,21	4 540	4,25	261	258	— 3	— 1,1	44	188
109	7	0,579	11 600	18,12	5 065	6,58	316	320	+ 4	+ 1,3	70	312
110	7	0,579	11 600	18,12	5 070	6,61	316	321	+ 5	+ 1,6	67	312
111	7	0,577	11 600	18,12	4 990	6,20	316	310	— 6	— 1,9	71	318
112	28	0,573	11 930	20,25	5 200	7,31	333	335	+ 2	+ 0,6	73	372
113	28	0,576	11 950	20,39	5 130	6,93	335	327	— 8	— 2,4	82	391
114	28	0,574	11 870	19,85	5 120	6,87	330	326	— 4	— 1,2	79	346
115	90	0,571	12 795	26,80	5 520	9,28	381	378	— 3	— 0,8	85	585
116	90	0,576	12 925	27,90	5 595	9,80	393	390	— 3	— 0,8	92	550

117	90	0,573	12 875	27,50	5 595	9,80	387	388	+ 1	+ 0,3	92	574
118	3	0,579	11 410	16,95	5 065	6,58	307	321	+14	+ 4,6	62	318
119	3	0,578	11 440	17,10	5 060	6,55	308	320	+12	+ 3,9	64	318
120	3	0,579	11 425	17,00	5 070	6,60	309	321	+12	+ 3,9	64	323
121	7	0,579	12 130	21,60	5 290	7,83	346	350	+ 4	+ 1,2	75	398
122	7	0,581	12 040	21,00	5 255	7,63	344	349	+ 5	+ 1,5	69	381
123	7	0,580	12 040	21,00	5 235	7,51	344	344	± 0	± 0	82	384
124	28	0,584	12 530	24,60	5 460	8,88	375	377	+ 2	+ 0,5	82	517
125	28	0,583	12 540	24,70	5 460	8,89	375	377	+ 2	+ 0,5	88	514
126	28	0,583	12 610	25,30	5 540	9,42	379	386	+ 7	+ 1,8	84	510
127	3	0,594	11 580	17,98	5 010	6,30	325	324	— 1	— 0,3	71	308
128	3	0,592	11 670	18,55	5 040	6,45	329	326	— 3	— 0,9	67	323
129	3	0,593	11 600	18,12	5 030	6,40	325	325	± 0	± 0	71	313
130	7	0,589	12 070	21,20	5 210	7,37	349	345	— 4	— 1,1	73	395
131	7	0,588	12 140	21,70	5 230	7,48	354	348	— 6	— 1,7	81	435
132	7	0,586	12 120	21,60	5 210	7,37	351	345	— 6	— 1,7	68	411
133	28	0,594	12 600	25,20	5 400	8,50	385	375	—10	— 2,6	84	495
134	28	0,594	12 800	26,80	5 450	8,82	397	382	—15	— 3,8	85	507
135	28	0,591	12 840	27,20	5 480	9,02	398	384	—14	— 3,5	82	510

Tab. 13 Zusammenstellung der Resonanzfrequenzen, E-Moduln und Festigkeiten sowie weiterer Meßdaten von EPZ-Mörtelprismen (nach RILEM-CEM)

1	2	3	4	5	6	7	8	9	10	11	12	13
Anzahl	Wasser-lagerung	Prüf-körper-gewicht	Resonanz-frequenz (longit.)	f^4 (longit.)	Resonanz-frequenz (transv.)	f^4 (transv.)	E-Modul (longit.)	E-Modul (transv.)	Abs.Abw. $E_{tr.} - E_{l.}$	Rel. Abw. $\frac{E_{tr.} - E_{l.}}{E_{l.}}$	Biegezug-festigkeit	Druck-festigkeit
n	(Tage)	(kg)	(Hz)	($\times 10^{15}$ Hz^4)	(Hz)	($\times 10^{14}$ Hz^4)	$\times$ (10^3 kp/cm^2)			(%)	(kp/cm^2)	(kp/cm^2)
1	3	0,589	11 480	17,37	5 070	6,61	316	327	+11	+ 3,5	61	259
2	3	0,590	11 490	17,42	5 100	6,77	318	332	+14	+ 4,4	55	251
3	3	0,589	11 410	16,95	5 070	6,61	313	327	+14	+ 4,4	54	237
4	7	0,583	12 490	24,34	5 420	8,63	371	371	± 0	± 0	78	401
5	7	0,586	12 500	24,43	5 380	8,38	373	367	— 6	— 1,6	82	406
6	7	0,584	12 520	24,59	5 410	8,57	373	370	— 3	— 0,8	80	416
7	28	0,596	13 200	30,35	5 740	10,86	423	425	+ 2	+ 0,5	91	609
8	28	0,597	13 140	29,83	5 730	10,78	420	424	+ 4	+ 1,0	88	585
9	28	0,597	13 160	30,00	5 690	10,48	422	418	— 4	— 1,0	92	597
10	90	0,585	13 410	32,33	5 870	11,87	429	436	+ 7	+ 1,6	95	654
11	90	0,584	13 390	32,15	5 830	11,55	427	429	+ 2	+ 0,5	94	667
12	90	0,584	13 410	32,33	5 860	11,79	428	434	+ 6	+ 1,4	96	677
13	3	0,588	10 980	14,54	4 800	5,30	289	294	+ 5	+ 1,7	59	229
14	3	0,585	11 085	15,10	4 800	5,30	293	291	— 2	— 0,7	54	226
15	3	0,586	11 000	14,64	4 800	5,30	289	292	+ 3	+ 1,0	48	232
16	7	0,593	11 810	19,46	5 090	6,71	337	332	— 5	— 1,5	70	357
17	7	0,594	11 825	19,54	5 110	6,82	339	335	— 4	— 1,2	66	362
18	7	0,593	11 900	20,05	5 105	6,79	342	334	— 8	— 2,3	69	352
19	7	0,583	11 500	17,50	4 975	6,13	314	312	— 2	— 0,6	57	313
20	7	0,583	11 490	17,42	4 980	6,15	314	313	— 1	— 0,3	59	310
21	7	0,585	11 500	17,50	4 995	6,23	315	316	+ 1	+ 0,3	59	311
22	7	0,578	11 680	18,60	5 025	6,38	321	316	— 5	— 1,6	61	351
23	7	0,574	11 700	18,74	4 995	6,23	320	310	—10	— 3,1	60	345
24	7	0,578	11 790	19,32	5 120	6,87	328	328	± 0	± 0	61	345
25	28	0,582	12 595	25,15	5 450	8,82	376	374	— 2	— 0,5	93	464

26	28	0,585	12 550	24,81	5 425	8,66	376	372	— 4	— 1,1	88	469
27	28	0,583	12 500	24,40	5 400	8,50	371	368	— 3	— 0,8	87	482
28	56	0,585	13 020	28,73	5 650	10,19	404	404	± 0	± 0	91	552
29	56	0,588	12 980	28,39	5 630	10,05	404	403	— 1	— 0,2	92	560
30	56	0,587	12 980	28,39	5 630	10,05	403	403	± 0	± 0	96	541
31	28	0,581	12 500	24,40	5 400	8,50	370	366	— 4	— 1,1	80	458
32	28	0,581	12 500	24,40	5 370	8,32	370	363	— 7	— 1,9	78	443
33	28	0,575	12 500	24,40	5 400	8,50	366	363	— 3	— 0,8	81	447
34	56	0,585	13 000	28,56	5 670	10,34	403	407	+ 4	+ 1,0	91	542
35	56	0,582	13 000	28,56	5 650	10,19	401	402	+ 1	+ 0,2	93	519
36	56	0,582	13 000	28,56	5 650	10,19	401	402	+ 1	+ 0,2	91	555
37	3	0,584	11 200	15,73	4 900	5,76	299	303	+ 4	+ 1,3	52	264
38	3	0,582	11 160	15,50	4 895	5,74	296	302	+ 6	+ 2,0	52	260
39	3	0,586	11 195	15,70	4 945	5,98	299	310	+11	+ 3,7	48	262
40	7	0,581	11 910	20,10	5 130	7,95	336	331	— 5	— 1,5	65	356
41	7	0,582	11 875	19,88	5 105	7,79	335	328	— 7	— 2,1	68	360
42	7	0,580	11 825	19,55	5 100	7,77	331	326	— 5	— 1,5	66	354
43	28	0,583	12 475	24,21	5 430	8,69	370	372	+ 2	+ 0,5	79	445
44	28	0,584	12 450	24,03	5 405	8,53	369	369	± 0	± 0	80	445
45	28	0,587	12 400	25,65	5 385	8,41	368	368	± 0	± 0	82	412
46	56	0,577	12 830	27,09	5 520	9,28	387	380	— 7	— 1,8	86	544
47	56	0,580	12 900	27,69	5 570	9,62	393	389	— 4	— 1,0	85	557
48	56	0,580	12 850	27,26	5 530	9,35	390	384	— 6	— 1,5	84	532
49	3	0,586	11 650	18,41	5 120	6,87	324	332	+ 8	+ 2,5	61	295
50	3	0,586	11 620	18,23	5 075	6,64	323	327	+ 4	+ 1,2	56	295
51	3	0,585	11 620	18,23	5 080	6,66	323	327	+ 4	+ 1,2	57	286
52	7	0,583	12 205	22,20	5 260	7,66	354	349	— 5	— 1,4	69	385
53	7	0,583	12 150	21,79	5 205	7,34	351	342	— 9	— 2,6	68	379
54	7	0,584	12 170	21,93	5 245	7,57	353	348	— 5	— 1,4	68	380
55	28	0,582	12 800	26,83	5 575	9,66	389	391	+ 2	+ 0,5	78	468
56	28	0,584	12 720	26,18	5 570	9,62	385	392	+ 7	+ 1,8	88	482
57	28	0,582	12 795	26,80	5 525	9,32	388	384	— 4	— 1,0	82	475
58	56	0,580	12 970	28,29	5 600	9,83	398	393	— 5	— 1,3	97	557
59	56	0,582	13 000	28,56	5 605	9,87	401	396	— 5	— 1,3	92	566
60	56	0,578	13 010	28,66	5 630	10,00	399	396	— 3	— 0,8	86	578

Tab. 14 Zusammenstellung der Resonanzfrequenzen, E-Moduln und Festigkeiten sowie weiterer Meßdaten von HOZ-Mörtelprismen (nach RILEM-CEM)

1	2	3	4	5	6	7	8	9	10	11	12	13
Anzahl n	Wasser-lagerung (Tage)	Prüf-körper-gewicht (kg)	Resonanz-frequenz (longit.) (Hz)	f^4 (longit.) ($\times 10^{15}$ Hz^4)	Resonanz-frequenz (transv.) (Hz)	f^4 (transv.) ($\times 10^{14}$ Hz^4)	E-Modul (longit.) $\times$ (10^3 kp/cm^2)	E-Modul (transv.) $\times$ (10^3 kp/cm^2)	Abs.Abw. $E_{tr.} - E_{l.}$ $\times$ (10^3 kp/cm^2)	Rel. Abw. $\frac{E_{tr.} - E_{l.}}{E_{l.}}$ (%)	Biegezug-festigkeit (kp/cm^2)	Druck-festigkeit (kp/cm^2)
1	3	0,581	11 630	18,31	5 070	6,61	320	323	+ 3	+ 0,9	63	290
2	3	0,581	11 660	18,50	5 095	6,74	322	326	+ 4	+ 1,2	66	290
3	3	0,578	11 750	19,07	5 100	6,77	325	325	± 0	± 0	66	299
4	7	0,582	11 950	20,39	5 160	7,09	339	335	— 4	— 1,2	79	419
5	7	0,580	11 980	20,59	5 140	6,98	339	331	— 8	— 2,4	72	425
6	7	0,580	11 980	20,59	5 120	6,87	339	329	—10	— 2,9	77	427
7	28	0,587	13 150	20,89	5 700	10,56	414	412	— 2	— 0,5	96	650
8	28	0,587	13 100	29,45	5 620	9,97	411	401	—10	— 2,4	95	647
9	28	0,587	13 140	29,83	5 660	10,27	413	407	— 6	— 1,5	97	650
10	90	0,581	13 340	31,68	5 800	11,32	421	423	+ 2	+ 0,5	97	681
11	90	0,582	13 320	31,47	5 750	10,93	421	416	— 5	— 1,2	103	703
12	90	0,581	13 380	32,04	5 780	11,16	424	420	— 4	— 0,9	99	697
13	7	0,585	11 200	15,73	4 800	5,31	299	292	— 7	— 2,3	59	248
14	7	0,580	11 130	15,35	4 820	5,40	293	291	— 2	— 0,7	59	242
15	7	0,585	11 250	16,03	4 830	5,44	302	295	— 7	— 2,3	60	257
16	28	0,588	12 400	23,65	5 360	8,25	369	365	— 4	— 1,1	98	513
17	28	0,587	12 390	23,56	5 375	8,35	367	367	± 0	± 0	90	498
18	28	0,585	12 430	23,87	5 410	8,57	368	370	+ 2	+ 0,5	84	495
19	90	0,581	12 830	27,09	5 540	9,42	390	386	— 4	— 1,0	88	600
20	90	0,580	12 800	26,83	5 570	9,62	387	389	+ 2	+ 0,5	89	596
21	90	0,579	12 900	27,69	5 590	9,77	393	391	— 2	— 0,5	89	607
22	7	0,577	11 685	18,63	5 095	6,74	321	324	+ 3	+ 0,9	72	282
23	7	0,584	11 655	18,44	5 080	6,66	323	326	+ 3	+ 0,9	66	282
24	7	0,584	11 670	18,55	5 075	6,64	324	325	+ 1	+ 0,3	70	295
25	3	0,585	10 870	13,97	4 800	5,30	282	292	+10	+ 3,6	47	159
26	3	0,583	10 805	13,62	4 700	4,86	278	280	+ 2	+ 0,7	48	160
27	3	0,583	10 865	13,92	4 750	5,07	281	288	+ 7	+ 2,5	46	158
28	28	0,583	12 800	26,83	5 560	9,55	389	390	+ 1	+ 0,3	99	527
29	28	0,583	12 700	26,02	5 500	9,15	383	382	— 1	— 0,3	100	494
30	28	0,584	12 800	26,83	5 560	9,55	390	390	± 0	± 0	102	510
31	90	0,580	13 290	31,20	5 800	11,32	418	422	+ 4	+ 1,0	109	638

32	90	0,582	13 300	31,30	5 760	11,01	420	418	— 2	— 0,5	109	647
33	90	0,581	13 350	31,80	5 800	11,32	422	423	+ 1	+ 0,2	105	651
34	7	0,582	11 280	16,18	4 995	6,23	302	314	+12	+ 4,0	57	219
35	7	0,579	11 300	16,31	4 995	6,23	301	313	+12	+ 4,0	59	220
36	7	0,577	11 200	15,73	4 900	5,77	295	300	+ 5	+ 1,7	60	223
37	28	0,580	12 200	22,14	5 295	7,86	352	352	± 0	± 0	88	375
38	28	0,583	12 220	22,29	5 275	7,75	355	351	— 4	— 1,1	88	370
39	28	0,581	12 200	22,14	5 280	7,77	353	350	— 3	— 0,8	89	372
40	90	0,572	12 800	26,83	5 570	9,62	382	384	+ 2	+ 0,5	93	471
41	90	0,575	12 800	26,83	5 560	9,55	384	384	± 0	± 0	92	468
42	90	0,570	12 810	26,93	5 550	9,49	381	380	— 1	— 0,3	96	484
43	7	0,575	10 675	13,00	4 600	4,45	267	264	— 3	— 1,1	44	198
44	7	0,575	10 685	13,04	4 620	4,58	268	266	— 2	— 0,8	46	201
45	7	0,575	10 570	12,48	4 595	4,41	262	262	± 0	± 0	44	202
46	28	0,576	11 880	19,90	5 120	6,87	331	326	— 5	— 1,5	80	348
47	28	0,580	11 900	20,10	5 175	7,17	335	336	+ 1	+ 0,3	84	348
48	28	0,578	11 920	20,20	5 130	6,93	335	329	— 6	— 1,8	88	347
49	56	0,587	12 500	24,40	5 360	8,25	374	365	— 9	— 2,4	92	414
50	56	0,585	12 500	24,40	5 380	8,38	373	366	— 7	— 1,9	91	415
51	56	0,580	12 520	24,60	5 380	8,38	371	363	— 8	— 2,2	92	415
52	28	0,581	12 200	22,10	–	–	353	–	–	–	78	369
53	28	0,582	12 270	22,70	–	–	357	–	–	–	92	367
54	28	0,581	12 200	22,10	–	–	353	–	–	–	92	372
55	56	0,580	12 830	27,10	5 530	9,35	389	384	— 5	— 1,3	100	450
56	56	0,580	12 800	26,80	5 525	9,32	387	383	— 4	— 1,0	100	451
57	56	0,579	12 790	26,80	5 500	9,15	386	379	— 7	— 1,8	104	441
58	7	0,582	10 500	12,16	4 520	4,17	262	257	— 5	— 1,9	46	207
59	7	0,583	10 525	12,28	4 525	4,19	263	258	— 5	— 1,9	49	212
60	7	0,586	10 540	12,34	4 525	4,19	265	260	— 5	— 1,9	49	212
61	28	0,587	11 890	19,99	5 130	6,93	338	334	— 4	— 1,2	82	326
62	28	0,587	11 910	20,11	5 105	6,79	339	331	— 8	— 2,4	88	365
63	28	0,586	11 900	20,05	5 100	6,77	338	330	— 8	— 2,4	80	368
64	56	0,587	12 530	24,60	5 385	8,41	376	368	— 8	— 2,4	95	421
65	56	0,586	12 530	24,60	5 350	8,19	375	363	—12	— 3,2	99	430
66	56	0,586	12 550	24,80	5 385	8,41	376	367	— 9	— 2,4	94	430
67	7	0,586	10 900	14,11	4 750	5,09	284	286	+ 2	+ 0,7	51	263
68	7	0,586	10 925	14,26	4 755	5,16	285	287	+ 2	+ 0,7	51	256
69	7	0,588	11 000	14,64	4 800	5,30	290	293	+ 3	+ 1,0	59	275
70	28	0,580	12 075	21,26	5 200	7,31	345	339	— 6	— 1,7	81	380

Tab. 14 (Fortsetzung)

1	2	3	4	5	6	7	8	9	10	11	12	13
Anzahl	Wasser-lagerung	Prüf-körper-gewicht	Resonanz-frequenz (longit.)	f^4 (longit.) ($\times 10^{15}$ Hz^4)	Resonanz-frequenz (transv.)	f^4 (transv.) ($\times 10^{14}$ Hz^4)	E-Modul (longit.)	E-Modul (transv.)	Abs.Abw. $E_{tr.} - E_{l.}$	Rel. Abw. $\frac{E_{tr.} - E_{l.}}{E_{l.}}$	Biegezug-festigkeit	Druck-festigkeit
n	(Tage)	(kg)	(Hz)		(Hz)		× (10³ kp/cm²)			(%)	(kp/cm²)	(kp/cm²)
71	28	0,583	12 070	21,23	5 190	7,26	346	340	— 6	— 1,7	80	369
72	28	0,584	12 015	20,85	5 195	7,29	344	341	— 3	— 0,9	84	374
73	56	0,585	12 800	26,80	5 550	9,49	391	390	— 1	— 0,3	96	463
74	56	0,585	12 800	26,80	5 500	9,15	391	383	— 8	— 2,0	93	454
75	56	0,585	12 860	27,40	5 570	9,62	394	393	— 1	— 0,3	100	457
76	3	0,583	10 140	10,57	–	–	244	–	–	–	35	153
77	3	0,580	10 125	10,51	–	–	242	–	–	–	34	149
78	3	0,588	10 195	10,80	–	–	249	–	–	–	31	149
79	7	0,582	11 000	14,64	4 775	5,20	287	287	± 0	± 0	55	270
80	7	0,585	10 975	14,51	4 760	5,14	287	287	± 0	± 0	58	269
81	7	0,584	11 000	14,64	4 770	5,18	288	287	— 1	— 0,3	58	266
82	7	0,580	11 150	15,45	4 895	5,74	294	301	+ 7	+ 2,4	54	253
83	7	0,581	11 050	14,91	4 850	5,53	289	296	+ 7	+ 2,4	51	256
84	7	0,580	11 050	14,91	4 820	5,40	289	291	+ 2	+ 0,7	53	262
85	28	0,582	12 325	23,07	5 295	7,86	360	353	— 7	— 1,9	91	417
86	28	0,582	12 280	22,74	5 295	7,86	358	353	— 5	— 1,4	95	424
87	28	0,583	12 315	23,01	5 300	7,89	361	354	— 7	— 1,9	92	421
88	56	0,581	12 950	28,12	5 550	9,49	397	405	+ 8	+ 2,0	94	494
89	56	0,586	12 950	28,12	5 580	9,69	401	395	— 6	— 1,5	89	493
90	56	0,580	12 990	28,46	5 550	9,49	399	386	—13	— 3,3	95	493
91	28	0,582	12 500	24,43	5 420	8,66	371	370	— 1	— 0,3	91	391
92	28	0,586	12 500	24,43	5 400	8,48	373	370	— 3	— 0,8	92	389
93	28	0,585	12 460	24,12	5 400	8,48	370	369	— 1	— 0,3	88	396
94	56	0,577	12 975	28,36	5 620	9,97	396	394	— 2	— 0,5	98	488
95	56	0,580	13 000	28,56	5 600	9,83	400	393	— 7	— 1,8	101	472
96	56	0,578	13 100	29,45	5 625	10,00	404	396	— 8	— 2,0	94	493
97	7	0,592	10 810	13,67	–	–	282	–	–	–	46	247
98	7	0,590	10 825	13,74	–	–	282	–	–	–	50	256
99	7	0,592	10 800	13,60	–	–	281	–	–	–	52	261
100	28	0,576	12 150	21,79	5 200	7,31	347	337	—10	— 2,9	82	387
101	28	0,580	12 200	22,14	5 270	7,71	351	348	— 3	— 0,9	88	396

102	28	0,580	12 200	22,14	5 270	[illegible]	[illegible]	[illegible]	[illegible]	[illegible]	[illegible]	[illegible]
103	56	0,581	12 795	26,80	5 470	8,95	387	376	—11	— 2,8	94	491
104	56	0,580	12 860	27,40	5 505	9,19	390	380	—10	— 2,6	90	482
105	56	0,588	12 780	26,70	5 495	9,12	389	384	— 5	— 1,3	94	460
106	7	0,586	11 100	15,18	4 860	5,60	294	300	+ 6	+ 2,0	52	294
107	7	0,589	11 140	15,40	4 880	5,70	297	302	+ 5	+ 1,7	56	292
108	7	0,586	11 175	15,60	4 870	5,69	297	300	+ 3	+ 1,0	53	286
109	28	0,584	12 320	23,04	5 300	7,89	361	355	— 6	— 1,7	80	442
110	28	0,584	12 275	22,71	5 275	7,75	359	351	— 8	— 2,2	73	430
111	28	0,582	12 330	23,10	5 300	7,89	361	354	— 7	— 1,9	80	414
112	56	0,588	12 920	27,86	5 570	9,62	400	395	— 5	— 1,3	93	529
113	56	0,585	12 990	28,46	5 625	10,01	401	400	— 1	— 0,2	97	522
114	56	0,588	12 960	28,22	5 625	10,01	401	402	+ 1	+ 0,2	96	541
115	7	0,585	11 775	19,24	5 105	6,79	330	330	± 0	± 0	69	262
116	7	0,585	11 700	18,74	5 080	6,66	326	327	+ 1	+ 0,3	74	262
117	7	0,587	11 800	19,38	5 095	6,74	333	330	— 3	— 0,9	77	267
118	28	0,585	12 380	23,50	5 360	8,25	365	364	— 1	— 0,3	93	375
119	28	0,585	12 400	23,65	5 375	8,35	367	366	— 1	— 0,3	95	375
120	28	0,582	12 370	24,40	5 340	8,13	363	359	— 4	— 1,1	87	372
121	56	0,594	12 670	25,76	5 425	8,66	389	378	—11	— 2,8	108	430
122	56	0,590	12 610	25,28	5 395	8,47	382	371	—11	— 2,8	101	435
123	56	0,588	12 680	25,86	5 425	8,66	385	374	—11	— 2,8	103	435
124	7	0,585	11 800	19,38	5 100	6,77	332	329	— 3	— 0,9	68	270
125	7	0,585	11 750	19,07	5 075	6,64	329	326	— 3	— 0,9	69	269
126	7	0,585	11 750	19,07	5 090	6,71	329	328	— 1	— 0,3	67	267
127	28	0,591	12 300	22,89	5 340	8,13	365	365	± 0	± 0	88	350
128	28	0,590	12 250	22,53	5 300	7,89	361	358	— 3	— 0,8	87	350
129	28	0,591	12 240	22,44	5 310	7,95	361	360	— 1	— 0,3	86	350
130	56	0,586	12 610	25,28	5 395	8,47	380	369	—11	— 2,9	102	407
131	56	0,584	12 610	25,28	5 400	8,50	379	368	—11	— 2,9	101	406
132	56	0,581	12 625	25,41	5 415	8,60	378	368	—10	— 2,6	99	412
133	7	0,586	11 520	17,61	5 000	6,25	317	317	± 0	± 0	67	223
134	7	0,588	11 600	18,12	5 005	6,28	323	319	— 4	— 1,2	68	225
135	7	0,586	11 540	17,70	4 955	6,03	318	311	— 7	— 2,2	68	222
136	28	0,585	12 100	21,40	5 210	7,37	349	343	— 6	— 1,7	91	333
137	28	0,585	12 100	21,40	5 220	7,43	349	345	— 4	— 1,1	89	328
138	28	0,587	12 100	21,40	5 200	7,43	350	343	— 7	— 2,0	87	321
139	56	0,584	12 300	22,89	5 240	7,54	360	347	—13	— 3,6	98	365
140	56	0,586	12 330	23,10	5 275	7,75	363	353	—10	— 2,8	104	348
141	56	0,584	12 280	22,74	5 240	7,54	359	347	—12	— 3,3	100	354

Tab. 15 Zusammenstellung der Resonanzfrequenzen, E-Moduln und Festigkeiten sowie weiterer Meßdaten von HOZ-Mörtelprismen (nach DIN 1164)

1	2	3	4	5	6	7	8	9	10	11	12	13
Anzahl n	Wasserlagerung (Tage)	Prüfkörpergewicht (kg)	Resonanzfrequenz (longit.) (Hz)	f^4 (longit.) ($\times 10^{15}$ Hz^4)	Resonanzfrequenz (transv.) (Hz)	f^4 (transv.) ($\times 10^{14}$ Hz^4)	E-Modul (longit.) $\times$ (10^3 kp/cm^2)	E-Modul (transv.) $\times$ (10^3 kp/cm^2)	Abs.Abw. $E_{tr.} - E_{l.}$ $\times$ (10^3 kp/cm^2)	Rel. Abw. $\frac{E_{tr.} - E_{l.}}{E_{l.}}$ (%)	Biegezugfestigkeit (kp/cm^2)	Druckfestigkeit (kp/cm^2)
1	2	0,588	10 030	10,12	4 410	3,78	241	247	+ 6	+ 2,5	37	154
2	2	0,586	10 120	10,49	4 380	3,68	245	243	— 2	— 0,8	39	157
3	2	0,585	10 140	10,57	4 410	3,78	245	246	+ 1	+ 0,4	41	142
4	3	0,584	10 680	13,02	4 615	4,54	272	269	— 3	— 1,1	44	207
5	3	0,585	10 630	12,77	4 600	4,48	270	268	— 2	— 0,7	46	202
6	3	0,588	10 570	12,48	4 580	4,40	268	267	— 1	— 0,4	46	201
7	5	0,584	10 960	14,42	4 770	5,18	286	287	+ 1	+ 0,3	56	253
8	5	0,579	10 920	14,21	4 760	5,14	281	284	+ 3	+ 1,1	60	247
9	5	0,579	10 960	14,42	4 750	5,09	284	283	— 1	— 0,4	54	250
10	11	0,590	11 700	18,24	5 080	6,66	329	329	± 0	± 0	69	350
11	11	0,591	11 690	18,69	5 080	6,66	329	330	+ 1	+ 0,3	74	360
12	11	0,591	11 700	18,24	5 080	6,66	330	330	± 0	± 0	73	353
13	14	0,588	11 840	19,66	5 090	6,71	336	330	— 6	— 1,8	69	433
14	14	0,585	11 860	19,80	5 080	6,66	335	327	— 8	— 2,4	71	436
15	14	0,587	11 780	19,27	5 080	6,66	332	328	— 4	— 1,2	72	423
16	28	0,581	12 000	20,74	5 140	6,98	341	332	— 9	— 2,6	83	459
17	28	0,579	12 100	21,43	5 180	7,20	346	336	—10	— 2,9	84	462
18	28	0,580	12 000	20,74	5 140	6,98	341	331	—10	— 2,9	79	447
19	56	0,588	12 410	23,72	5 310	7,95	369	359	—10	— 2,7	85	556
20	56	0,583	12 440	23,96	5 320	8,01	368	357	—11	— 3,0	85	562
21	56	0,590	12 690	25,92	5 500	9,15	387	386	— 1	— 0,3	87	573
22	90	0,590	12 970	28,20	5 600	9,83	405	400	— 5	— 1,2	97	551
23	90	0,585	12 790	26,76	5 470	8,95	390	379	—11	— 2,8	95	556
24	90	0,594	13 075	28,70	5 650	10,20	414	411	— 3	— 0,7	95	580
25	28	0,602	13 080	29,28	5 700	10,56	420	425	+ 5	+ 1,2	100	575
26	28	0,602	13 060	29,10	5 680	10,41	419	420	+ 1	+ 0,2	100	562
27	28	0,602	13 080	29,28	5 700	10,56	420	425	+ 5	+ 1,1	96	572
28	28	0,594	13 060	29,10	5 705	10,60	413	420	+ 7	+ 1,7	114	560

29	28	0,600	13 050	29,00	5 675	10,37	417	418	+ 1	+ 0,2	116	550
30	28	0,597	13 100	29,45	5 670	10,34	418	415	— 3	— 0,7	121	548
31	28	0,586	12 210	22,20	5 300	7,89	356	356	± 0	± 0	99	390
32	28	0,590	12 250	22,53	5 300	7,89	361	359	— 2	— 0,6	96	406
33	28	0,583	12 290	22,80	5 330	8,07	359	359	± 0	± 0	95	396
34	14	0,591	12 730	26,28	5 525	9,32	390	391	+ 1	+ 0,3	94	493
35	14	0,584	12 680	25,86	5 525	9,32	383	386	+ 3	+ 0,8	92	493
36	14	0,587	12 700	26,02	5 530	9,35	386	388	+ 2	+ 0,5	85	493
37	14	0,596	12 950	28,12	5 610	9,90	407	406	— 1	— 0,2	110	527
38	14	0,598	12 980	28,39	5 620	9,97	411	409	— 2	— 0,5	116	529
39	14	0,595	12 850	27,26	5 600	9,83	401	404	+ 3	+ 0,7	110	503
40	14	0,585	12 120	21,58	5 270	7,71	350	353	+ 3	+ 0,9	98	369
41	14	0,582	12 110	21,52	5 275	7,75	348	351	+ 3	+ 0,9	89	365
42	14	0,584	12 000	20,74	5 210	7,37	343	345	+ 2	+ 0,6	92	366
43	11	0,593	12 530	24,81	5 480	9,02	381	386	+ 5	+ 1,3	77	500
44	11	0,600	12 550	24,81	5 500	9,15	385	393	+ 8	+ 2,1	79	498
45	11	0,599	12 590	25,12	5 510	9,22	387	394	+ 7	+ 1,8	75	504
46	11	0,598	12 860	27,36	5 620	9,97	403	409	+ 6	+ 1,5	81	535
47	11	0,598	12 860	27,36	5 620	9,97	403	409	+ 6	+ 1,5	86	538
48	11	0,596	12 850	27,26	5 595	9,80	401	404	+ 3	+ 0,7	82	532
49	11	0,589	12 000	20,74	5 260	7,66	346	352	+ 6	+ 1,7	73	380
50	11	0,592	12 040	21,03	5 260	7,66	350	355	+ 5	+ 1,4	80	386
51	11	0,583	12 015	20,85	5 240	7,54	343	346	+ 3	+ 0,9	73	384
52	9	0,595	12 430	23,87	5 425	8,66	375	379	+ 2	+ 0,5	83	477
53	9	0,589	12 490	24,34	5 420	8,63	375	374	— 1	— 0,3	80	485
54	9	0,595	12 450	24,03	5 415	8,60	376	378	+ 2	+ 0,5	80	471
55	9	0,593	12 790	26,76	5 550	9,49	395	396	+ 1	+ 0,3	83	499
56	9	0,592	12 760	26,50	5 500	9,15	393	388	— 5	— 1,3	82	491
57	9	0,592	12 805	26,90	5 530	9,35	396	392	— 4	— 1,0	79	495
58	9	0,589	12 000	20,74	5 230	7,48	346	349	+ 3	+ 0,9	80	374
59	9	0,585	11 900	20,05	5 170	7,14	338	339	+ 1	+ 0,3	74	362
60	9	0,586	11 930	20,25	5 190	7,26	340	341	+ 1	+ 0,3	67	356
61	7	0,597	12 280	22,74	5 295	7,86	367	361	— 6	— 1,6	66	440
62	7	0,597	12 360	23,35	5 330	8,07	372	366	— 6	— 1,6	72	453
63	7	0,595	12 260	22,59	5 280	7,77	365	359	— 6	— 1,6	62	440
64	7	0,591	11 730	18,93	5 100	6,77	332	334	+ 2	+ 0,6	63	342
65	7	0,582	11 900	20,05	5 200	7,31	336	341	+ 5	+ 1,5	73	366

Tab. 15 (Fortsetzung)

1	2	3	4	5	6	7	8	9	10	11	12	13
Anzahl	Wasser-lagerung	Prüf-körper-gewicht	Resonanz-frequenz (longit.)	f^4 (longit.)	Resonanz-frequenz (transv.)	f^4 (transv.)	E-Modul (longit.)	E-Modul (transv.)	Abs.Abw. $E_{tr.} - E_{l.}$	Rel. Abw. $\frac{E_{tr.} - E_{l.}}{E_{l.}}$	Biegezug-festigkeit	Druck-festigkeit
n	(Tage)	(kg)	(Hz)	($\times 10^{15}$ Hz^4)	(Hz)	($\times 10^{14}$ Hz^4)	$\times$ (10^3 kp/cm^2)			(%)	(kp/cm^2)	(kp/cm^2)
66	7	0,591	11 800	19,38	5 125	6,90	335	336	+ 1	+ 0,3	62	345
67	5	0,596	12 025	20,91	5 190	7,26	350	347	— 3	— 0,9	75	408
68	5	0,594	12 075	21,26	5 150	7,03	354	342	—12	— 3,4	72	417
69	5	0,597	12 000	20,74	5 210	7,37	350	351	+ 1	+ 0,3	75	421
70	5	0,593	12 460	24,12	5 390	8,44	375	373	— 2	— 0,5	93	456
71	5	0,598	12 400	23,65	5 390	8,44	374	376	+ 2	+ 0,5	85	451
72	5	0,597	12 400	23,65	5 390	8,44	375	375	± 0	± 0	93	442
73	5	0,590	11 730	18,93	5 110	6,82	331	333	+ 2	+ 0,6	77	342
74	5	0,585	11 770	19,18	5 170	7,14	330	338	+ 8	+ 2,4	79	338
75	5	0,587	11 700	18,74	5 130	6,93	327	334	+ 7	+ 2,1	73	334
76	3	0,596	11 460	17,24	5 020	6,35	319	325	+ 6	+ 1,9	63	360
77	3	0,593	11 420	17,00	5 020	6,35	316	323	+ 7	+ 2,2	66	362
78	3	0,594	11 420	17,00	5 010	6,30	316	322	+ 6	+ 1,9	61	372
79	3	0,593	11 840	19,66	5 140	6,98	340	339	— 1	— 0,3	74	369
80	3	0,593	11 840	19,66	5 160	7,09	340	342	+ 2	+ 0,6	72	381
81	3	0,590	11 860	19,77	5 140	6,98	338	337	— 1	— 0,3	72	381
82	3	0,580	11 490	17,42	5 030	6,40	311	317	+ 6	+ 1,9	60	306
83	3	0,585	11 370	16,72	4 990	6,20	307	315	+ 8	+ 2,6	60	295
84	3	0,586	11 570	17,93	5 070	6,60	319	326	+ 7	+ 2,2	61	309
85	3	0,577	11 060	14,96	4 815	5,37	287	289	+ 2	+ 0,7	52	260
86	3	0,578	11 030	14,81	4 735	5,03	286	280	— 6	— 2,1	59	270
87	3	0,575	10 910	14,16	4 765	5,16	280	282	+ 2	+ 0,7	55	254
88	7	0,584	11 600	18,12	5 010	6,30	320	317	— 5	— 0,9	75	398
89	7	0,582	11 500	17,50	4 920	5,86	315	309	—10	— 3,3	77	390
90	7	0,582	11 500	17,50	4 930	5,90	315	306	— 9	— 2,9	75	406
91	28	0,585	12 220	22,29	5 260	7,66	356	350	— 6	— 1,7	95	513
92	28	0,587	12 380	23,50	5 330	8,07	365	361	— 4	— 1,1	102	527
93	28	0,581	12 300	22,89	5 300	7,89	359	353	— 6	— 1,7	93	507

94	90	0,580	13 060	29,10	5 680	10,41	403	405	+ 2	+ 0,5	103	600
95	90	0,576	12 930	28,00	5 610	9,90	393	392	— 1	— 0,3	106	608
96	90	0,580	12 900	27,70	5 600	9,83	394	393	— 1	— 0,3	99	597
97	3	0,580	10 630	12,77	4 600	4,48	267	265	— 2	— 0,8	38	159
98	3	0,576	10 800	13,60	4 600	4,48	274	264	—10	— 3,6	37	155
99	3	0,582	10 630	12,77	4 550	4,28	269	261	— 8	— 3,0	36	159
100	7	0,582	10 650	12,86	4 600	4,46	270	266	— 4	— 1,5	48	214
101	7	0,587	10 630	12,77	4 590	4,41	270	267	— 3	— 1,1	54	208
102	7	0,584	10 640	12,81	4 600	4,46	270	267	— 3	— 1,1	52	210
103	28	0,583	11 850	19,71	5 130	6,93	334	332	— 2	— 0,6	89	414
104	28	0,603	11 810	19,46	5 095	6,74	343	339	— 4	— 1,2	91	415
105	28	0,604	11 800	19,38	5 100	6,77	343	340	— 3	— 0,9	84	423
106	90	0,590	13 110	29,55	5 680	10,41	413	412	— 1	— 0,2	90	655
107	90	0,590	13 180	30,17	5 730	10,78	418	419	+ 1	+ 0,2	90	658
108	90	0,588	13 120	29,62	5 660	10,27	413	407	— 6	— 1,5	91	657
109	7	0,582	10 975	14,51	4 720	6,25	286	280	— 6	— 2,1	68	257
110	7	0,579	10 905	14,14	4 680	4,80	281	274	— 7	— 2,5	66	238
111	7	0,582	10 935	14,30	4 720	4,96	384	280	— 8	— 1,4	62	245
112	28	0,587	12 315	23,01	5 325	8,04	363	360	— 3	— 0,8	110	482
113	28	0,590	12 350	23,26	5 320	8,01	367	361	— 6	— 1,6	113	484
114	28	0,592	12 320	23,04	5 370	8,32	366	369	+ 3	+ 0,8	102	486
115	90	0,581	12 630	25,44	5 510	9,22	378	382	+ 4	+ 1,1	108	540
116	90	0,580	12 700	26,02	5 520	9,28	381	382	+ 1	+ 0,3	108	548
117	90	0,580	12 720	26,18	5 560	9,55	383	388	+ 5	+ 1,3	97	551
118	28	0,581	12 300	22,89	5 300	7,89	358	353	— 5	— 1,4	77	384
119	28	0,583	12 220	22,29	5 310	7,95	355	356	+ 1	+ 0,3	101	388
120	28	0,584	12 200	22,14	5 280	7,77	354	352	— 2	— 0,6	95	384
121	90	0,581	12 490	24,34	5 400	8,50	370	366	— 4	— 1,1	97	438
122	90	0,581	12 550	24,81	5 450	8,82	373	373	± 0	± 0	97	433
123	90	0,584	12 500	24,43	5 390	8,44	372	367	— 5	— 1,3	97	456
124	28	0,591	12 000	20,74	5 150	7,03	347	339	— 8	— 2,3	94	451
125	28	0,591	11 930	20,25	5 110	6,82	343	334	— 9	— 2,6	84	448
126	28	0,593	11 960	20,45	5 160	7,09	346	342	— 4	— 1,2	91	437
127	3	0,586	8 700	5,73	3 750	1,98	181	178	— 3	— 1,7	30	105
128	3	0,586	8 700	5,73	3 730	1,93	181	176	— 5	— 2,8	30	106
129	3	0,585	8 720	5,78	3 720	1,92	181	175	— 6	— 3,3	32	106

Tab. 16 Zusammenstellung der Resonanzfrequenzen, E-Moduln und Festigkeiten sowie weiterer Meßdaten von hüttensandreichen HOZ-Mörtelprismen
(nach RILEM-CEM)

1	2	3	4	5	6	7	8	9	10	11	12	13
Anzahl n	Wasserlagerung (Tage)	Prüfkörpergewicht (kg)	Resonanzfrequenz (longit.) (Hz)	f^4 (longit.) ($\times 10^{15}$ Hz^4)	Resonanzfrequenz (transv.) (Hz)	f^4 (transv.) ($\times 10^{14}$ Hz^4)	E-Modul (longit.) $\times$ (10^3 kp/cm^2)	E-Modul (transv.) $\times$ (10^3 kp/cm^2)	Abs.Abw. $E_{tr.} - E_{l.}$ $\times$ (10^3 kp/cm^2)	Rel. Abw. $\frac{E_{tr.} - E_{l.}}{E_{l.}}$ (%)	Biegezugfestigkeit (kp/cm^2)	Druckfestigkeit (kp/cm^2)
1	3	0,576	10 885	14,00	–	–	278	–	–	–	43	167
2	7	0,586	12 100	21,40	5 275	7,75	350	351	+ 1	+ 0,3	69	321
3	7	0,585	12 040	21,00	5 230	7,48	346	346	± 0	± 0	68	310
4	28	0,582	12 990	28,50	5 665	10,30	400	404	+ 4	+ 1,0	104	461
5	28	0,585	13 020	28,70	5 600	9,80	405	397	— 8	— 2,0	95	470
6	56	0,581	13 280	31,10	5 720	10,70	418	412	— 6	— 1,4	106	539
7	56	0,581	13 128	29,70	5 633	10,10	410	398	—12	— 2,9	102	497
8	91	0,582	13 355	31,30	5 765	11,00	423	419	— 4	— 1,0	107	592
9	91	0,589	13 233	30,70	5 755	11,00	420	422	+ 2	+ 0,5	98	498
10	7	0,580	11 340	16,54	4 900	5,77	304	301	— 3	— 1,0	60	231
11	7	0,577	11 290	16,26	4 880	5,70	300	297	— 3	— 1,0	53	228
12	7	0,581	11 270	16,13	4 920	5,90	301	305	+ 4	+ 1,3	59	227
13	28	0,583	12 800	26,83	–	–	389	–	–	–	88	415
14	28	0,587	12 660	25,70	–	–	384	–	–	–	89	422
15	28	0,586	12 700	26,02	–	–	385	–	–	–	87	413
16	56	0,586	12 740	26,34	5 540	9,42	388	389	+ 1	+ 0,3	91	449
17	56	0,583	12 720	26,18	5 520	9,28	385	384	— 1	— 0,3	95	472
18	56	0,582	12 750	26,44	5 560	9,55	386	389	+ 3	+ 0,8	93	471
19	3	0,582	10 400	11,71	–	–	257	–	–	–	35	149
20	3	0,579	10 400	11,71	–	–	255	–	–	–	41	146
21	3	0,579	10 500	12,17	–	–	260	–	–	–	42	145
22	7	0,580	11 360	16,64	4 900	5,77	305	301	— 4	— 1,3	64	245
23	7	0,583	11 260	16,08	4 910	5,82	301	305	+ 4	+ 1,3	54	242

24	7	0,580	11 280	16,18	4 920	5,90	301	305	+ 4	+ 1,3	59	240
25	28	0,584	12 500	24,43	–	–	372	–	–	–	94	405
26	28	0,586	12 470	24,18	–	–	371	–	–	–	94	398
27	28	0,583	12 450	24,03	–	–	368	–	–	–	88	403
28	56	0,580	12 840	27,19	5 600	9,83	390	393	+ 3	+ 0,8	103	486
29	56	0,585	12 850	27,26	5 580	9,70	394	394	± 0	± 0	95	478
30	56	0,583	12 750	26,44	5 520	9,30	386	384	— 2	— 0,5	84	463
31	56	0,580	12 900	27,69	5 510	9,22	393	381	—12	— 3,1	92	480
32	56	0,583	12 850	27,26	5 560	9,55	392	390	— 2	— 0,5	89	509
33	56	0,581	12 980	28,39	5 580	9,70	399	391	— 8	— 2,0	89	498
34	56	0,581	12 800	26,83	5 500	9,15	388	380	— 8	— 2,0	96	433
35	56	0,585	12 800	26,83	5 530	9,35	391	387	— 4	— 1,0	87	442
36	56	0,586	12 900	27,26	5 560	9,55	398	392	— 6	— 1,5	97	468

Tab. 17 Zusammenstellung der Resonanzfrequenzen, E-Moduln und Festigkeiten sowie weiterer Meßdaten von hüttensandreichen HOZ-Mörtelprismen
(nach DIN 1164)

1	2	3	4	5	6	7	8	9	10	11	12	13
Anzahl	Wasser-lagerung	Prüf-körper-gewicht	Resonanz-frequenz (longit.)	f^4 (longit.) ($\times 10^{15}$	Resonanz-frequenz (transv.)	f^4 (transv.) ($\times 10^{14}$	E-Modul (longit.)	E-Modul (transv.)	Abs. Abw. $E_{tr.} - E_{l.}$	Rel. Abw. $\frac{E_{tr.} - E_{l.}}{E_{l.}}$	Biegezug-festigkeit	Druck-festigkeit
n	(Tage)	(kg)	(Hz)	Hz^4)	(Hz)	Hz^4)	$\times$ (10^3 kp/cm²)			(%)	(kp/cm²)	(kp/cm²)
1	5	0,583	10 400	11,71	4 490	4,06	257	254	— 3	— 1,2	46	162
2	5	0,580	10 600	12,63	4 520	4,17	266	256	—10	— 3,8	46	149
3	5	0,579	10 410	11,75	4 480	4,03	256	251	— 5	— 2,0	45	147
4	7	0,587	10 800	13,60	4 705	4,90	279	281	+ 2	+ 0,7	50	182
5	7	0,585	10 980	14,54	4 730	5,00	288	283	— 5	— 1,7	49	199
6	7	0,586	10 920	14,20	4 700	4,88	285	280	— 5	— 1,7	57	197
7	11	0,595	11 340	16,54	4 940	5,95	307	314	+ 7	+ 2,3	68	240
8	11	0,594	11 280	16,18	4 930	5,90	308	312	+ 4	+ 1,3	64	240
9	11	0,589	11 270	16,13	4 880	5,67	305	303	— 2	— 0,6	62	242
10	14	0,587	11 740	18,99	5 080	6,66	330	328	— 2	— 0,6	73	277
11	14	0,585	11 560	17,85	5 020	6,35	319	319	± 0	± 0	71	256
12	14	0,587	11 600	18,12	5 020	6,35	322	320	— 2	— 0,6	66	272
13	28	0,584	11 880	19,91	5 100	6,77	336	329	— 7	— 2,1	69	305
14	28	0,581	11 870	19,85	5 100	6,77	334	327	— 7	— 2,1	79	300
15	28	0,580	11 800	19,38	5 080	6,66	329	324	— 5	— 1,6	74	297
16	56	0,574	11 980	20,60	5 140	6,98	336	328	— 8	— 2,4	76	340
17	56	0,585	12 205	22,20	5 270	7,71	355	351	— 4	— 1,1	82	356
18	56	0,576	11 900	20,05	5 100	6,77	333	324	— 9	— 2,7	80	326
19	90	0,586	12 430	23,87	5 330	8,07	369	360	— 9	— 2,7	84	395
20	90	0,586	12 470	24,18	5 325	8,04	371	359	—12	— 3,2	90	405
21	90	0,581	12 250	22,53	5 225	7,45	355	343	—12	— 3,4	78	360
22	7	0,579	10 600	12,60	4 580	4,40	265	263	— 2	— 0,8	53	178
23	7	0,577	10 600	12,60	4 590	4,40	264	263	— 1	— 0,4	51	178
24	7	0,578	10 610	12,68	4 605	4,50	265	265	± 0	± 0	53	172
25	3	0,579	10 425	11,82	4 450	3,92	257	248	— 9	— 3,5	42	140

26	3	0,581	10 340	11,43	4 490	4,60	253	253	± 0	± 0	42	138
27	3	0,580	10 360	11,51	4 500	4,10	254	254	± 0	± 0	42	137
28	7	0,585	11 270	16,13	4 900	5,77	303	305	+ 2	+ 0,7	68	215
29	7	0,586	11 330	16,49	5 010	6,30	307	318	+11	+ 3,6	62	226
30	7	0,585	11 430	17,06	5 000	6,25	312	316	+ 4	+ 1,3	59	226
31	56	0,578	12 100	21,40	5 210	7,37	345	339	— 6	— 1,7	96	352
32	56	0,577	12 025	20,90	5 200	7,31	340	337	— 3	— 0,9	88	345
33	56	0,578	12 130	21,60	5 250	7,60	345	345	± 0	± 0	96	357
34	90	0,585	12 805	26,90	5 505	7,19	391	383	— 8	— 2,0	110	474
35	90	0,586	12 850	27,26	5 555	9,52	394	391	— 3	— 0,8	102	471
36	90	0,584	12 810	26,93	5 530	9,35	391	386	— 5	— 1,3	109	468
37	28	0,580	11 370	16,72	4 900	5,77	305	305	± 0	± 0	79	261
38	28	0,578	11 450	17,19	4 850	5,53	308	295	—13	— 4,2	77	267
39	28	0,579	11 400	16,90	4 845	5,51	306	294	—12	— 3,9	78	272
40	7	0,583	10 750	13,36	4 620	4,55	275	269	— 6	— 2,2	57	200
41	7	0,585	10 850	13,85	4 700	4,88	280	279	— 1	— 0,4	56	202
42	7	0,584	10 900	14,11	4 750	5,09	283	285	+ 2	+ 0,7	62	212
43	28	0,582	11 750	19,07	5 000	6,25	328	315	—13	— 4,0	82	323
44	28	0,581	11 780	19,27	5 070	6,60	329	323	— 6	— 1,8	82	331
45	28	0,580	11 780	19,27	5 100	6,77	328	326	— 2	— 0,6	85	322
46	28	0,578	11 700	18,74	5 040	6,45	321	318	— 3	— 0,9	73	256
47	28	0,579	11 700	18,74	5 075	6,64	321	323	+ 2	+ 0,6	76	254
48	28	0,573	11 450	17,19	4 910	5,81	306	299	— 7	— 2,3	78	245
49	28	0,572	11 480	17,37	4 960	6,05	306	304	— 2	— 0,7	83	242
50	28	0,573	11 460	17,24	4 920	5,86	306	300	— 6	— 2,0	76	241
51	3	0,578	9 980	9,92	4 350	3,58	235	237	+ 2	+ 0,9	44	125
52	3	0,578	9 950	9,80	4 335	3,53	232	235	+ 3	+ 1,3	36	132
53	3	0,581	10 000	10,00	4 400	3,75	237	243	+ 6	+ 2,5	44	125
54	7	0,588	11 200	15,73	4 850	5,53	300	299	— 1	— 0,3	66	223
55	7	0,582	11 225	15,88	4 830	5,44	299	294	— 5	— 1,7	64	217
56	7	0,582	11 150	15,41	4 810	5,35	295	291	— 4	— 1,4	60	217
57	28	0,590	12 230	22,38	5 270	7,71	360	354	— 6	— 1,7	95	359
58	28	0,585	12 330	23,10	5 325	8,04	363	359	— 4	— 1,1	81	350
59	28	0,586	12 200	22,14	5 270	7,71	356	352	— 4	— 1,1	92	360

Tab. 1 Untersuchungsverfahren zur Bestimmung der Aggressivbes

Verfahren	Prüfkörper [cm]	Zuschlag	Zement-anteil Mischungs-verhältnis	W/Z
				1. Bet
Portld. Cement Association	Würfel, Pfähle, Balken	verschieden	220, 300, 390 kg Zement je m^3	verschied
Dtsch. Ausschuß für Stahlbeton	Würfel	Weserkies-sand 0–30 mm	1:5, 1:4, 1:3	0;66, 0,56, 0,44
				1. Beto
Ungarisches	Prismen 4×4×16	Donaukies-sand max 7 mm	250 kg/m^3	0,8
				2. Zementmörtel
Arbeitskreis »Sulfatbeständigkeit«	Prismen 4×4×16	NS	1:4	0,7
Ausdehnung nach MILLER und SNYDER	Prismen	Ottawasand	1:5	n. b.
Ausdehnung nach WOLOCHOW	Prismen 2,54×2,54×25,4	Ottawasand	1:4	n. b.
Ausdehnung ASTM C 452-60 T	Prismen	NS	1:2,75	0,53
E-Modul-Messungen	5×5×25	n. b.	1:5	n. b.

Aggr. Medium	Lagerungs-art	Prüfdauer	Beurteilung	Literatur
eldversuch				
Aggr. Böden, künstl. herg. aggr. Lösungen	halbeinget. bzw. vollst. in aggr. Böden eingelagert	60 Jahre	Jährl. Beurteilung, Bewertung nach Augenschein	J. Americ. Concr. Inst., 1953 March, S. 601
Seewasser	Im Seehafen (Durch Gezeiten teilw. Trockenleg.)	19 Jahre	Druckfestigkeit	ECKARD, A., W. KRONSBEIN, Dtsch. Aussch. f. Stahlb. 1950, H. 102
borversuche				
Mg- und Na_2SO_4-Lösung a) 2 170 b) 12 290 c) 30 700 mg SO_3/l Lösung	In der Lösung	1 Jahr	Festigkeit	BICZOK, I., Betonkorrosion-Betonschutz. Verlag f. Bauw., Berlin (1960), S. 98
lere Prüfkörpergröße				
0,15 m $MgSO_4$-Lösung	In der Lösung	10 Monate	Relative Biegezugf. n. 9 Monat. Sulfatlagerung	Nicht veröffentlicht
2%ige Na_2SO_4-Lösung	In der Lösung	35 Tage	Längenänderung	MILLER, D. G., und C. G. SNYDER, Proc. Amer. Soc. Test. Mat. 45 (1945), 165–194
5%ige Na_2SO_4-Lösung	Senkrecht in der Lösung	35 Tage	Längenänderung	WOLOCHOW, D., Proc. Amer. Soc. Test. Mat. 45 (1952), 250–266
Zement–Gips-Misch. SO_3 gesamt = 7,0%	In Wasser	—3 Monate	Längenänderung	Bull. Amer. Soc. Test. Mat. 213 (1956), 37–44
10%ige Sulfatlösung	In der Lösung	3 Monate	Änderung des *E*-Moduls	HORNIBROOK, F. B., Amer. Soc. Test. Mat. Bull. (1939), 12

Vorschlag				
1. WITTEKINDT	Prismen 1×4×16	NS	1:3	0,6
2. DYCKERHOFF	Prismen 1×4×16	NS	1:3	0,6

2. Zementm

KOCH und STEINEGGER	Prismen 1×1×6	NS	1:3	0,6
GOST und CSN	Prismen 1×1×3	NS	1:3,5	n. b.

Flockenbildung nach PAUL	Wasser–Zement-Suspension	–	–	100
Zuckerlöslichkeit nach MERRIMAN	Zuckerlösung–Zement-Suspension	–	–	ca. 6
Sulfatempfindlichkeit nach TAYLOR und BOGUE	Zement–Sand–Kalkwasser-Suspension	–	–	–

nach ANSTETT	Zylinder $d = 8$, $h = 3$	–	hydr. Zement :Gips = 100:50	0,06
nach ANSTETT–LE CHATELIER	Le Chatelier-Ring	–	hydr. Zement :Gips = 100:50	Normen-steife
nach MERRIMAN	Platte 5–10	–	Purzement	0,43

– = entfällt n. b. = dem Verfasser nicht bekannt

15 molare a$_2SO_4$-ösung	Hochkant auf Fläche 1×16 cm^2 in der Lösung	Monate	Nach Augenschein Längenänderung	WITTEKINDT, W., ZKG 12 (1960), 571
b.	In der Lösung	Monate	Nach Augenschein Längenänderung	Nicht veröffentlicht
leinprüfkörper				
)%ige a$_2SO_4 \cdot$) H_2O-ösung	In der Lösung	77 Tage	Relative Biegezugfestigkeit	KOCH, A., H. STEINEGGER, ZKG 7 (1960), S. 317–324
2–10%ige gSO_4-ösung	In der Lösung	6 Monate	Relative Zugfestigkeit	GOST 4798-49 CSN 732-023
	–	8 Tage	Löslichkeit	MILLER, D. G., und C. G. SNYDER, Proc. Amer. Soc. Test. Mat. 45 (1945), 165–194
	–	3 h	Löslichkeit des C_3A	Rock Products 41 (1938), Jan., S. 86–88
	–	1–2 Tage	Gebund. SO_3 in % bezogen auf Gesamt-SO_3-Gehalt	TAYLOR, W. C., und R. H. BOGUE, J. Res. Nat. Bur. Stand. 45 (1950), 223
ips	Auf feuchtem Filterpapier	28 Tage	Volumenänderung	BLONDIAU, L., Tonindustrie-Ztg. 59 (1935), 571–573
ips	In Wasser	28 Tage	Volumenänderung	LIEBER, W., und K. BLEHER, ZKG 7 (1960), 312
0%ige Na_2SO_4-ösung	Halbeingetaucht in die Lösung	28 Tage	Nach Augenschein	MILLER, D. G., und C. G. SNYDER, Proc. Amer. Soc. Test. Mat. 45 (1945), 165–194

zu Tab. 18

Spalte	Symbol	Bezeichnung	Dimension
1	f	Resonanzfrequenz	Hz
2	f^2	Quadrat der Resonanzfrequenz	Hz^2
3	T	Goensche Konstante	
4	b	Breite des Prüfkörpers	cm
5	h	Höhe des Prüfkörpers	cm
6	E	dynamischer E-Modul	kp/cm^2
7	$\bar{x}$	Mittelwert des E-Moduls	kp/cm^2
8	i	Abweichung der Einzelwerte vom Mittelwert	kp/cm^2
11	$\sigma = \sqrt{\frac{\Sigma i^2}{n-1}}$	Quadratische Streuung	kp/cm^2
12	$\frac{\sigma}{\bar{x}}$	Mittlerer quadratischer Fehler der Einzelwerte bei Mittelbildung aus vier Einzelmessungen einer Seite	%
13	$p_{\max}$	Maximalabweichung	%
14	$\bar{\bar{x}}$	Mittelwert der E-Moduln aller 4 Seiten	kp/cm^2
15	$\bar{i} = \bar{x} - \bar{\bar{x}}$	Abweichung der Mittelwerte einer Seite vom Mittelwert aller vier Seiten	kp/cm^2
16	$i' = i + \bar{i}$	Abweichung der Einzelwerte vom Mittelwert aller vier Seiten	kp/cm^2
18	$\sigma' = \sqrt{\frac{\Sigma i'^2}{n-1}}$	Quadratische Streuung der Einzelwerte aus den 16 Messungen aller vier Seiten	kp/cm^2
19	$\frac{\sigma'}{\bar{\bar{x}}}$	Mittlerer quadratischer Fehler der Einzelwerte aus den 16 Messungen aller vier Seiten	%
22	$\bar{\sigma} = \sqrt{\frac{\Sigma \bar{i}^2}{n-1}}$	Quadratische Streuung der Mittelwerte einer Seite vom Mittelwert aller vier Seiten	kp/cm^2
23	$\frac{\bar{\sigma}}{\bar{\bar{x}}}$	Mittlerer quadratischer Fehler des Mittelwertes einer Seite bei Mittelbildung aus den Mittelwerten jeder Seite	%
24	$\frac{\bar{i}_{\max}}{\bar{\bar{x}}}$	Maximaler Fehler	%

7.3. Fehlerbetrachtung

7.3.1. Der Einfluß der Auflagefläche auf die zu messende Resonanzfrequenz bzw. auf den E-Modul

Die E-Modul-Werte sind verschieden, je nachdem welche der vier Prismenseiten als Auflagefläche diente.
Zu diesem Zweck wurden an vier Prüfkörpern A, B, C und D die Resonanzfrequenzen bzw. die E-Moduli in der Weise bestimmt, daß jede Prismenseite als Auflagefläche diente, wobei jede Messung viermal wiederholt wurde.
Die Fehlerrechnung bei longitudinaler und transversaler Anregung ist für den Prüfkörper A in der Tab. 18 ausführlich angegeben. Die auf diese Weise errechneten Mittelwerte (Spalte 14 der Tab. 18) und mittleren quadratischen Streuungen (Spalte 22, Tab. 18) aller vier Prüfkörper sind in der Tab. 19 zusammengestellt.

Tab. 19 Zusammenstellung der Mittelwerte sowie der mittleren quadratischen Streuung für longitudinale und transversale Anregung

Prüfkörper	$\bar{\bar{x}} \pm \bar{\sigma}$	
	longitudinale Anregung	transversale Anregung
A	412 700 ± 387 (± 0,09%)	403 850 ± 4 250 (± 1,05%)
B	426 300 ± 749 (± 0,19%)	427 400 ± 3 550 (± 0,83%)
C	415 500 ± 346 (± 0,08%)	399 550 ± 6 450 (± 1,64%)
D	430 800 ± 435 (± 0,10%)	423 600 ± 2 730 (± 0,64%)

Mit den hier angegebenen Fehlern ist dann zu rechnen, wenn, wie es bei allen Untersuchungen geschehen ist, die zur Berechnung des E-Moduls erforderliche Resonanzfrequenz für nur eine Auflagefläche ermittelt wurde.
Deutlich ist erkennbar, daß die Streuung des dynamischen E-Moduls bei transversaler Anregung größer ist als bei der longitudinalen Anregung.
Daß dieser größere Fehler nicht auf eine größere Ableseungenauigkeit der bei transversaler Anregung gemessenen Resonanzfrequenzen zurückzuführen ist, zeigt Tab. 20, wo die prozentualen Ablesefehler zusammengestellt sind. Die Skala des Frequenzgenerators zeigt Abb. 39. Mit Hilfe der drei Skalen A, B und C können die bei longitudinaler und transversaler Anregung von 4×4×16-cm-Prismen entstehenden Resonanzfrequenzen abgelesen werden. Die Resonanzfrequenzen liegen je nach Alter des Prüfkörpers und der Qualität des Zementes bei

longitudinaler Anregung im Bereich von 9 bis 14 kHz, bei
transversaler Anregung im Bereich von 4 bis 9 kHz.

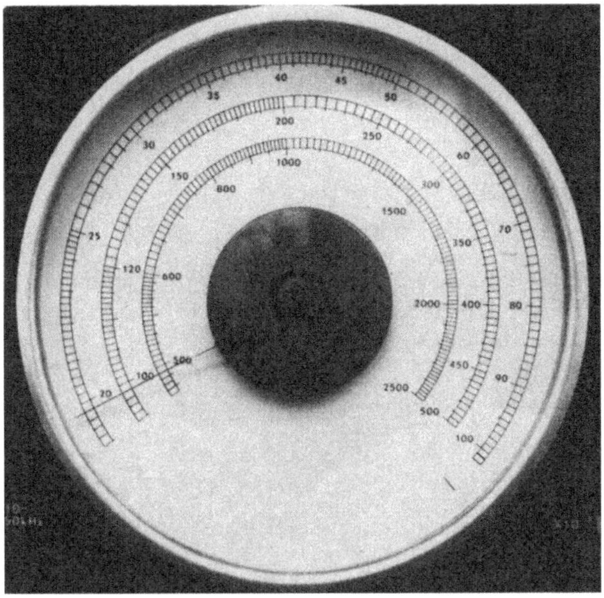

Abb. 39 Skalen des Frequenzgenerators

Tab. 20 Zusammenstellung der prozentualen Ablesefehler in den verschiedenen Meßbereichen

Meßbereich (kHz)	Meßskala	Ablesefehler (%)	
		longitudinale Anregung	transversale Anregung
4 - 4,5	A*)	–	$\pm \frac{10}{4\,250} \cdot 100 = 0{,}24\%$
4,5- 5	A	–	$\pm \frac{15}{4\,750} \cdot 100 = 0{,}32\%$
5 - 6	A	–	$\pm \frac{15}{5\,500} \cdot 100 = 0{,}27\%$
9 -10	A	$\pm \frac{20}{9\,500} \cdot 100 = 0{,}21\%$	–
10 -11	B**)	$\pm \frac{20}{10\,500} \cdot 100 = 0{,}19\%$	–
11 -12	B	$\pm \frac{25}{11\,500} \cdot 100 = 0{,}22\%$	–
12 -13	B	$\pm \frac{30}{12\,500} \cdot 100 = 0{,}24\%$	–
13 -14	B	$\pm \frac{40}{13\,500} \cdot 100 = 0{,}30\%$	

*) äußere Skala **) mittlere Skala

Unter Berücksichtigung aller Fehler, die in die *E-Modul*-Messung eingehen, wie

$$\Delta f, \Delta M, \Delta b, \Delta h, \Delta L,$$

kommt man unter Zugrundelegung von 50 Einzelmessungen dieser Größen zu folgenden quadratischen Fehlern:

a) transversale Anregung: $\pm 3{,}5\%$
b) longitudinale Anregung: $\pm 2{,}3\%$

Mit diesen Fehlern ist dann zu rechnen, wenn bei der Berechnung für $l = 16$ cm, h bzw. $b = 4$ cm und für das Prüfkörpergewicht $M = 590$ g in die Bestimmungsgleichungen eingesetzt werden.
Der quadratische Fehler verringert sich weiter, wenn das Prüfkörpergewicht durch Wägung bestimmt wird. Unter Berücksichtigung des durch die Ungenauigkeit der Waage entstehenden relativen Fehlers von $\frac{\Delta M}{M} = 0{,}10\%$ ergeben sich bei beiden Anregungsarten die folgenden Fehler:

a) transversale Anregung: $\pm 2{,}8\%$
b) longitudinale Anregung: $\pm 1{,}7\%$

Berücksichtigt man nur die Fehler, die durch die Ableseungenauigkeit bei der Ausmessung der Prüfkörper mittels Schublehre bzw. bei der Wägung und der Bestimmung der Resonanzfrequenz mittels Frequenzgenerator entstehen, so ist mit folgenden quadratischen Fehlern zu rechnen.

a) transversale Anregung: $\pm 1{,}9\%$
b) longitudinale Anregung: $\pm 1{,}3\%$

Wie bei den $5 \times 5 \times 25$-cm-Prismen liegen die jeweils nur an einer Einzelfläche ermittelten E-Modul-Werte (Tab. 18) innerhalb dieses Streubereichs, womit auch hier nachgewiesen ist, daß diese Messungen an nur einer Prüfkörperseite vorgenommen zu werden brauchen.
Die Vermessung von 50 Mörtelprismen ergab, daß die Nenngrößen von 4 cm für Höhe und Breite sowie 16 cm für die Länge sehr gut innerhalb des Streubereiches

$$\bar{x} = 4{,}003 \text{ cm} \pm 0{,}32\% \text{ für Höhe,}$$
$$\bar{x} = 3{,}987 \text{ cm} \pm 0{,}72\% \text{ für die Breite und}$$
$$\bar{x} = 16{,}036 \text{ cm} \pm 0{,}20\% \text{ für die Länge}$$

liegen.

Man kann also auch hier bei der E-Modul-Berechnung für Länge, Breite und Höhe stets den Nennwert ansetzen, sofern man kontrolliert, daß der Streubereich nicht überschritten wird. Den durchgeführten Berechnungen des dynamischen E-Moduls aus der Biegeschwingung bei transversaler Anregung liegt ein Wert von 1/6 für die Poissonsche Konstante zugrunde. Unter extremen Verhältnissen ($\mu = 0{,}1$ für trockene und $\mu = 0{,}25$ für nasse Prüfkörper [57] ist mit einem weiteren möglichen Fehler für den Wert des E-Moduls – berechnet aus der Resonanzfrequenz bei transversaler Anregung – von $\pm 0{,}7\%$ zu rechnen.

7.3.2. *Einfluß des Prüfkörperalters auf die wahrscheinliche Streuung der Resonanzfrequenz*

Zur Ermittlung der Druckfestigkeit durch zerstörungsfreie Prüfung wird auf Grund der unter 4.2.1.2 beschriebenen Beziehung die 4. Potenz der gemessenen Resonanzfrequenz herangezogen. Bei der graphischen Darstellung der 4. Potenz der Resonanzfrequenz über der Druckfestigkeit fällt auf, daß die Meßpunkte für Prismen geringer und hoher Druckfestigkeit stärker streuen als bei mittleren Festigkeiten.
Es wurden deshalb Prüfkörper mit zunehmendem Alter an jedem Prüftermin viermal der Resonanzfrequenzmessung unterzogen und aus diesen Werten die wahrscheinliche Streuung errechnet. Diese Messungen wurden jeweils an drei Prismen durchgeführt. In der Tab. 21 sind die wahrscheinlichen Streuungen für die drei Prismen sowie der daraus gebildete Mittelwert sowohl für die longitudinale als auch für die transversale Anregung zusammengestellt.

Tab. 21 Wahrscheinliche Streuung der Resonanzfrequenzen in Abhängigkeit von der Lagerungsdauer

Prüfkörperalter (Wasserlagerung) (Tage)	Wahrscheinliche Streuung $\frac{\sigma}{\bar{f}}$							
	longitudinale Anregung				transversale Anregung			
	1	2	3	Mittel	1	2	3	Mittel
1	0,80	0,40	0,44	0,55	–*	–*	–*	–*
2	0,24	0,20	0,40	0,28	4,32	3,88	1,68	3,29
3	0,44	0,09	0,16	0,23	3,80	0,96	3,40	2,72
5	0,32	0	0	0,11	2,40	1,96	2,60	2,32
7	0	0,08	0	0,03	0,48	0,48	2,08	1,01
11	0,05	0,16	0,16	0,12	1,08	1,60	1,04	1,24
14	0,39	0,08	0,08	0,18	2,72	1,12	4,36	2,73
28	0,20	0,31	0,24	0,25	2,16	0,52	0,96	1,21
56	0,70	0,30	0,46	0,49	1,93	1,73	1,73	1,80
90	0,87	0,23	0,66	0,59	1,59	3,30	2,18	2,36

* Nicht bestimmt.

Aus der Aufstellung der Tab. 21 ist zu entnehmen, daß die Streuung der noch »jungen« Proben relativ groß ist, daß diese dann mit zunehmender Wasserlagerungsdauer der Normenprismen abnimmt und nach 7 Tagen ihren kleinsten Wert hat. Mit der weiteren Lagerungsdauer nimmt die Streuung wieder zu.
Diese aus der angeführten Fehlerrechnung gewonnenen Zahlen stimmen mit der in den graphischen Darstellungen wiederholt beobachteten Streuung der Meßpunkte überein.

Die relativ hohe Streuung der Resonanzfrequenzwerte der 1–3 Tage wassergelagerten Prismen ist, wie aus Abb. 40 zu ersehen ist, auf die breite Ausbildung des Resonanzfrequenzpeaks zurückzuführen, was ein genaues Auffinden des Maximums erschwert.

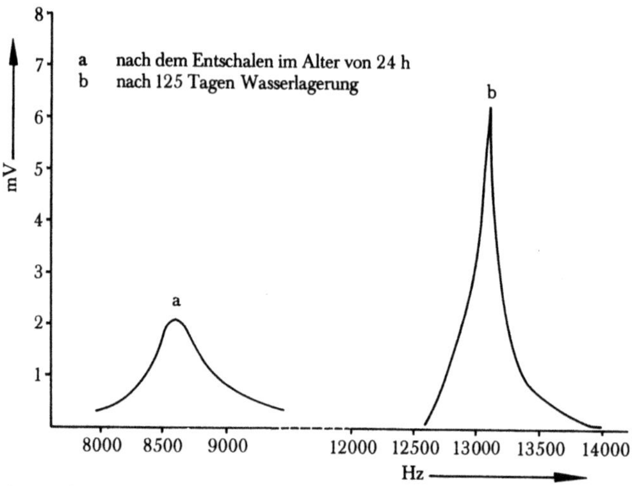

Abb. 40 Ausbildung der Resonanzkurve in Abhängigkeit vom Alter des Mörtelprismas

Die relativ hohe Streuung der 56 bzw. 90 Tage alten Portlandzementprismen wird darauf zurückgeführt, daß sich vorhandene Inhomogenitäten innerhalb des Mörtelgefüges mit fortschreitender Erhärtung stärker ausprägen, und in der größeren Streuung sowohl der Resonanzfrequenz als auch der Festigkeitswerte zum Ausdruck kommen.

7.3.3. Der Einfluß der Austrocknung der Prismen auf die Bestimmung der Resonanzfrequenz

Da die Ermittlung der Druckfestigkeit bei der zerstörungsfreien Prüfung allein mit Hilfe der Resonanzfrequenz bzw. deren 4. Potenz erfolgt, wurde der Einfluß der Austrocknung der 4×4×16-cm-Prismen verfolgt.
Die Messung zur Zeit »0« erfolgte unmittelbar nach dem Herausnehmen des Prüfkörpers aus der Wasserlagerung. Im Abstand von 30 Minuten wurden die Messungen sowohl bei longitudinaler als auch bei transversaler Anregung wiederholt. Die Messungen erstreckten sich über 4 Stunden bei Luftlagerung und einer Raumtemperatur von 22°C und einer relativen Luftfeuchte von 50 bis 60%.
Die gemessenen Resonanzfrequenzen der fünf Mörtelprismen sowie die Mittelwerte und die wahrscheinliche Streuung sind in Tab. 22 zusammengestellt.
Von wenigen Abweichungen abgesehen, ist die auch von anderen Autoren beobachtete Tendenz deutlich zu erkennen, daß mit zunehmender Trockenlagerungsdauer die Resonanzfrequenzen abnehmen.

Tab. 22 Der Einfluß der Austrocknung auf die Resonanzfrequenzmessung von 4×4×16-cm-*Mörtelprismen bei longitudinaler und transversaler Anregung*

Messung	Meßzeit	Resonanzfrequenz in Hz									
		Mischung I (HOZ)		Mischung II (HOZ)		Mischung III (PZ)		Mischung IV (PZ)		Mischung 5 (HOZ)	
Nr.	Std.	transv.	longit.	transv.	longit.	transv.	longit.	transv.	longit.	transv.	longit.
1	0	5 395	12 605	5 410	12 825	5 610	13 025	5 500	12 790	5 610	13 175
2	0.30	5 400	12 605	5 390	12 825	5 605	13 025	5 490	12 790	5 615	13 180
3	1.00	5 390	12 605	5 385	12 810	5 605	13 000	5 460	12 760	5 610	13 140
4	1.30	5 370	12 600	5 400	12 800	5 600	13 000	5 470	12 750	5 610	13 150
5	2.00	5 350	12 600	5 365	12 800	5 580	13 000	5 460	12 750	5 605	13 130
6	2.30	5 340	12 600	5 370	12 800	5 605	13 000	5 470	12 740	5 610	13 100
7	3.00	5 350	12 590	5 370	12 795	5 590	13 005	5 460	12 740	5 600	13 110
8	3.30	5 350	12 580	5 395	12 790	5 590	13 000	5 440	12 725	5 595	13 100
9	4.00	5 350	12 590	5 360	12 795	5 600	13 000	5 450	12 725	5 595	13 100
Mittelwert $\bar{x}$		5 366	12 597	5 383	12 804	5 598	13 006	5 467	12 752	5 606	13 132
Streuung $\sigma = \sqrt{\frac{\Sigma (x - \bar{x})^2}{n - 1}}$											
bezogen auf $\bar{x}$ (%)		±0,43	±0,07	±0,32	±0,10	±0,17	±0,08	±0,34	±0,19	±0,13	±0,24

Jene Werte, die nicht in der Reihe liegen, können durch Ablesefehler erklärt werden.
Die errechnete Streuung bezogen auf $\bar{x}$ liegt bei longitudinaler Anregung zwischen $\pm 0{,}24$ und $\pm 0{,}07\%$, bei transversaler Anregung zwischen $\pm 0{,}43$ und $0{,}13\%$, sie liegen damit innerhalb der diskutierten Fehlergrenze.
Da sich jedoch die Messung der Resonanzfrequenz auf einen sehr kurzen Zeitraum von 1 bis 3 Minuten beschränkt und die Prüfkörper während dieser kurzen Zeit keine Austrocknung erfahren, brauchen Fehler durch Austrocknung nicht befürchtet werden.

7.3.4. Der Einfluß der Prüfkörpertemperatur auf die Bestimmung der Resonanzfrequenz bei Mörtelprismen

Um den Einfluß der Prüfkörpertemperatur auf die zu messenden Resonanzfrequenzen zu erfassen, wurden Normenprismen im Klimaschrank sowohl in Wasser als auch trocken bei Temperaturen von ± 0, $+10$, $+20$, $+30$ und $+40\,°C$ gelagert.
Die Prüfkörper hatten eine 365tägige Wasserlagerung hinter sich, so daß mit einer Änderung der Resonanzfrequenz infolge fortschreitender Erhärtung innerhalb des relativ kurzen Prüfzeitraums von einigen Stunden nicht zu rechnen war.
Die Normenprismen lagerten jeweils $1\frac{1}{2}$ Stunden bei der jeweiligen Temperatur im Klimaschrank. Anschließend wurden sofort die Resonanzfrequenzen bei longitudinaler Anregung gemessen. Dabei zeigte sich, daß mit zunehmender Temperatur die Resonanzfrequenzen sowohl der trocken- als auch der naßgelagerten Prismen abnahm.

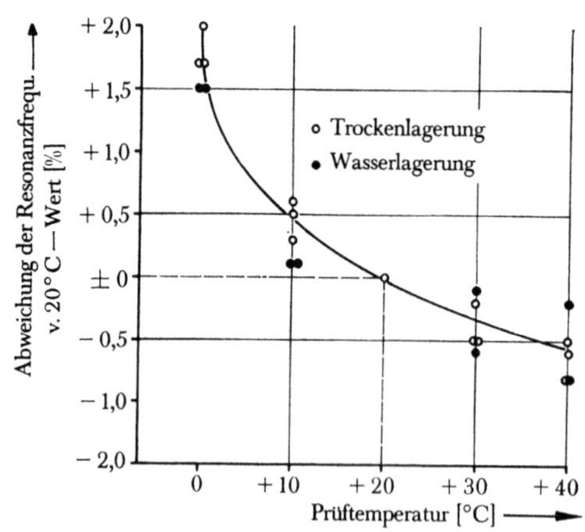

Abb. 41 Änderung der Resonanzfrequenzwerte in Abhängigkeit von der Prüftemperatur (bezogen auf den 20° C-Wert)

Die Änderung des aus der Ultraschallgeschwindigkeit berechneten E-Moduls von *Beton* in Abhängigkeit von der Temperatur ist von FRITSCH und KOTTAS [41] beschrieben worden. Die Messungen wurden hier im Temperaturgebiet von —20° C bis +20° C durchgeführt, wobei durch Abkühlung des Betonkörpers von ca. ±0° C auf —20° C eine Zunahme des E-Moduls um ca. 25% gemessen wurde.

In der Abb. 41 sind die Abweichungen der Resonanzfrequenzen vom +20° C-Wert in Prozent über der Prüftemperatur aufgetragen. Der 20° C-Wert wurde deshalb als Bezugsgröße gewählt, da alle in dieser Arbeit beschriebenen Resonanzfrequenzmessungen im Anschluß an die Lagerung in Wasser oder verschiedenen Aggressivlösungen von rd. +20° C durchgeführt wurden.
Sollte im jahreszeitlichen Wechsel die Prüfkörpertemperatur im Bereich von +15 bis +25° C schwanken, so würde dies eine Abweichung der Resonanzfrequenz von rd. ±0,3% zur Folge haben, was wiederum innerhalb der diskutierten Fehlergrenze liegt.

8. Dämpfungsmessungen an Mörtelprismen

Während bei der zerstörungsfreien Prüfung von wassergelagerten Mörtelprismen als Maß für die Druckfestigkeit die 4. Potenz der Resonanzfrequenz diente, wurde bei den folgenden Messungen die innere Reibung zur Charakterisierung von Wechselwirkungskräften zwischen den Zementteilchen und der flüssigen Phase herangezogen.

8.1. Literaturübersicht

Die Anwendung der Dämpfungskonstanten δ zur Beurteilung bei Strukturumwandlungen infolge Wärme- und Frosteinwirkung werden von Roschdjestwenskij [59] und Ponomarew [60] beschrieben. An Prüfkörpern der Abmessung $2 \times 2 \times 34$ cm wurde die Dämpfungskonstante δ nach folgender Formel berechnet:

$$\delta = 1{,}81 \frac{\Delta f}{f_0} \qquad (59)$$

Zwischen der Dämpfungskonstanten δ bzw. dem dynamischen E-Modul und der Biegezugfestigkeit wurden für einen sogenannten »Mikrobeton« aus »Schlackenportlandzement« folgende Beziehung gefunden:

$$\beta_{BZ} = K \frac{E}{\delta} \quad [\text{kp/cm}^2] \qquad (60)$$

Für den betreffenden Beton wurde der Proportionalitätsfaktor K zu $1{,}2 \cdot 10^{-5}$ bestimmt: Er muß für jede Betonart neu ermittelt werden.
Während der Erhärtung von Zementproben wurde innerhalb der ersten Tage eine deutliche Zunahme der inneren Reibung festgestellt, die nach Ansicht der Autoren mit dem Auftreten von neuen Phasen im Zusammenhang steht, wie die Rekristallisation der hexagonalen Calciumaluminate und die Bildung von größeren Mengen an Calciumhydrosilikaten aus dem C_3S. Mit zunehmender Lagerungsdauer nehmen die Bindungskräfte zwischen den einzelnen Teilchen zu und die innere Reibung geht zurück.
Weiterhin wurde der Einfluß von Trocken-, Luft- und Wasserlagerung auf die Dämpfungskonstante δ verfolgt. Hier zeigte sich, daß während der Austrocknung δ zunahm, wobei infolge Schrumpfspannungen an der Oberfläche Mikrorisse auftraten. Mit zunehmender Austrocknung verringerte sich der δ-Wert solange, bis er bei der maximalen Betonfestigkeit seinen kleinsten Wert erreicht hat. Bei Fortsetzung der Trocknung wurde wiederum ein Ansteigen der Dämpfung beobach-

tet, was auf die einsetzende strukturelle Zerstörung zurückgeführt wird. Eine anschließende Wasserlagerung führte wieder zu einem starken Anstieg des Dämpfungswertes, verbunden mit einer starken Abnahme der Festigkeit. Diese Erscheinung wurde mit der sprengenden Wirkung des in die Mikroporen eindringenden Wassers erklärt.

In einer weiteren Versuchsreihe wurde der Einfluß des Wasser-Zement-Wertes und des Betonalters auf die Frostbeständigkeit von Mikrobeton mit Hilfe des E-Moduls und der Dämpfungskonstanten verfolgt. Die Ergebnisse zeigen deutlich, daß die Frostbeständigkeit bei einem geringeren W/Z-Faktor bzw. bei geringer Porosität und hohem Alter des Betons am größten ist, was sich durch kleine Dämpfungswerte und große E-Moduln ausdrückt. Die Autoren glauben, daß die innere Reibung gegenüber Strukturänderungen, die sowohl in wassergesättigten als auch in trockenem Zementstein auftreten, sehr empfindlich ist.

Auf die experimentellen Unsicherheiten bei der Bestimmung der inneren Reibung weist Depelsenaire [61] hin. Nach seiner Ansicht erschwert die sehr spitze Resonanzkurve bei Betonen die Bestimmung des Δf-Wertes. Auch kann nach Ansicht des Autors der geringe Meßbereich des Frequenzgenerators zu relativ ungenauen Ablesungen führen. Durch Ablesefehler werden Änderungen der inneren Reibung verdeckt, so daß aus den vorliegenden Untersuchungen keine Schlüsse gezogen werden könnten. Weiterhin wird nach Ansicht des Autors die innere Reibung zuwenig von der Qualität des Betons beeinflußt.

Über Messungen der inneren Reibung an Betonbalken berichtet auch Ghosh [62]. Er kommt dabei zu dem Ergebnis, daß die innere Reibung im Gegensatz zu den Druck- und Biegefestigkeiten mit dem Alter des Betons abnimmt. Sie scheint aber nach den vorliegenden Untersuchungen in stärkerem Maße mit der Druckfestigkeit als mit der Biegezugfestigkeit zusammenhängen.

8.2 Ableitung der Formeln zur Bestimmung der inneren Reibung

Für die eigenen vorliegenden Untersuchungen wurden die beiden folgenden Dämpfungsgrößen verwendet:

a) der Verlustfaktor

$$d = \frac{\Delta_1 f}{f_0} \tag{61}$$

b) und das in den sowjetischen Arbeiten benutzte logarithmische Dekrement

$$\vartheta = 1{,}81 \cdot \frac{\Delta f}{f_0} \tag{62}$$

Definition:

Der Verlustfaktor d ist der Quotient der Differenz der Frequenzen genommen an den Stellen $\frac{A_{\max}}{\sqrt{2}}$ und der Eigenfrequenz.

Das logarithmische Dekrement ϑ ist der mit $\frac{\pi}{\sqrt{3}}$ multiplizierte Quotient der Differenz der Frequenzen genommen an den Stellen $\frac{A_{max}}{2}$ und der Eigenfrequenz.

Für die durch den elektrodynamischen Geber erzwungene Schwingung des Prüfkörpers gilt die folgende allgemeine Differentialgleichung

$$m\ddot{x} + r\dot{x} + kx = P(t) \tag{63}$$

Hierbei bedeuten m die Masse, r der Proportionalitätsfaktor der geschwindigkeitsabhängigen Reibungskraft, k die Federkonstante und $P(t)$ die Störkraft.

Unter der Annahme einer harmonischen Störkraft

$$\underline{P} = \underline{P}_0 \cdot e^{i\omega t} \tag{64}$$

lautet der Ansatz für die Lösung

$$x = \underline{A} \cdot e^{i\omega t} \tag{65}$$

Durch Einsetzen in die Differentialgleichung und unter Benutzung folgender Abkürzungen:

$$\frac{k}{m} = \omega_0^2 \quad \left(\frac{\omega_0}{2\pi} = \text{Kennfrequenz}\right) \tag{66a}$$

$$\frac{r}{\omega_0 \cdot m} = d \quad (\text{Verlustfaktor}) \tag{66b}$$

$$\frac{f}{f_0} = \frac{\omega}{\omega_0} = \eta \quad (\text{normierte Frequenz}) \tag{66c}$$

$$\delta = \frac{r}{2m} \quad (\text{Abklingkonstante}) \tag{66d}$$

erhält man für den Amplitudengang (Resonanzkurve):

$$|\underline{A}| = \frac{|P|}{k} \cdot \frac{1}{\sqrt{(1-\eta^2)^2 + \eta^2 d^2}} \tag{67}$$

Die maximale Amplitude ergibt sich zu:

$$|A_{max}| = \frac{|\underline{P}|}{k} \cdot \frac{1}{d\sqrt{1 - \frac{d^2}{4}}} \tag{68}$$

Zur Bestimmung der beiden erwähnten Dämpfungsgrößen aus dem experimentell aufgenommenen Amplitudengang verfährt man wie folgt:

a) Man bestimmt die beiden Frequenzwerte rechts und links von der Resonanzfrequenz, bei denen die maximale Amplitude auf den Wert $\frac{A_{max}}{\sqrt{2}}$ abgefallen ist. Nach Division durch die Resonanzfrequenz f_0 erhält man den Verlustfaktor d.

Dies ist rechnerisch leicht zu zeigen. Durch Gleichsetzen der durch $\sqrt{2}$ dividierten Gl. (68) mit Gl. (67) erhält man

$$\frac{1}{\sqrt{2}\, d} = \frac{1}{\sqrt{(1 - \eta^2)^2 + \eta^2 d^2}} \tag{69}$$

Und nach einigen Umformungen und anschließender Entwicklung in eine binomische Reihe:

$$\eta_1 = \eta_2 = \frac{\Delta_1 f}{f_0} = d \tag{70}$$

b) Entsprechend der angegebenen Definition erhält man das logarithmische Dekrement ϑ, indem man die beiden Frequenzwerte aufsucht, bei denen die maximale Amplitude auf den Wert $\frac{A_{max}}{2}$ abgefallen ist. Analog zu Gl. (69) erhalten wir:

$$\frac{1}{2\,d} = \frac{1}{\sqrt{(1 - \eta^2)^2 + \eta^2 d^2}} \tag{71}$$

und hieraus

$$\eta_1 - \eta_2 = \frac{\Delta_2 f}{f_0} = \sqrt{3}\, d \tag{72}$$

Führt man nun noch in (72) an Stelle des Verlustfaktors d das logarithmische Dekrement

$$\vartheta = \ln \frac{A_{max}(t)}{A_{max}(t+T)} = \ln \frac{A_0 \cdot e^{-\delta t} \cdot e^{i\omega t}}{A_0 \cdot e^{-\delta(t+T)} \cdot e^{i\omega(t+T)}} = \delta T = \frac{\delta}{f_0}$$

ein, indem man durch Kombination von Gl. (66b) und Gl. (66d) $\delta = \pi d f_0$ erhält, so ergibt sich

$$\vartheta = \frac{\pi}{\sqrt{3}} \cdot \frac{\Delta_2 f}{f_0} = 1{,}81\, \frac{\Delta_2 f}{f_0} \tag{73}$$

8.3. Messungen an Portlandzement-, Hochofenzement- und hüttensandreichen Hochofenzementmörtelprismen während der Wasser-, Na_2SO_4- und $MgSO_4$-Lagerung

Das Ziel der eigenen Untersuchungen bestand darin, zu prüfen, ob mit Hilfe von Dämpfungsmessungen der Angriff von aggressiven Lösungen auf Mörtelprismen verfolgt werden kann.

Nach ROSCHDJESTWENSKIJ [59] und PONOMAREW [60] kann das Auftreten neuer Phasen an der Zunahme der inneren Reibung erkannt werden. Da die Zerstörung von Mörtelprismen während der Sulfatlagerung durch die das Mörtelgefüge sprengenden Neubildung wie Ettringit und Gips verursacht wird, müßte sich deren Entstehung rechtzeitig durch eine erhöhte innere Reibung erkennen lassen.

Zu diesem Zweck wurden 4×4×16-cm-Mörtelprismen nach DIN 1164 aus Portlandzement 275, Hochofenzement 275 und einem hüttensandreichen Hochofenzement (75% Hüttensand) hergestellt. Im Alter von 1, 3, 5, 8, 10 und 14 Tagen wurden von den wassergelagerten Proben die Eigenfrequenz f_0, das logarithmische Dekrement ϑ sowie der Verlustfaktor d bestimmt.
Nach dieser 14tägigen Wasservorlagerung wurden je ein Prisma aus Portlandzement-, Hochofenzement- und hüttensandreichem Hochofenzement in eine 0,3 molare Na_2SO_4- bzw. $MgSO_4$-Lösung eingelagert, während die restlichen Prismen in der Wasserlagerung verblieben. Die Messung der genannten beiden Dämpfungsgrößen d und ϑ sowie die der Eigenfrequenz f_0 wurden an den 17, 38, 71, 100, 165 und 200 Tage alten, unterschiedlichen Sulfatlösungen bzw. Wasser ausgesetzten Mörtelprismen wiederholt.
Die Messungen erfolgten in der Weise, daß zunächst die Eigenfrequenz f_0 des Mörtelprismas ermittelt wurde. Im Anschluß daran wurden die $\frac{A_{max}}{2}$ bzw. $\frac{A_{max}}{\sqrt{2}}$ entsprechenden Frequenzen f_1 und f_2 bzw. f_1' und f_2' aufgesucht und nach den in Abb. 42 zusammengestellten Formeln das logarithmische Dekrement und der Verlustfaktor d berechnet.
Die während der Wasser- und Sulfatlagerung ermittelten Eigenfrequenz- und Dämpfungswerte sind für die drei Mörtelarten in den Tab. 23, 24 und 25 zusammengestellt.
In den Abb. 43 bzw. 44 sind die an den Portlandzementmörtelprismen gemessenen Eigenfrequenzen sowie das logarithmische Dämpfungsdekrement ϑ bzw. der Verlustfaktor d über der Lagerungsdauer aufgetragen.

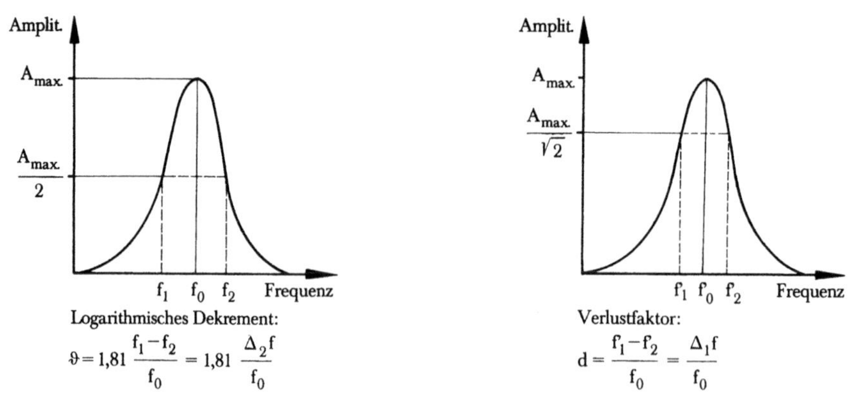

Abb. 42 Amplituden der erzwungenen Schwingung in Abhängigkeit von der Frequenz
Bestimmung des logarithmischen Dekrements bzw. des Verlustfaktors

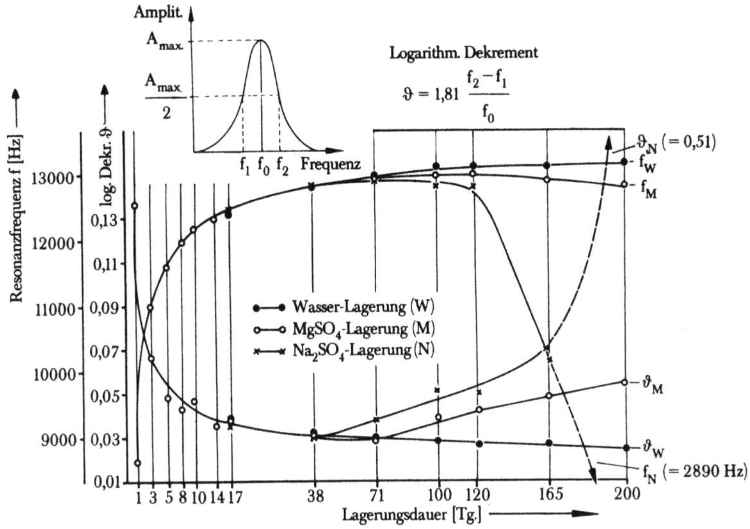

Abb. 43 Logarithmisches Dekrement ϑ und Resonanzfrequenz f_0 in Abhängigkeit von der Wasser- und Aggressivlagerungsdauer (PZ 275-Mörtelprismen)

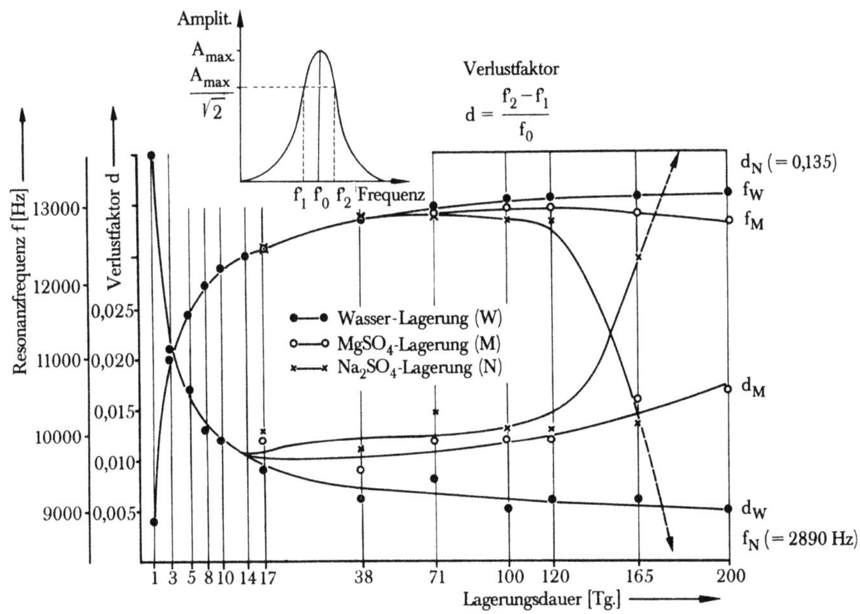

Abb. 44 Verlustfaktor d und Resonanzfrequenz f_0 in Abhängigkeit von der Wasser- und Aggressivlagerungsdauer (PZ 275-Mörtelprismen)

Aus den Tab. 23, 24 und 25 sowie den graphischen Darstellungen geht deutlich hervor, daß die Dämpfung, gemessen als ϑ und d, mit fortschreitender Wasserlagerung abnimmt, während die Eigenfrequenz und damit der dynamische E-Modul, der hier nicht errechnet wurde, zunehmen.
Diese Tatsache ist bekannt und wurde von den bereits genannten Autoren [59, 60, 62] sowohl an Mörtel- als auch an Betonproben beobachtet. Als Ursache wird die Zunahme der Bindungskräfte zwischen den Teilchen infolge der fortschreitenden Hydratation angesehen. So führt die mit dem Erhärtungsprozeß verbundene Zunahme an fester Phase unter Einbau eines Teiles der flüssigen Phase (Anmachwasser) zu einer Verringerung der Porosität, wie mit Hilfe von Gasdurchlässigkeitsmessungen an erhärteten Mörteln und Porenverteilungsbestimmungen an erhärteten Purzementproben nachgewiesen wurde.
Bei Betrachtung der während der Sulfatlagerung gemessenen Werte für die Resonanzfrequenz, das logarithmische Dekrement und den Verlustfaktor ist folgende Tendenz erkennbar:

a) Mörtelprismen aus Portlandzement 275 (Abb. 43 und 44; Tab. 23)

Die *Resonanzfrequenz* der in Na_2SO_4-Lösung lagernden Probe hat im Alter von 71 Tagen mit $f_{0(71)} = 12\,880$ Hz ihren größten Wert erreicht. Nach 200 Tagen ist die Resonanzfrequenz infolge Zerstörung des Prüfkörpers auf 2890 Hz zurückgegangen. Äußerlich hatte bereits der 100 Tage alte Prüfkörper feine Kantenrisse aufzuweisen.
Der in $MgSO_4$-Lösung lagernde Prüfkörper zeigte erst nach 165 Tagen Sulfatlagerung eine Abnahme.
Das *logarithmische Dekrement* der in Na_2SO_4-Lösung gelagerten Probe hat im Alter von 38 Tagen den niedrigsten Wert von $\vartheta_{(38)} = 0{,}030$, steigt dann mit zunehmender Lagerungsdauer wiederum an und hat nach 186 Tagen Sulfatlagerung einen Wert von $\vartheta_{(200)} = 0{,}507$ erreicht.
Bei der $MgSO_4$-Lagerung tritt die Zunahme der Dämpfung erst nach rd. 57 Tagen Sulfatlagerung ein. Der im Alter von 200 Tagen gemessene Wert von $\vartheta_{(200)} = 0{,}054$ liegt weit unter der bei Na_2SO_4-Lagerung ermittelten Zahl.
Auch der Vergleich der Werte für den *Verlustfaktor* zeigt nach 186 Tagen Sulfatlagerung deutlich ($d_{(200)} = 0{,}135$ bei Na_2SO_4-Lagerung und $d_{(200)} = 0{,}017$ bei $MgSO_4$-Lagerung), daß der Portlandzementmörtel von der Na_2SO_4-Lösung stärker angegriffen wird als von der $MgSO_4$-Lösung.

b) Mörtelprismen aus Hochofenzement 275 (Abb. 43 und 44; Tab. 24)

Die *Resonanzfrequenz* der in Na_2SO_4-Lösung gelagerten Probe hat nach 86 Tagen Sulfatlagerung ihren größten Wert erreicht ($f_{0(100)} = 12\,950$ Hz), um nach 186 Tagen auf den Wert $f_{0(200)} = 12\,590$ Hz abzufallen.
Bei der in $MgSO_4$-Lösung lagernden Probe tritt der Abfall erst nach 186 Tagen Sulfatlagerung ein, der Resonanzfrequenzwert ist von $f_{0(165)} = 13\,000$ Hz auf $f_{0(200)} = 12\,280$ Hz zurückgegangen.

Tab. 23 Zusammenstellung der Werte für die Eigenfrequenz, das logarithmische Dekrement und den Verlustfaktor von normalen PZ 275-Mörtelprismen nach DIN 1164 in Abhängigkeit von der Wasser-, Na_2SO_4*- und* $MgSO_4$*-Lagerung*

Alter (Tage)	Eigenfrequenz f_0 (Hz)				Logarithmisches Dekrement $\vartheta = 1{,}81 \frac{f_1 - f_2}{f_0} = 1{,}81 \frac{\Delta_2 f}{f_0}$				Verlustfaktor $d = \frac{f_1' - f_2'}{f_0} = \frac{\Delta_1 f}{f_0}$			
	Prüfkörper			Mittel	Prüfkörper			Mittel	Prüfkörper			Mittel
	1	2	3		1	2	3		1	2	3	
	Wasservorlagerung				Wasservorlagerung				Wasservorlagerung			
1	8 660	8 600	8 605	8 620	0,129	0,139	0,140	0,136	0,036	0,044	0,040	0,040
3	11 010	11 000	10 995	11 000	0,066	0,068	0,065	0,066	0,020	0,023	0,020	0,021
5	11 600	11 595	11 570	11 590	0,047	0,051	0,045	0,048	0,017	0,018	0,015	0,017
8	12 005	12 000	11 980	11 990	0,042	0,047	0,039	0,043	0,014	0,015	0,011	0,013
10	12 200	12 175	12 170	12 180	0,045	0,048	0,048	0,047	0,011	0,012	0,012	0,012
14	12 360	12 320	12 320	12 330	0,038	0,037	0,031	0,035	0,010	0,012	0,012	0,011
	Na_2SO_4-Lagerung	$MgSO_4$-Lagerung	Wasser-lagerung	–	Na_2SO_4-Lagerung	$MgSO_4$-Lagerung	Wasser-lagerung	–	Na_2SO_4-Lagerung	$MgSO_4$-Lagerung	Wasser-lagerung	–
17	12 480	12 405	12 400	–	0,036	0,038	0,039	–	0,013	0,012	0,009	–
38	12 870	12 830	12 800	–	0,030	0,031	0,033	–	0,011	0,009	0,006	–
71	12 880	12 930	12 990	–	0,038	0,029	0,030	–	0,015	0,012	0,008	–
100	12 820	12 970	13 110	–	0,051	0,039	0,028	–	0,013	0,012	0,005	–
120	12 810	12 995	13 110	–	0,050	0,042	0,026	–	0,013	0,012	0,006	–
165	10 150	12 900	13 100	–	0,070	0,048	0,027	–	0,030	0,016	0,006	–
200	2 890	12 800	13 180	–	0,507	0,054	0,024	–	0,135	0,017	0,005	–

Tab. 24 Zusammenstellung der Werte für die Eigenfrequenz, das logarithmische Dekrement und den Verlustfaktor von HOZ 275-Mörtelprismen nach DIN 1164 in Abhängigkeit von der Wasser-, Na_2SO_4*- und* $MgSO_4$*-Lagerung*

Alter (Tage)	Eigenfrequenz f_0 (Hz)				Logarithmisches Dekrement $\vartheta = 1{,}81 \frac{f_1 - f_2}{f_0} = 1{,}81 \frac{\Delta_2 f}{f_0}$				Verlustfaktor $d = \frac{f_1' - f_2'}{f_0} = \frac{\Delta_1 f}{f_0}$			
	Prüfkörper			Mittel	Prüfkörper			Mittel	Prüfkörper			Mittel
	1	2	3		1	2	3		1	2	3	
	Wasservorlagerung				Wasservorlagerung				Wasservorlagerung			
1	6 200	6 220	6 220	6 210	0,110	0,116	0,121	0,116	0,038	0,040	0,048	0,042
3	10 015	10 025	10 010	10 015	0,081	0,089	0,075	0,082	0,025	0,027	0,027	0,026
5	10 750	10 780	10 760	10 760	0,051	0,050	0,063	0,055	0,017	0,017	0,018	0,017
8	11 225	11 250	11 270	11 250	0,055	0,060	0,063	0,059	0,020	0,024	0,021	0,022
10	11 410	11 460	11 470	11 450	0,052	0,046	0,054	0,051	0,018	0,014	0,014	0,015
14	11 600	11 630	11 660	11 630	0,045	0,055	0,054	0,051	0,017	0,019	0,019	0,018
	Na_2SO_4-Lagerung	$MgSO_4$-Lagerung	Wasser-lagerung	–	Na_2SO_4-Lagerung	$MgSO_4$-Lagerung	Wasser-lagerung	–	Na_2SO_4-Lagerung	$MgSO_4$-Lagerung	Wasser-lagerung	–
17	11 830	11 885	11 810	–	0,049	0,046	0,046	–	0,012	0,013	0,015	–
38	12 575	12 600	12 600	–	0,040	0,039	0,033	–	0,010	0,010	0,010	–
71	12 820	12 950	12 995		0,033	0,029	0,026	–	0,010	0,012	0,006	–
100	12 950	13 000	13 190	–	0,028	0,036	0,025	–	0,010	0,012	0,007	–
120	12 920	13 000	13 150	–	0,028	0,036	0,025	–	0,012	0,011	0,008	–
165	12 900	13 000	13 200	–	0,031	0,049	0,028	–	0,013	0,012	0,005	–
200	12 590	12 280	13 300	–	0,043	0,054	0,027	–	0,011	0,016	0,011	–

Tab. 25 Zusammenstellung der Werte für die Eigenfrequenz, das logarithmische Dekrement und den Verlustfaktor von Mörtelprismen mit hüttensandreichem HOZ nach DIN 1164 in Abhängigkeit von der Wasser-, Na_2SO_4- *und* $MgSO_4$-*Lagerung*

Alter (Tage)	Eigenfrequenz f_0 (Hz)				Logarithmisches Dekrement $\vartheta = 1{,}81 \frac{f_1 - f_2}{f_0} = 1{,}81 \frac{\Delta_2 f}{f_0}$				Verlustfaktor $d = \frac{f_1' - f_2'}{f_0} = \frac{\Delta_1 f}{f_0}$			
	Prüfkörper			Mittel	Prüfkörper			Mittel	Prüfkörper			Mittel
	1	2	3		1	2	3		1	2	3	
	Wasservorlagerung				Wasservorlagerung				Wasservorlagerung			
1	6 340	6 330	6 310	6 325	0,101	0,106	0,110	0,106	0,033	0,033	0,036	0,034
3	9 245	9 220	9 190	9 220	0,115	0,112	0,099	0,109	0,031	0,031	0,033	0,032
5	10 080	9 825	10 015	9 970	0,077	0,086	0,085	0,082	0,023	0,032	0,028	0,028
8	10 700	10 690	10 625	10 670	0,073	0,069	0,056	0,066	0,020	0,021	0,018	0,020
10	10 950	10 930	10 900	10 825	0,055	0,051	0,063	0,056	0,022	0,023	0,020	0,022
14	11 200	11 180	11 160	11 180	0,054	0,049	0,049	0,051	0,018	0,017	0,016	0,017
	Na_2SO_4-Lagerung	$MgSO_4$-Lagerung	Wasser-lagerung	–	Na_2SO_4-Lagerung	$MgSO_4$-Lagerung	Wasser-lagerung	–	Na_2SO_4-Lagerung	$MgSO_4$-Lagerung	Wasser-lagerung	–
17	11 410	11 400	11 290	–	0,048	0,049	0,049	–	0,017	0,018	0,017	–
38	12 000	12 010	12 000	–	0,041	0,045	0,038	–	0,012	0,015	0,013	–
71	12 315	12 395	12 375	–	0,031	0,043	0,029	–	0,015	0,011	0,009	–
100	12 400	12 420	12 560	–	0,034	0,040	0,029	–	0,014	0,021	0,008	–
120	12 400	12 410	12 550	–	0,036	0,044	0,027	–	0,012	0,018	0,009	–
165	12 400	12 410	12 600	–	0,038	0,048	0,029	–	0,009	0,015	0,006	–
200	12 380	12 400	12 710	–	0,036	0,072	0,029	–	0,014	0,020	0,011	–

Der in Na_2SO_4-Lösung gelagerte Prüfkörper zeigt nach 120 Tagen den geringsten Wert für das *logarithmische Dekrement* ($\vartheta_{(120)} = 0,028$), um nach 186 Tagen Sulfatlagerung wieder auf einen Wert von $\vartheta_{(200)} = 0,43$ anzusteigen.
Bei der $MgSO_4$-Lagerung ist eine Zunahme der Dämpfung bereits nach 86 Tagen Sulfatlagerung zu beobachten ($\vartheta_{(100)} = 0,036$), die sich mit zunehmender Lagerungsdauer weiter fortsetzt und nach 186 Tagen Sulfatlagerung einen Wert von $\vartheta_{(200)} = 0,054$ erreicht.
Diese deutliche Tendenz der Dämpfungszunahme während der Sulfatlagerung wird bei Betrachtung der *Verlustfaktoren* nicht so deutlich, wenn auch bei der $MgSO_4$-Lagerung eine Erhöhung von $d_{(120)} = 0,011$ auf $d_{(200)} = 0,016$ erkennbar ist.

c) Hüttensandreiche Hochofenzementmörtelprismen (Abb. 43 und 44; Tab. 25)

Bei den hüttensandreichen Hochofenzementprismen ist auch nach 186 Tagen Sulfatlagerung noch keine wesentliche Abnahme der *Resonanzfrequenz* zu beobachten, wenn auch die Werte gegenüber denen der wassergelagerten Probe zurückbleiben.
Eine geringe Abnahme zeigt die in Na_2SO_4-Lösung lagernde Probe von $f_{0\,(165)} = 12\,400$ Hz auf $f_{0\,(200)} = 12\,380$ Hz, desgleichen bei der $MgSO_4$-Lagerung von $f_{0\,(100)} = 12\,420$ Hz auf $f_{0\,(200)} = 12\,400$ Hz.
Das *logarithmische Dekrement* zeigt bei der Na_2SO_4-Lagerung keine Zunahme. Dagegen hat die in $MgSO_4$-Lösung lagernde Probe eine Zunahme von $\vartheta_{(100)} = 0,040$ auf $\vartheta_{(200)} = 0,072$ aufzuweisen.
Der *Verlustfaktor* zeigt keine deutliche Tendenz.
Einen zusammenfassenden Vergleich der Tendenzen von f_0, ϑ und d gibt Tab. 26, in der die nach 13tägiger Wasservorlagerung ermittelten Werte für die Eigenfrequenz, das logarithmische Dekrement und den Verlustfaktor gleich 100% gesetzt wurden.
Bei den *normalen Portlandzementmörtelprismen* wirkte die Na_2SO_4-Lösung am stärksten zerstörend. Dies drückt sich einmal in der deutlichen Abnahme der Resonanzfrequenz aus, deren Wert nach 186tägiger Na_2SO_4-Lagerung nur noch 23% betrug.
Die die Zerstörung auslösende Ettringitbildung kommt aber auch in der zunehmenden Dämpfung zum Ausdruck, die beim logarithmischen Dekrement einen Wert von 1330% und beim Verlustfaktor einen solchen von 1350% erreicht.
Während die Zunahme der Dämpfung nach bereits 57 Tagen Na_2SO_4-Lagerung durch die Ettringitbildung erklärt wird, konnte ein Abfall der Resonanzfrequenz erst nach 151 Tagen gemessen werden, der auf die Zerstörung des Mörtelgefüges durch den treibenden Ettringit zurückzuführen ist.
Dies bedeutet, daß die Zerstörung des Mörtels durch die Zunahme der Dämpfung sozusagen angekündigt wird, und daß es jeweils dann zu einer Zerstörung kommt, wenn die Mörtelfestigkeit die durch die Ettringitbildung entstehende Zugspannung nicht mehr aufnehmen kann.

Tab. 18 Bestimmung des mittleren quadratischen Fehlers des Mittelwertes einer Seite bei Mittelbildung aus
Prüfkörper A (für transversale und longitudinale Anregung)

transversale Anregung (Gewicht des Prüfkörpers: 583,8 g; Länge des Prüfkörpers: 16,05 cm)

1	2	3	4	5	6	7	8	9	10
f	f^2 $\times 10^6$	T	b	h	E	$\bar{x}$	$i = x - \bar{x}$ $\times 10^3$	i^2 $\times 10^6$	Σi^2 $\times 10^6$
5 735	32,89				404 300		+3,5	12,25	
5 705	32,55	1,412	3,975	4,070	400 100	400 800	—0,7	0,49	16,66
5 700	32,49				399 400		—1,4	1,96	
5 700	32,49				399 400		—1,4	1,96	
5 690	32,38				412 100		+4,9	24,01	
5 670	32,15	1,395	4,070	3,975	409 200	407 200	+2,0	4,00	52,06
5 630	31,70				403 400		—3,8	14,44	
5 635	31,75				404 100		—3,1	9,61	
5 700	32,49				399 400		—0,2	0,04	
5 705	32,55	1,412	3,975	4,070	400 100	399 600	+0,5	0,25	0,37
5 700	32,49				399 400		—0,2	0,04	
5 700	32,49				399 400		—0,2	0,04	
5 675	32,21				409 900		+2,1	4,41	
5 665	32,09	1,395	4,070	3,975	408 500	407 800	+0,7	0,49	10,38
5 645	31,87				405 600		—2,2	4,84	
5 655	31,98				407 600		—0,8	0,64	

longitudinale Anregung (Gewicht des Prüfkörpers: 583,8 g; Länge des Prüfkörpers: 16,05 cm)

1	2	3	4	5	6	7	8	9	10
13 280	176,36				416 500		+3,4	11,56	
13 205	174,37		3,975	4,070	411 800	413 100	—1,3	1,69	15,94
13 205	174,37				411 800		—1,3	1,69	
13 210	174,50				412 100		—1,0	1,00	
13 265	175,96				415 500		+2,5	6,25	
13 225	174,90		4,070	3,975	413 000	413 000	±0	±0	9,94
13 200	174,24				411 500		—1,5	2,25	
13 205	174,37				411 800		—1,2	1,44	
13 250	175,56				414 600		+2,1	4,41	
13 205	174,37		3,975	4,070	411 800	412 500	—0,7	0,49	6,06
13 205	174,24				411 500		—1,0	1,00	
13 210	174,50				412 100		—0,4	0,16	
13 230	175,03				413 300		+1,0	1,00	
13 205	174,37		4,070	3,975	411 800	412 300	—0,5	0,25	1,54
13 210	174,50				412 100		—0,2	0,04	
13 205	174,37				411 800		—0,5	0,25	

12	13	14	15	16	17	18	19	20	21	22
$\frac{\sigma}{\bar{x}}$	$p_{\max}$	$\bar{\bar{x}}$	$\bar{i} = \bar{x} - \bar{\bar{x}}$ $\times 10^3$	$i' = i + \bar{i}$ $\times 10^3$	i'^2 $\times 10^6$	$\sigma' = \sqrt{\frac{\Sigma\, i'^2}{n-1}}$	$\frac{\sigma'}{\bar{\bar{x}}}$	$\bar{i}^2$ $\times 10^6$	$\frac{\Sigma\, \bar{i}^2}{n-1}$ $\times 10^6$	$\bar{\sigma} = \sqrt{\ldots}$
0,59	0,87	403 850	−3,05	+0,45 −3,75 −4,45 −4,45	0,20 14,06 19,80 19,80	4 440	1,10	9,30	18,06	4 25
1,02	1,20		+3,35	+8,25 +5,35 −0,45 +0,25	68,06 28,62 0,20 0,06			11,22		
0,09	0,13		−4,25	−4,45 −3,75 −4,45 −4,45	19,80 14,06 19,80 19,80			18,06		
0,46	0,54		+3,95	+6,05 +4,65 +1,75 +3,15	36,60 21,62 3,06 9,92			15,60		
0,56	0,82	412 700	+0,4	+3,8 −0,9 −0,9 −0,6	14,44 0,81 0,81 0,36	1 530	0,37	0,16	0,15	38
0,44	0,61		+0,3	+2,8 +0,3 −1,2 −0,9	7,84 0,09 1,44 0,81			0,09		
0,34	0,51		−0,2	+1,9 −0,9 −1,2 −0,6	3,61 0,81 1,44 0,36			0,04		
0,17	0,24		−0,4	+0,6 −0,9 −0,6 −0,9	0,36 0,81 0,36 0,81			0,16		

[illegible]	23	24
$\frac{\ldots \bar{i}^2}{\ldots -1}$	$\frac{\bar{\sigma}}{\bar{\bar{x}}}$	$\frac{\bar{i}_{max}}{\bar{\bar{x}}}$
[illegible]	1,05	1,05
[illegible]	0,09	0,10

Tab. 26 ***Zusammenstellung der %-Werte für die Eigenfrequenz, das logarithmische Dekrement und den Verlustfaktor in Abhängigkeit von der Wasser-, Na_2SO_4- und $MgSO_4$-Lagerung***
($f_{0(14)} = \vartheta_{(14)} = d_{(14)} = 100\%$)

Alter (Tage)	Eigenfrequenz f_0 (%)				Logarithmisches Dekrement ϑ (%)				Verlustfaktor d (%)			
	Prüfkörper			Mittel	Prüfkörper			Mittel	Prüfkörper			Mittel
	1	2	3		1	2	3		1	2	3	
	Wasservorlagerung				Wasservorlagerung				Wasservorlagerung			
1	70	70	70	70	340	376	450	389	360	367	334	354
3	89	89	89	89	174	184	210	189	200	192	167	186
5	94	94	94	94	124	138	145	136	170	150	125	148
8	97	97	97	97	111	127	126	121	140	125	92	119
10	99	99	99	99	118	130	155	134	110	100	100	103
14	100	100	100	100	100	100	100	100	100	100	100	100
	Na_2SO_4-Lagerung	$MgSO_4$-Lagerung	Wasser-lagerung	–	Na_2SO_4-Lagerung	$MgSO_4$-Lagerung	Wasser-lagerung	–	Na_2SO_4-Lagerung	$MgSO_4$-Lagerung	Wasser-lagerung	–
17	101	101	101	–	95	103	126	–	130	100	75	–
38	104	104	104	–	79	84	106	–	110	75	50	–
71	104	105	105	–	100	78	97	–	150	100	67	–
100	104	105	106	–	134	105	90	–	130	100	42	–
120	104	105	106	–	132	114	84	–	130	100	50	–
165	82	105	106	–	184	130	87	–	300	133	50	–
200	23	104	107	–	1 330	146	77	–	1 350	142	42	–
Normale PZ 275-Mörtelprismen nach DIN 1164												
	Wasservorlagerung				Wasservorlagerung				Wasservorlagerung			
1	53	53	53	53	244	211	224	226	224	210	252	229
3	86	86	86	86	180	162	139	160	147	142	142	144
5	93	93	92	93	113	91	117	107	100	89	95	95
8	97	97	97	97	122	109	117	116	118	126	110	118
10	98	98	98	98	116	84	100	100	106	74	74	85
14	100	100	100	100	100	100	100	100	100	100	100	100
	Na_2SO_4-Lagerung	$MgSO_4$-Lagerung	Wasser-lagerung	–	Na_2SO_4-Lagerung	$MgSO_4$-Lagerung	Wasser-lagerung	–	Na_2SO_4-Lagerung	$MgSO_4$-Lagerung	Wasser-lagerung	–
17	102	102	101	–	109	84	85	–	71	68	79	–
38	108	108	108	–	89	71	61	–	59	53	53	–
71	111	111	111	–	73	53	48	–	59	63	32	–
100	112	112	113	–	62	66	46	–	59	63	37	–
120	112	112	113	–	62	66	46	–	71	58	42	–
165	112	112	113	–	69	89	52	–	76	63	26	–
200	108	105	114	–	96	98	50	–	65	84	58	–
HOZ 275-Mörtelprismen nach DIN 1164 (Klinker : HÜS = 60 : 40)												
	Wasservorlagerung				Wasservorlagerung				Wasservorlagerung			
1	57	57	57	57	187	216	224	209	183	194	225	201
3	83	83	82	83	213	228	202	214	172	182	206	190
5	89	88	90	89	143	176	174	164	128	188	175	164
8	96	96	95	96	135	141	114	130	111	124	112	116
10	98	98	98	98	102	104	129	112	122	135	125	129
14	100	100	100	100	100	100	100	100	100	100	100	100
	Na_2SO_4-Lagerung	$MgSO_4$-Lagerung	Wasser-lagerung	–	Na_2SO_4-Lagerung	$MgSO_4$-Lagerung	Wasser-lagerung	–	Na_2SO_4-Lagerung	$MgSO_4$-Lagerung	Wasser-lagerung	–
17	102	102	101	–	89	100	100	–	94	106	106	–
38	107	108	108	–	76	92	78	–	67	88	81	–
71	110	111	111	–	57	88	59	–	83	65	56	–
100	111	111	113	–	63	82	59	–	78	124	50	–
120	111	110	113	–	67	90	55	–	67	106	56	–
165	111	110	113	–	70	98	59	–	50	88	38	–
200	110	110	114	–	67	147	59	–	78	118	69	–
Hüttensandreiche HOZ-Mörtelprismen nach DIN 1164 (Klinker : HÜS = 25 : 75)												

Die in den beiden Sulfatlösungen gelagerten *Hochofenzementmörtelprismen* zeigen erst nach 186 Tagen einen geringen Abfall der Resonanzfrequenz von 112 auf 108% (Na_2SO_4-Lagerung) bzw. von 112 auf 105% ($MgSO_4$-Lagerung).
Die Zunahme der Dämpfung setzt dagegen bereits nach 151 Tagen Sulfatlagerung ein. So erreicht ϑ nach 186 Tagen Werte von 96% (Na_2SO_4-Lagerung) bzw. 98% ($MgSO_4$-Lagerung), die also den Dämpfungswerten nach Abschluß der Wasservorlagerung wieder sehr nahe kommen, nachdem die ϑ-Werte bereits auf etwa die Hälfte abgesunken waren.
Bei den *hüttensandreichen Prismen* wurde bei beiden Lagerungsarten kein Abfall der Resonanzfrequenz gemessen.
Eine deutliche Zunahme der Dämpfung (logarithmisches Dekrement) war allerdings nach 186 Tagen $MgSO_4$-Lagerung zu beobachten. Hierbei erhöhte sich ϑ von 98 auf 147%. Die bereits erwähnte höhere Ungenauigkeit bei der Verlustfaktorbestimmung läßt diese Tendenz für d nicht so deutlich werden.
Dagegen zeigen die in Na_2SO_4-Lösung gelagerten Hochofenzementmörtelprismen keine deutliche Dämpfungszunahme. Auch darin kommt die bekannte Tatsache zum Ausdruck, daß Mörtelprismen aus Hochofenzement von $MgSO_4$-Lösungen stärker als von Na_2SO_4-Lösungen angegriffen werden.

8.4. Bestimmung der Dämpfung von Tonerdezementmörtelprismen in Abhängigkeit von der Wasserlagerungstemperatur

Im Rahmen der Untersuchungen von Schwiete, Ludwig und Müller [63] an Tonerdezementen wurden Mörtelprismen bei unterschiedlichen Wassertemperaturen gelagert. Die auftretenden Festigkeitsabnahmen von bei 40°C gelagerten Prismen konnten durch röntgenographische Untersuchungen auf die Bildung kubischer Hydrogranate [$C_3(A, F)S_nH_{(6-2n)}$; $n = 0$–3] neben Gibbsit ($Al(OH)_3$) an Stelle von CAH_{10} und C_2AH_8 zurückgeführt werden.
In einer weiteren Versuchsreihe wurden im Rahmen dieser Untersuchungen an bei 10, 20 und 40°C gelagerten Tonerdezementmörtelprismen Dämpfungsmessungen durchgeführt. In Abb. 45 wurden die Meßwerte über der Lagerungsdauer aufgetragen.
Eine Zusammenstellung der gemessenen Eigenfrequenzen und Dämpfungswerte gibt Tab. 27, in der zusätzlich die Prozentzahlen mit aufgeführt und dabei die an den 2 Tagen alten Prüfkörpern gemessenen Werte für f_0 und ϑ gleich 100% gesetzt wurden.
a) Der in Wasser von 10°C gelagerte Prüfkörper zeigt eine deutliche Zunahme der Eigenfrequenz f_0. Dies ist gleichbedeutend mit einer Steigerung der Mörtelfestigkeit bei zunehmender Wasserlagerungsdauer. Die Eigenfrequenz beträgt nach 2 Tagen 13 120 Hz und erreicht nach 50 Tagen einen Wert von 13 990 Hz. Das logarithmische Dekrement ϑ nimmt in gleichem Zeitraum von 0,0276 auf 0,0168 ab.
b) Die Wassertemperatur von 20°C führt zu einem stärkeren Anstieg der Eigenfrequenz und damit auch der Mörtelfestigkeit.

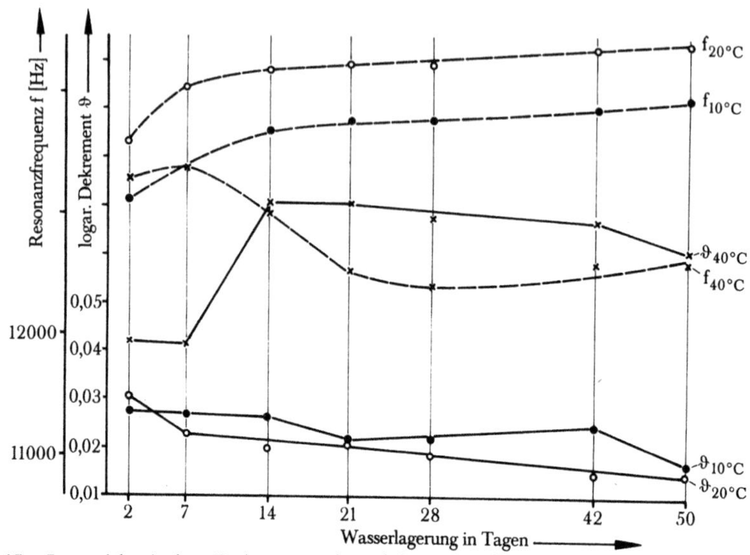

Abb. 45 Logarithmisches Dekrement ϑ und Resonanzfrequenz f_0 in Abhängigkeit von der Wasserlagerung bei 10, 20 und 40° C (Tonerdezementmörtelprismen)

Die höheren Resonanzfrequenzwerte gegenüber der 10° C-Lagerung zeigen deutlich die Beziehung zwischen Lagerungstemperatur und Festigkeitsentwicklung. Die Eigenfrequenz erhöht sich innerhalb des gleichen Zeitraumes von 13 600 auf 14 430 Hz. Das logarithmische Dekrement sinkt von 0,0306 auf 0,0150 ab.

c) Die bei 40° C gelagerte Probe zeigt dagegen ein Abfallen der Eigenfrequenz bzw. eine deutliche Zunahme der Dämpfung. Während f_0 nach 7 Tagen mit 13 400 Hz seinen größten Wert erreicht, wurde für ϑ am gleichen Tag mit 0,0412 der niedrigste Wert gemessen. Nach 28 Tagen hat die Eigenfrequenz mit 12 410 Hz ihren kleinsten Wert erreicht. Die größte Dämpfung mit 0,071 wurde an der 14 Tage alten Probe gemessen. Diese Ergebnisse lassen darauf schließen, daß die stärksten Hydratumwandlungen nach 7 Tagen Wasserlagerung einsetzten, und daß nach rd. 28 Tagen das Ansteigen der Resonanzfrequenz bzw. die Abnahme der Dämpfung eine langsame Festigkeitszunahme erkennen lassen.

8.5. Zusammenfassung

Unter Berücksichtigung dieser an einer geringen Prüfkörperzahl ermittelten Ergebnisse kann festgestellt werden:

1. Mit Hilfe der Resonanzfrequenz ist es möglich, die Dämpfung von Mörtelprismen zu bestimmen. Die Dämpfung ist ein Ausdruck für die innere Reibung, unter der man den Widerstand versteht, den die schwingungsfähigen Teilchen der Bewegung entgegensetzen. Mit zunehmenden Bindungskräften zwischen den

Tab. 27 Zusammenstellung der Werte für die Eigenfrequenz und das logarithmische Dekrement von TZ-Mörtelprismen bei Wasserlagerungstemperaturen von 10, 20 und 40° C in Abhängigkeit von der Zeit

Alter (Tage)	Wasserlagerung bei 10° C				Wasserlagerung bei 20° C				Wasserlagerung bei 40° C			
	Eigenfrequenz f_0		Logarithmisches Dekrement		Eigenfrequenz f_0		Logarithmisches Dekrement		Eigenfrequenz f_0		Logarithmisches Dekrement	
	Hz	%	$\vartheta = 1{,}81 \frac{\Delta_2 f}{f_0}$	%	Hz	%	$\vartheta = 1{,}81 \frac{\Delta_2 f}{f_0}$	%	Hz	%	$\vartheta = 1{,}81 \frac{\Delta_2 f}{f_0}$	%
2	13 120	100	0,0276	100	13 600	100	0,0306	100	13 290	100	0,0422	100
7	13 405	102	0,0270	98	14 060	103	0,0232	76	13 400	101	0,0412	98
14	13 700	104	0,0264	96	14 200	104	0,0203	66	13 000	98	0,0710	168
21	13 790	105	0,0223	81	14 250	105	0,0216	70	12 530	95	0,0708	168
28	13 790	105	0,0223	81	14 250	105	0,0191	62	12 410	94	0,0683	162
42	13 880	106	0,0248	90	14 400	106	0,0151	49	12 600	95	0,0675	160
50	13 990	107	0,0168	61	14 430	106	0,0150	49	12 610	95	0,0610	145

Teilchen geht die innere Reibung, d. h. die Dämpfung, ausgedrückt durch ϑ u. d., zurück, während die Festigkeiten, ausgedrückt durch die Resonanzfrequenz, zunehmen.

2. Als Maß für die Dämpfung dienten das logarithmische Dekrement ϑ und der Verlustfaktor d.
Wie auch aus der Abb. 42 hervorgeht, kommt die Dämpfung im logarithmischen Dekrement besser zum Ausdruck als im Verlustfaktor, weil die Ermittlung von f_1 und f_2 genauer ist als die von f_1' und f_2'.

3. Mit zunehmender Prismenwasserlagerung nimmt die Dämpfung der Portlandzement-, Hochofenzement- und Tonerdezementmörtel ab, d. h. die Festigkeiten steigen an.

4. Die in Na_2SO_4- und $MgSO_4$-Lösungen gelagerten Portlandzement- und Hochofenzementmörtelprismen zeigten in fast allen Fällen eine Zunahme der Dämpfung, die auf das Entstehen neuer Verbindungen zurückgeführt wird. Dabei lösen die Hydratneubildungen durch Treibwirkung die bei der Wasserlagerung entstandenen Bindungskräfte auf (Ettringit, Gips), wobei zusätzlich bei $MgSO_4$-Angriff Poren und Hohlräume mit $Mg(OH)_2$ gefüllt werden, dessen Einfluß auf die meßbaren Festigkeiten nicht bekannt ist.

5. Im Wasserbad von 10 bzw. 20°C gelagerte Tonerdezementmörtel zeigen über die Meßdauer von 50 Tagen eine Zunahme der Resonanzfrequenz (Festigkeit) sowie eine Abnahme des logarithmischen Dekrements (Dämpfung).

6. Bei 40°C gelagerten Tonerdezementmörtelprismen treten dagegen Hydratumwandlungen auf, die mit Hilfe der Dämpfungsmessung verfolgt werden konnten. Hier wurde eine Abnahme der Resonanzfrequenz (Festigkeit) sowie eine Zunahme des logarithmischen Dekrements (Dämpfung) beobachtet.

7. Die Zunahme der Dämpfung ist also stets mit einer Abnahme der Eigenfrequenz verbunden und umgekehrt.

9. Zusammenfassung der Ergebnisse

1. Es wurden die Bestimmungsgleichungen für die sich aus der Resonanz der Biege- und Längsschwingung ergebenden dynamischen E-Moduln abgeleitet und die der jeweiligen Anregungsart entsprechenden Korrekturfaktoren bestimmt. Da bei den Messungen die Auflage der Prüfkörper in den Knotenpunkten der Grundschwingung erfolgen sollte (transversale Anregung), wurde nachgewiesen, daß der Abstand der Auflager vom Prismenende dann $0{,}224 \cdot l$ bzw. $0{,}776 \cdot l$ beträgt (l = Länge des Prismas).

2. Die Bestimmung des dynamischen E-Moduls an Mörtelprismen der Abmessung $4 \times 4 \times 16$ und $5 \times 5 \times 25$ cm³ erfolgte nach der Resonanzmethode. Die nach dem Baukastenprinzip zusammengesetzte Apparatur besteht aus Frequenzgenerator, Röhrenvoltmeter, Kathodenstrahloszillograph, Elektronenschalter sowie aus Schwingungsgeber und Schwingungsnehmer. Die Bestimmung der Resonanzfrequenz erfolgte sowohl bei longitudinaler als auch bei transversaler Anregung.

3. Eine lineare Abhängigkeit zwischen der Druckfestigkeit der wassergelagerten Mörtelprismen ($4 \times 4 \times 16$ cm³) und der 4. Potenz der Resonanzfrequenz konnte mit Hilfe der von L'Hermite [59] beschriebenen und an Betonkörpern gefundenen Beziehung $E = K \cdot \sqrt{\beta_D}$ sowie der bekannten Bestimmungsformeln für den dynamischen E-Modul abgeleitet werden.

4. Von den nach DIN 1164 und Rilem-Cem hergestellten wassergelagerten Portlandzement-, Eisenportlandzement- und Hochofenzementmörtelprismen wurden die 4. Potenzen der gemessenen Resonanzfrequenzen über der anschließend ermittelten Druckfestigkeit aufgetragen. Aus den Koordinaten der einzelnen Meßpunkte wurden die Bestgeraden errechnet und eingezeichnet. Zur Charakterisierung der den einzelnen Zementmörteln entsprechenden Bestgeraden wurde deren Anstieg m, ausgedrückt in

$$\frac{\text{Hz}^4}{100\ \text{kp/cm}^2\ \text{Druckfestigkeit}},$$

herangezogen.

5. Die Abhängigkeit zwischen dem Hüttensandgehalt des Zementes und dem Anstieg der Bestgeraden konnte nachgewiesen werden. Mit zunehmendem Hüttensandanteil nimmt die Steigung der Geraden zu. So betrugen die Anstiegswerte bei longitudinaler Anregung für nach Rilem-Cem eingeschlagene Portlandzementmörtel 3,14, für Hochofenzementmörtel 3,95 und für hüttensandreiche Hochofenzementmörtel 4,65 $\frac{10^{15} \cdot \text{Hz}^4}{100\ \text{kp/cm}^2}$. Mit Hilfe von Eichkurven kann aus der

Resonanzfrequenz die annähernde Klinker-Hüttensand-Zusammensetzung im Mörtelprisma bei Kenntnis des Prüfkörperalters abgeschätzt werden.

Durch Zusatz von Molererde an Stelle des Hüttensandes nahm der Anstieg der Bestgeraden ab. Bei longitudinaler Anregung betrugen die Anstiegswerte für nach RILEM-CEM hergestellte Mörtelprismen ohne Molererde 5,7, mit 5% Molererde 4,0, mit 10% Molererdezusatz 3,8 sowie bei Zugabe von 15% Molererde $2{,}8 \frac{10^{15} \cdot Hz^4}{100\ kp/cm^2}$.

Die Ergebnisse haben gezeigt, daß sich für Mörtel gleicher Druckfestigkeit bei wechselnder Zusammensetzung des Bindemittels unterschiedliche E-Moduln erzielen lassen. Unter Berücksichtigung der Beziehung $\sigma_D = \varepsilon \cdot E$ ist festzustellen, daß ein Portlandzementmörtel elastischer ist als ein hüttensandreicher Hochofenzementmörtel. Durch Ersatz eines Teiles der Hochofenschlacke durch Molererde nimmt die Verformbarkeit $\varepsilon = \frac{\Delta l}{l}$ des erhärteten Mörtels wieder zu.

6. Es wurde nachgewiesen, daß die Streuung der Meßwerte in Richtung der Ordinate (f^4) der Gaußschen Verteilung entspricht. Dadurch war es möglich, aus den Koordinaten der Meßpunkte den Verlauf der Streugeraden zu berechnen und dieselben einzuzeichnen. Aus den Abweichungen der Streugeraden von der Bestgeraden – in Richtung der Abszisse – konnten für die einzelnen Festigkeitsbereiche von 100, 200, 300, 400, 500, 600 und 700 kp/cm² die relativen Fehler bei der Druckfestigkeitsermittlung angegeben werden.

Aus Eichkurven kann mit Hilfe der gemessenen Resonanzfrequenz bzw. ihrer 4. Potenz die entsprechende Druckfestigkeit des Mörtelprismas ermittelt werden. Bei nach DIN 1164 hergestellten Portlandzementmörtelprismen (n = 135) wurden in den einzelnen Druckfestigkeitsbereichen auf Grund der vorliegenden Ergebnisse folgende relative Fehlern ermittelt: In den Bereichen von 200 kp/cm² $\pm 8\%$, von 500 kp/cm² $\pm 3{,}3\%$ und von 700 kp/cm² $\pm 2{,}8\%$.

Die Streuungen der Meßpunkte sind bei den Mörtelprismen am größten, in denen das HÜS-Klinker-Verhältnis des Normenzementes innerhalb eines großen Bereichs schwanken kann (Hochofenzement), da damit ein unterschiedlicher Gehalt an Restklinker bzw. den einzelnen Hydratphasen verbunden ist.

Bei den untersuchten hüttensandreichen Mörtelmischungen mit Hüttensandgehalten um ca. 75% war dagegen die Streuung relativ gering.

Die relativen Fehler der ermittelten Druckfestigkeiten mit Hilfe der Resonanzfrequenz bei transversaler Anregung sind größer als bei Verwendung der Resonanzfrequenz bei longitudinaler Anregung. Die nach DIN 1164 hergestellten Prüfkörper zeigen eine geringere Streuung als die Prismen nach RILEM-CEM, was mit der relativ größeren Inhomogenität der geschockten Prüfkörper erklärt wird.

7. Die Beziehung zwischen der 4. Potenz der Resonanzfrequenz und der Biegezugfestigkeit ist nicht über den ganzen Festigkeitsbereich linear. Im Bereich hoher Biegezugfestigkeiten nimmt die 4. Potenz der Resonanzfrequenz stärker zu.

Unter Zugrundelegung der linearen Abhängigkeit zwischen f^4 und β_D und der bekannten Tatsache, daß im höheren Festigkeitsbereich die Druckfestigkeit stärker zunimmt als die Biegezugfestigkeit, ist eine lineare Abhängigkeit zwischen f^4 und β_{BZ} auch nicht zu erwarten.

8. Die aus den Resonanzfrequenzen bei longitudinaler und transversaler Anregung errechneten E-Moduli zeigen eine gute Übereinstimmung. Die relativen Abweichungen

$$\frac{E_{\text{transv.}} - E_{\text{longit.}}}{E_{\text{longit.}}}$$

betragen 0–6%, wobei überwiegend Werte unter 3% errechnet wurden.

9. Die angestellten Fehlerbetrachtungen ergaben, daß bei Berücksichtigung aller Fehler, die in die E-Modul-Messung eingehen, unter Zugrundelegung von 50 Einzelmessungen mit folgenden quadratischen Fehlern zu rechnen ist:

a) transversale Anregung: $\pm$3,5% (4×4×16-cm-Prismen)
b) longitudinale Anregung: $\pm$2,3% (4×4×16-cm-Prismen)
c) transversale Anregung: $\pm$4,0% (5×5×25-cm-Prismen)

Den hier durchgeführten Berechnungen des E-Moduls aus der Resonanzfrequenz bei transversaler Anregung liegt eine Poisson-Konstante von $\mu = 1/6$ zu Grunde. Unter extremen Verhältnissen ($\mu = 0{,}1$ bzw. $\mu = 0{,}25$) ist mit folgenden zusätzlichen Fehlern zu rechnen:

a) $\pm$0,7% bei 4×4×16-cm-Prismen
b) $\pm$1,0% bei 5×5×25-cm-Prismen

Bei den vorliegenden Untersuchungen wurden die Resonanzfrequenzen für nur eine Auflageseite ermittelt. Der dadurch entstehende Fehler am E-Modul liegt innerhalb des Streubereichs. Die mittleren quadratischen Streuungen bei Messung an jeweils vier Prüfkörpern betragen für 4×4×16-cm-Prismen bei longitudinaler Anregung $\pm$0,08 bis $\pm$0,19%, bei transversaler Anregung $\pm$0,64 bis $\pm$1,64% bzw. für 5×5×25-cm-Prismen bei transversaler Anregung $\pm$1,27 bis $\pm$4,65%.
Ein Einfluß der Austrocknung auf die Bestimmung der Resonanzfrequenz wurde nur bei 4×4×16-cm-Prismen nach 4 Stunden Dauer festgestellt.
Mit steigenden Prüfkörpertemperaturen nehmen die Resonanzfrequenzen im Bereich von 0 bis +40°C bei trocken- und naßgelagerten Prismen um ca. 2,5% bezogen auf den 20°C-Wert, ab.

10. Es wurden Dämpfungsmessungen an in Wasser und in aggressiven Sulfatlösungen gelagerten Mörtelprismen durchgeführt. Als Maß für die Dämpfung dienten das logarithmische Dekrement ϑ und der Verlustfaktor d.
Mit zunehmender Wasserlagerungsdauer bei 20°C nimmt die Dämpfung der Portlandzement- und Hochofenzementmörtelprismen bei gleichzeitiger Zunahme der Resonanzfrequenz (Festigkeit) ab.
Bei Lagerung in sulfatischen Lösungen wurde eine Zunahme der Dämpfung gemessen, die auf das Entstehen neuer Verbindungen wie Gips, Ettringit und Brucit

zurückgeführt wird, wobei die Ettringit- und Gipsbildung mit einer Volumenreaktion verbunden ist, die das Mörtelgefüge durch Treibwirkung auflockert und zerstört.

Dämpfungsmessungen an in Wasser von unterschiedlicher Temperatur gelagerten Tonerdezementmörtelprismen zeigten mit zunehmender Wasserlagerungsdauer bei 10 und 20°C Prüftemperatur eine Abnahme der Dämpfung bei gleichzeitiger Zunahme der Resonanzfrequenz (Festigkeit).

Dagegen wurde an dem bei 40°C gelagerten Mörtel eine Zunahme der Dämpfung bei gleichzeitiger Abnahme der Resonanzfrequenz (Festigkeit) beobachtet. Diese Verringerung der Resonanzfrequenz und damit der Festigkeit ist auf die unter Volumenverringerung vor sich gehende Umwandlung von CAH_{10} und C_2AH_8 in $C_3(A, F)S_nH_{(6-2n)}$ (Hydrogranat; $n = 0$–3) und $Al(OH)_3$ zurückzuführen.

10. Literaturverzeichnis

[1] RAYLEIGH, J. W., Theorie of sound. Dover Press, New York, N. Y., 2nd ed. (1945).

[2] BACH, C. V., Versuche über die Elastizität von Beton. ZVDI (1895), 489.

[3] HUMMEL, A., Beeinflussung der Beton-Elastizität. Zement 46 (1935), 665–669 und 684–689.

[4] EISENMANN, V., Das elastische Verhalten von Beton. ZVDI 1937, 541–543.

[5] POWERS, T. C., Measuring Young's modulus of elast. by means of sonic vibration. ASTM, Proc. of the 41st anual meeting, Vol. 38 (1938), 460.

[6] OBERT, L., Sonic method of determining the modulus of elast. of building materials under pressure. ASTM, Proc. of the 42nd annal meeting, Vol. 39, 1939, 987.

[7] MEYER, E., und BUCHMANN, Über einfache Werkstoffprüfungen mit magnetostriktiven Ultraschallgeräten. Akust. Z. Bd. 3 (1938), 132.

[8] MEYER, E., und E. BOCK, Hörschall- und Ultraschalluntersuchungen von Betonbalken mit Rissen. Akust. Z. Bd. 4 (1939), 231–237.

[9] HORNIBROOK, R. B., Application of sonic method to freezing and thawing studies of concrete. Bull. Amer. Soc. Test. Mat. Nr. 101 (1939), 5–8.

[10] HORNIBROOK, F. B., Comparison of dynamical with other measurements of mortar bars exposed to sulfate solutions. Bull. Amer. Soc. Test. Mat. Nr. 113 (1941), 25 bis 27.

[11] WILLIS, T. F., M. E. DE REUS, Measuring changes in physical properties of concrete by the dynamic method.
THOMSON, W. T., Measuring changes in physical properties of concrete by the dynamic method. Proc. Amer. Soc. Test. Mat., Vol. 40 (1940), 1113 und 1123.

[12] OBERT, L., und DUVALL, Discussion of dynamic methods of testing concrete with suggestions for standardization. Proc. Amer. Soc. Test. Mat. Bd. 41 (1941) 1053.

[13] LONG, B. G., und H. J. KURTZ, Effect of curing methods upon the durability of concrete as measured by changes in the dynamic modulus of elasticity. Proc. Amer. Soc. Test. Mater. Bd. 43 (1943), 1051.

[14] LONG, B. G., H. J. KURTZ und T. A. SANDENOW, An instrument and technique for field determination of the modulus of elasticity of concrete (pavements). Proc. Am. Concrete Inst. Vol. 41 (1945), 217.

[15] WEST, H. H., Determination of Young's modulus of elasticity for concrete by a velocity method. Measurements of vibration wave velocities through concrete structures. U. S. Bureau of Reclamation Materials Laboratories Report No. C-322, Sept. 19 (1946), No. C-468, Nov. 10 (1949).

[16] WALKER, ST., Resistance of concrete to freezing and thawing as affected by aggregates. Proc. Conf. Plans for Post-War Highways Circ. 26 (1944).

[17] JONES, R., A non-destructive method of testing concrete during hardening. Concrete and Constructional Engineering, Vol. 44, Nr. 4, S. 127 (1949).

[18] LESLIE, J. R., und W. J. CHEESMAN, An ultrasonic method of studying deterioration and cracking in concrete structures. Proc. Am. Concr. Inst., Vol. 46 (1950), 17.

[19] Cheesman, W. J., Dynamic testing of concrete with the soniscope apparatus. Proc. Highway Research Board, Vol. 29 (1949), 176. Soniscope studies of concrete during setting period. Hydro Research News, Vol. 3, Nr. 3, July–September (1951), 8.

[20] Dahl, L. A., Cement performance in concrete exposed to sulfate soils. Proc. Amer. Concrete Inst. 46 (1950), S. 257–272.

[21] Whitehurst, E. A., Soniscope tests concrete structures. Proc. Am. Concr. Inst. Vol. 47 (1951), 433. Use of the soniscope for measuring setting time of concrete, Proc. Am. Soc. Test. Mat. Vol. 51 (1951), 1166.

[22] L'Hermite, R., La résistance du béton et sa mesure. Annales de l'Institut Technique du Bâtiment et des Travaux Publics, Nr. 5 (1949), Nr. 12 (1950).

[23] Arndt, A. J., Dynamic testing of concrete with the soniscope apparatus. By W. J. Cheesman, Proc. Highway Board, Vol. 29 (1949), 181.

[24] Anderson, J., und P. Nerenst, Wave velocity in concrete. Journ. Am. Concrete Inst. Vol. 23, Nr. 8 (1952).

[25] Meyer, R. C., Dynamic testing of concrete pavements with the soniscope. Proc. Highway Research Board, Vol. 31 (1952), 234–245.

[26] Parker, W. E., Pulse velocity testing of concrete. Proc. Am. Soc. Test. Mat. Vol. 53 (1953), 1033–1042.

[27] Batchelder, G. M., und D. M. Lewis, Comparison of dynamic methods of testing concretes subjected to freezing and thawing. Proc. Amer. Soc. Test. Mater. Bd. 52 (1953), S. 1053.

[28] Steinkamp, G., Untersuchung von Rissen in Beton mit Hilfe von Ultraschallwellen. Dissertation 1953, TH Braunschweig.

[29] Wesche, K. H., Betonprüfung mit Hilfe von Unterschall. Beton und Stahlbeton 48 (1953), H. 5, S. 116–119.

[30] Rilem-Bulletin, Kolloquium über zerstörungsfreie Prüfung von Beton. Heft 19.

[31] Ardevol, J. M., Messung des *E*-Moduls durch Vibrationsmethode. Ihre Anwendung zur Kontrolle von Betonbauten und im Prüfungslaboratorium. Cemento-Hormigon 22 (1954).

[32] Challier, M. J., L'auscultation dynamique du béton. Annales des ponts et chaussées 124 (1954), Nr. 6.

[33] Elvery, Coloque sur l'essai non destructif au béton. Rilem-Bulletin 1955, Nr. 22.

[34] Phillco, R. E., Comparisons of resultats of three methods for determining Young's modulus of elasticity of concrete. Proc. Am. Concrete Inst. 1955.

[35] Wesche, K., Möglichkeiten für die Anwendung von Ultraschall bei der Baustoffprüfung. Betontechnik 1955, 151.

[36] Dawance, G., und M. J., Chefdeville, Schallmessung an Beton. Schw. Archiv f. angew. Wissenschaft und Technik, Heft 7 und 10 (1955).

[37] Stutterheim, N., J. Lochner und J. Burger, A method for determining the dynamic Young's modulus of concrete specimens developed for corrosion studies. Mag. of Concrete Research, Vol. 6, Nr. 16, June 1954.

[38] Evans, D. N., R. L. Blaine und P. Worksman, Comparison of chemical resistance of supersulfate and special purpose cements. Chemistry of Cement. Proc. of the Fourth International Symposium Washington 1960.

[39] van Aardt, J. H. P., Deterioration of cement products in aggressive media. Chemistry of Cement. Proc. of the Fourth International Symposium Washington 1960, Vol. II, S. 835. Säureangriff auf Beton bei kalkhaltigen Zuschlagstoffen. ZKG 1961, S. 440.

[40] Walz, K., und G. Weil, Feststellungen über den Einfluß luftporenbildender Zusatzmittel auf die Festigkeit und die dynamische Elastizitätszahl von Beton bei Frostwechseln. Bauingenieur, Bd. 30 (1955), H. 1, S. 15.
[41] Fritsch, J., und H. Kottas, Anwendung von Ultraschallmessungen in der österreichischen Betontechnik. Z. d. Österr. Ing.- und Arch.-Vereins, Heft 1/2 (1956), 7–11.
[42] Vinkeloe, R., Prüfverfahren zur Ermittlung des dynamischen E-Moduls an Betonprismen. Tonindustrie 1962, Nr. 10, S. 272–276.
[43] Keler, E. K., und S. I. Wesselowa, Bestimmung des E-Moduls in ff. Materialien nach der Schallmethode. Feuerfeste Mat. 21 (1956), 21–32.
[44] Schwiete, H. E., Beitrag zur Entwicklung von Methoden für die Prüfung ff. Baustoffe auf Temperaturwechselbeständigkeit. VII. Intern. Keram. Kongreß Kopenhagen 1962, 193–203.
[45] Catharin, P., Die zerstörungsfreie Prüfung der Druckfestigkeit an Normenprismen. ZKG 9 (1961), 370, ZKG 3 (1963), 81.
[46] Ciganek, M., Prüfung großer Bauwerke bzw. Bauteile mittels Ultraschall. Zement und Beton, 27 (1963).
[47] Richter, H., und M. Wist, Die zerstörungsfreie Prüfung von Steinzeugrohren über Resonanzschwingungsmessung mit niederfrequenten mechanischen Wellen. Berichte der DKG, Bd. 40 (1963), H. 12, S. 650.
[48] Jahnke-Emde, Funktionstafeln, 1. Aufl., S. 3, 2. Aufl., S. 31.
[49] Timoschenko, Phil. Mag. 43, 1922.
[50] Goens, E., Ann. d. Phys., Bd. 11, 1931, S. 664.
[51] Föppl, A., Vorlesung über Techn. Mechanik III 1897. Vgl. Goens, Ann. d. Physik 11 (1931), S. 654.
[52] Goens, E., s. Kohlrausch, Prakt. Physik, Bd. 1, S. 164–166.
[53] van Santen, G., Mechanische Schwingungen. Philips Techn. Bibliothek 1954.
[54] Pohl, E., Prüfung von Beton mit nieder- und hochfrequenten mechanischen Schwingungen. Wissenschaftl. Zeitschr. d. Hochschule für Bauwesen Leipzig, 1962, H. 1.
[55] Schwiete, H. E., U. Ludwig und P. Otto, Der Einfluß von Molererde auf die technologischen Eigenschaften von klinkerarmen Hochofenzementen (Teil I). Forschungsbericht des Landes NRW, Westdeutscher Verlag, Köln–Opladen Nr. 1550.
[56] Catharin, P., Die Prüfung der Zementfestigkeit mit Hilfe des dyn. E-Moduls. Zement und Beton, H. 27 (1963), 17–22.
[57] Pikett, G., Equations for Computing elastic Constants from flexural and torsional resonant frequencies of vibration of prisms and cylinders. Amer. Soc. for Test. Mater. Proc. Volume 45 (1945).
[58] L'Hermite, R., Méthode d'auscultation des ouvrages en béton armé par détermination de la vitesse du son. Mémoires de la Société des Ingénieurs Civils de France, Heft 7 und 8 (1951).
[59] Roschdjestwenskij, S. S., Untersuchung von Baustoffen nach der Resonanzmethode. Straßen- und Tiefbau 15 (1961), 1048/49.
[60] Pondmarew, J. F., und S. S. Roschdjestwenskij, Untersuchung von Strukturänderungen des hydratisierten Zementes nach der Resonanzmethode. Zement 27 (1961), H. 5, S. 18–21.
[61] Depelsenaire, Auscultation vibratoire des bétons. Travaux 38 (1954), H. 24a, S. 753–762.

[62] Ghosh, R. K., Innere Reibung als eine physikalische Kenngröße in der Betontechnologie – Straße und Autobahn. (1961), H. 4, S. 87–90.
[63] Schwiete, H. E., U. Ludwig und P. Müller, Untersuchungen an Kalziumaluminathydraten. Betonsteinzeitung, Heft 3 (1966), S. 141–149, Heft 4 (1966), S. 238–243.

II. Teil

Der Einfluß der Porosität auf die Aggressivbeständigkeit von Zementmörtelprismen

Inhalt

1. Allgemeines zur Aggressivbeständigkeit

1.1. Einfluß von Zementart und Dichtigkeit

Die Aggressivbeständigkeit im allgemeinen und die Sulfatbeständigkeit eines Betons oder Mörtels im besonderen hängen neben der Art des Zementes von der Dichtigkeit (Gesamtporosität), besonders aber von der offenen Porosität des Baukörpers ab.
Deshalb sollte bei der Beurteilung der Aggressivbeständigkeit zwischen der Aggressivbeständigkeit des Zementes sowie der des Mörtels oder Betons unterschieden werden.
So kann der auf Grund seiner chemischen und mineralogischen Zusammensetzung gegenüber sulfatischen Wässern weniger geeignete Zement noch erfolgreich verwendet werden, wenn es gelingt, aus Bindemittel und Zuschlagstoffen einen dichten Beton herzustellen.
Andererseits werden die Erwartungen hinsichtlich der Sulfatbeständigkeit von Mörtel und Beton dann nicht erfüllt, wenn es trotz Verwendung von Zementen mit erhöhter Sulfatbeständigkeit nicht gelingt, einen nicht ausreichend dichten Prüf- oder Baukörper herzustellen.
Es ist deshalb zu empfehlen, bei Sulfatbeständigkeitsuntersuchungen an Mörtel- oder Betonprüfkörpern deren Dichtigkeit (offene Porosität) zu Beginn der Aggressivlagerung zahlenmäßig zu erfassen, damit ein Vergleichen von Untersuchungsergebnissen möglich ist.

Zu den Zementen mit erhöhter Sulfatbeständigkeit zählen

1. der Sulfathüttenzement,
2. hüttensandreiche Hochofenzemente,
3. Portlandzemente mit geringem bzw. keinem C_3A-Gehalt,
4. Tonerdezemente.

Bei den Hochofenzementen muß ein geeigneter Hüttensand ausgewählt werden, da es sonst ebenfalls zu Zerstörungen durch aggressive Sulfatlösungen kommen kann. Ein solcher Hüttensand muß vor allem einen hohen Glasanteil besitzen, da dieser ihn bei entsprechender Mahlfeinheit in die Lage versetzt, möglichst schnell mit dem Klinker zu reagieren.
Da mit fortschreitender Hydratation die Gesamtporosität des Zementsteins abnimmt, ist es erforderlich, diese Erhöhung der Zementsteindichtigkeit in möglichst kurzer Zeit zu erreichen. Dies ist besonders dann wichtig, wenn Mörtelprismen verschiedener Zemente nach einer gleichen Wasservorlagerungszeit in die aggressive Lösung eingelagert werden, und aus dem Festigkeitsverhalten der

Prüfkörper Rückschlüsse auf den sogenannten Sulfatwiderstand des Zementes gezogen werden. Bei klinkerreichen Hochofenzementen muß darauf geachtet werden, daß der C_3A-Gehalt des Klinkers möglichst gering ist. Auch sollte der Al_2O_3-Anteil des Hüttensandes nicht zu hoch liegen, da dieser im vorhandenen hohen pH-Bereich unter Treibwirkung zur Ettringitbildung führt. Die Sulfatbeständigkeit von Portlandzementen wird überwiegend durch den Anteil an Trikalziumaluminat herabgesetzt. Dies wird in der amerikanischen ASTM-Norm C 150-56 dadurch berücksichtigt, daß der C_3A-Gehalt von Zementen mittlerer Sulfatbeständigkeit den Wert von 8% und bei Zementen mit hoher Sulfatbeständigkeit den Wert von 5% nicht überschreiten darf. Bei der Bestimmung des C_3A-Gehaltes nach BOGUE muß darauf hingewiesen werden, daß die theoretischen Voraussetzungen hierzu im technischen Klinker nicht erfüllt sind und die erhaltene »potentielle Zusammensetzung« den wahren Verhältnissen nicht gerecht wird [1]. Besser ist die Bestimmung des C_3A-Gehaltes röntgenographisch mit Hilfe des Counting-Rate-Computers oder mit Hilfe mikroskopischer Untersuchungsverfahren [2].

Die Kalziumsilikate sind gegenüber Sulfatangriff am wenigsten empfindlich. Von den beiden im Portlandzementklinker auftretenden Kalziumsilikaten wird das C_3S schneller angegriffen als das C_2S, doch ist die höhere Anfangsfestigkeit der C_3S-reichen Zemente vorteilhaft.

Bei den klinkerarmen Hochofenzementen und den Sulfathüttenzementen wirkt sich der geringe Kalkgehalt dieser Zemente auf die Sulfatbeständigkeit günstig aus, da hier ein Ettringittreiben wegen der niedrigeren pH-Werte nicht zu erwarten ist. Das gilt auch für den Tonerdezement, über dessen gute Sulfatbeständigkeit, besonders gegenüber Meerwasser, wiederholt berichtet worden ist [3, 4].

Die Mörtel- und Betonkörper besitzen ein um so dichteres Gefüge, je länger sie unter Feuchthaltung erhärten konnten, da ein Austrocknen des Zementsteins zur Bildung von größeren Kapillarporen führt, deren Durchmesser bei rd. 0,1 μm liegt. Auch können erhöhte W/Z-Faktoren von über 0,65 zur Erzielung einer besseren Verarbeitbarkeit des Betons zur Ausbildung von Kapillarporen führen, die auch nach längerer Erhärtungszeit noch miteinander verbunden sind und einen durchlässigen Zementstein ergeben [5].

Neben einer sorgfältigen Nachbehandlung ist die Dichtigkeit eines Mörtels oder Betons also vor allem durch einen möglichst niedrigen W/Z-Faktor sowie durch eine gute Verdichtung zu erzielen. Zur vollständigen Hydration benötigt ein Portlandzement rd. 40 Gew.-% Wasser, doch wird während der Erhärtungszeit nur die einem W/Z-Faktor von rd. 0,25 entsprechende Wassermenge chemisch gebunden. Die restlichen Wassermengen werden durch Adsorption physikalisch gebunden. Daß die Hydrationsprodukte des Zementes, das sogenannte Zementgel, trotz des großen Anteils an Gelporen nicht wasserdurchlässig sind, ist auf den äußerst geringen Durchmesser der Gelporen zurückzuführen. So wurden durch Adsorptionsmessungen nach BET die mittleren Gelporendurchmesser zu 10–50 Å bestimmt [6, 7]. Der Durchlässigkeitskoeffizient K (nach DARCY) von vollständig hydratisiertem Zementstein beträgt bei einem W/Z-Faktor von 0,4 nach POWERS [8] 10^{-12} cm/sec.

Tab. 1 Untersuchungsverfahren zur Bestimmung der Aggressivbeständigkeit [10]

Verfahren	Prüfkörper [cm]	Zuschlag	Zementanteil Mischungsverhältnis	W/Z	Vorlagerung [Tage]	Aggr. Medium	Lagerungsart	Prüfdauer	Beurteilung	Literatur
1. Betonprüfkörper 1.1. Feldversuch										
Portld. Cement Association	Würfel, Pfähle, Balken	verschieden	220, 300, 390 kg Zement je m^3	verschieden	n. b.	Aggr. Böden, künstl. herg. aggr. Lösungen	halbeingel. bzw. vollst. in aggr. Böden eingelagert	60 Jahre	Jährl. Beurteilung, Bewertung nach Augenschein	J. Americ. Concr. Inst., 1953 March, S. 601
Dtsch. Ausschuß für Stahlbeton	Würfel	Weserkiessand 0–30 mm	1:5, 1:4, 1:3	0,66, 0,56, 0,44	2	Seewasser	Im Seehafen (Durch Gezeiten teilw. Trockenleg.)	19 Jahre	Druckfestigkeit	ECKARD, A., W. KRONSBEIN, Dtsch. Aussch. f. Stahlb. 1950, H. 102
1. Betonprüfkörper 1.2. Laborversuche										
Ungarisches	Prismen 4×4×16	Donaukiessand max 7 mm	250 kg/m^3	0,8	7	Mg- und Na_2SO_4-Lösung a) 2 170 b) 12 290 c) 30 700 mg SO_3/l Lösung	In der Lösung	1 Jahr	Festigkeit	BICZOK, I., Betonkorrosion-Betonschutz. Verlag f. Bauw., Berlin (1960), S. 98
2. Zementmörtelprüfkörper 2.1. Mittlere Prüfkörpergröße										
Arbeitskreis »Sulfatbeständigkeit«	Prismen 4×4×16	NS	1:4	0,7	28	0,15 m $MgSO_4$-Lösung	In der Lösung	10 Monate	Relative Biegezugf. n. 9 Monat. Sulfatlagerung	Nicht veröffentlicht
Ausdehnung nach MILLER und SNYDER	Prismen	Ottawasand	1:5	n. b.	7	2%ige Na_2SO_4-Lösung	In der Lösung	35 Tage	Längenänderung	MILLER, D. G., und C. G. SNYDER, Proc. Amer. Soc. Test. Mat. 45 (1945), 165–194
Ausdehnung nach WOLOCHOW	Prismen 2,54×2,54×25,4	Ottawasand	1:4	n. b.	7	5%ige Na_2SO_4-Lösung	Senkrecht in der Lösung	35 Tage	Längenänderung	WOLOCHOW, D., Proc. Amer. Soc. Test. Mat. 45 (1952), 250–266
Ausdehnung ASTM C 452-60 T	Prismen	NS	1:2,75	0,53	1	Zement–Gips-Misch. SO_3 gesamt = 7,0%	In Wasser	—3 Monate	Längenänderung	Bull. Amer. Soc. Test. Mat. 213 (1956), 37–44
E-Modul-Messungen	5×5×25	n. b.	1:5	n. b.	n. b.	10%ige Sulfatlösung	In der Lösung	3 Monate	Änderung des *E*-Moduls	HORNIBROOK, F. B., Amer. Soc. Test. Mat. Bull. (1939), 12
Vorschlag 1. WITTEKINDT	Prismen 1×4×16	NS	1:3	0,6	7	0,15 molare Na_2SO_4-Lösung	Hochkant auf Fläche 1×16 cm^2 in der Lösung	Monate	Nach Augenschein Längenänderung	WITTEKINDT, W., ZKG 12 (1960), 571
2. DYCKERHOFF	Prismen 1×4×16	NS	1:3	0,6	21	n. b.	In der Lösung	Monate	Nach Augenschein Längenänderung	Nicht veröffentlicht
2. Zementmörtelprüfkörper 2.2. Kleinprüfkörper										
KOCH und STEINEGGER	Prismen 1×1×6	NS	1:3	0,6	21	10%ige $Na_2SO_4 \cdot 10\,H_2O$-Lösung	In der Lösung	77 Tage	Relative Biegezugfestigkeit	KOCH, A., H. STEINEGGER, ZKG 7 (1960), S. 317–324
GOST und CSN	Prismen 1×1×3	NS	1:3,5	n. b.	14 bzw. 28	0,2–10%ige $MgSO_4$-Lösung	In der Lösung	6 Monate	Relative Zugfestigkeit	GOST 4798-49 CSN 732-023
3. Suspensionen										
Flockenbildung nach PAUL	Wasser–Zement-Suspension	–	–	100	–	–	–	8 Tage	Löslichkeit	MILLER, D. G., und C. G. SNYDER, Proc. Amer. Soc. Test. Mat. 45 (1945), 165–194
Zuckerlöslichkeit nach MERRIMAN	Zuckerlösung–Zement-Suspension	–	–	ca. 6	–	–	–	3 h	Löslichkeit des C_3A	Rock Products 41 (1938), Jan., S. 86–88
Sulfatempfindlichkeit nach TAYLOR und BOGUE	Zement–Sand–Kalkwasser-Suspension	–	–	–	–	–	–	1–2 Tage	Gebund. SO_3 in % bezogen auf Gesamt-SO_3-Gehalt	TAYLOR, W. C., und R. H. BOGUE, J. Res. Nat. Bur. Stand. 45 (1950), 223
4. Weitere Verfahren										
nach ANSTETT	Zylinder $d = 8, b = 3$	–	hydr. Zement :Gips = 100:50	0,06	1	Gips	Auf feuchtem Filterpapier	28 Tage	Volumenänderung	BLONDIAU, L., Tonindustrie-Ztg. 59 (1935), 571–573
nach ANSTETT–LE CHATELIER	Le Chatelier-Ring	–	hydr. Zement :Gips = 100:50	Normensteife	1	Gips	In Wasser	28 Tage	Volumenänderung	LIEBER, W., und K. BLEHER, ZKG 7 (1960), 312
nach MERRIMAN	Platte 5–10	–	Purzement	0,43	2	10%ige Na_2SO_4-Lösung	Halbeingetaucht in die Lösung	28 Tage	Nach Augenschein	MILLER, D. G., und C. G. SNYDER, Proc. Amer. Soc. Test. Mat. 45 (1945), 165–194

– = entfällt n. b. = dem Verfasser nicht bekannt

Nach KAVCIC [9] steht die Aggressivbeständigkeit eines mageren Mörtels (240 bis 310 kg Zement/m³ Mörtel, W/Z = 0,72–0,93) in keiner direkten Beziehung zur Wasserundurchlässigkeit. So soll die Sulfatbeständigkeit eines mageren Mörtels mit zunehmender Wasserundurchlässigkeit abnehmen.
Nach Ansicht des Autors wird die Wasserdurchlässigkeit durch Gesteinsmehlzusätze verringert. Das Gesteinsmehl soll dabei die größeren Poren ausfüllen und diese durch kleine Poren ersetzen, was zu einer Vergrößerung der Oberfläche des Zementgels und bei Aggressivlagerung zu einer schnelleren Zerstörung führt.
Zu den Versuchsbedingungen muß gesagt werden, daß der Versuchszement einen C_3S-Gehalt von nur 42,5% besaß und auf Grund der Rückstände auf den nach DIN 4188 genormten Sieben 0,09 bzw. 0,06 von 13,9 bzw. 34,3% als grob anzusprechen ist. Es erscheint deshalb fraglich, ob die nur siebentägige Wasservorlagerung bei einer Temperatur von 11 bis 15°C ausreichte, um das zugeführte Feinstkorn mit den Hydratationsprodukten zu umhüllen und einzubinden. Das heißt, daß sich die Vergrößerung der Oberfläche durch Feinstzusätze dahingehend auswirken muß, daß der Zusammenhalt des Mörtelgefüges mit der erreichten Druckfestigkeit von ca. 100 kp/cm² nicht ausreicht, um einer beginnenden Aggressivlagerung zu widerstehen. Andererseits ist die Zementmenge zu gering, um die verbleibende Porosität zu vermindern.
Zusammenfassend ist festzustellen, daß die gemachten Beobachtungen keine Allgemeingültigkeit besitzen müssen, daß es vielmehr durchaus möglich sein könnte, mit einem feingemahlenen Zement von insbesondere höherem C_3S-Gehalt entgegengesetzte Ergebnisse zu erhalten.

1.1.1. Prüfmethoden zur Ermittlung der Sulfatbeständigkeit

Zur Beurteilung der Aggressivbeständigkeit werden sowohl Untersuchungen an Purzementen als auch an Mörteln oder Betonen durchgeführt.
Einen Überblick über die bekannten Verfahren geben SCHWIETE und LUDWIG [10] in Tab. 1, aus der auch die entsprechenden Literaturstellen zu entnehmen sind.
Bei den einzelnen Versuchsverfahren wird zwischen Prüfungen an Betonkörpern, an Mörtelprismen sowie an Zementsuspensionen unterschieden.
Die unter 4. angegebenen Untersuchungen werden an hydratisierten Purzementen durchgeführt. Die Dauer der verschiedenen erforderlichen Prüfzeiten liegt zwischen 3 Stunden und 60 Jahren.
Daraus ist zu ersehen, daß immer wieder neben den Langzeitversuchen Prüfverfahren entwickelt wurden, die nach kurzen Prüfzeiten bereits Aussagen über die Aggressivbeständigkeit der untersuchten Mörtel oder Zemente gestatten sollen.
Ein genormtes Verfahren besteht in Deutschland bisher noch nicht. Es werden sowohl Laborversuche an Mörtelprüfkörpern als auch Langzeitversuche an Betonprüfkörpern durchgeführt. Letztere werden vom Deutschen Ausschuß für Stahlbeton überwacht und durchgeführt und erstrecken sich über rd. 35 bzw. 10 Jahre [3, 11, 4].

Bei den Laboruntersuchungen an Mörtelprismen wurden vom Verein Deutscher Zementwerke Vergleichsuntersuchungen sowohl nach dem Heidelberger Kleinprismenverfahren als auch nach dem Flachprismenverfahren mit dem Ziel durchgeführt, die Reproduzierbarkeit dieser Verfahren zu überprüfen. Die Veröffentlichung dieser Ergebnisse steht noch aus.

Beide Schnellverfahren wurden auch bei Sulfatbeständigkeitsuntersuchungen an Mörtelprüfkörpern im Institut für Gesteinshüttenkunde verwandt. Während über die Ergebnisse mit Flachprismen an späterer Stelle berichtet wird, soll hier kurz auf Ergebnisse mit dem Kleinprismenverfahren eingegangen werden.

Das Kleinprismenverfahren wurde in Anlehnung an das Verfahren von KOCH und STEINEGGER [12] durchgeführt, wobei auf ein Nachtitrieren mit 2 *n* H_2SO_4 verzichtet wurde, da nach unserer Ansicht die Zemente mit unterschiedlicher Kalk- oder Alkaliabspaltung bei der Hydratation verschiedenen Sulfatkonzentrationen ausgesetzt werden.

Die Beurteilung erfolgte nach der relativen Biegezugfestigkeit, die dem Quotienten von Biegezugfestigkeit bei Sulfatlagerung bzw. Wasserlagerung (Nullprobe) entspricht.

Die Bindemittelzusammensetzung der mit abgestuftem Klinker–Hüttensand-Verhältnis hergestellten Kleinprismen ist der Tab. 2 zu entnehmen.

Die chemischen Analysen des Hüttensandes (HÜS I) sowie des Klinkers (Klinker B) enthält Tab. 3. Der Hüttensand ist trocken granuliert worden, sein Glasanteil beträgt rd. 50%. Der nach BOGUE berechnete C_3A-Gehalt des Klinkers liegt bei 10%.

Die mit jeweils 7% Anhydrit auf eine Mahlfeinheit von rd. 3500 cm^2/g (Blaine) gemahlenen Klinker- und Hüttensandanteile wurden in den angegebenen Gewichtsverhältnissen bereits trocken vorgemischt, so daß ein homogenes Bindemittelgemisch vorlag.

Die Biegezugfestigkeiten der im Alter von 21 Tagen in Na_2SO_4-Lösung eingelagerten Kleinprismen sowie der im Wasser verbliebenen Vergleichskörper (Nullprobe) sind der Tab. 2 zu entnehmen.

Tab. 2 Biegezugfestigkeiten (kp/cm^2) *der in 10%iger* Na_2SO_4*-Lösung* (β_s) *bzw. in Wasser* (β_w) *gelagerten Kleinprismen*
(Wasservorlagerung: 20 Tage)

Mischung	Klinker: HÜS M.-%	Biegezugfestigkeiten in kp/cm^2 nach Tagen Na_2SO_4-Lagerung											
		14		28		56		90		180		750	
		β_s	β_w	β_s	β_w	β_s	β_w	β_s	β_w	β_s	β_w	β_s	β_w
I a 1	50:50	105	102	111	103	99	103	86	102	63	108	44	106
I a 2	40:60	101	90	110	99	108	105	110	103	99	115	77	112
I a 3	30:70	101	91	106	95	115	98	106	96	104	105	91	108
I a 4	20:80	88	92	102	98	105	96	112	95	102	87	98	98
I a 5	10:90	65	59	71	64	87	72	88	74	97	78	98	80

Tab. 3 Chemische Analysen
von Zementklinker, Hüttensanden und Hochofenzementen

	Klinker B[1]	HÜS I[1] (trocken granuliert)	HÜS II[1] (naß granuliert)	HOZ »A« ohne Molererde	HOZ »A« mit Molererde	HOZ »B«[2]	SHZ-Schlacke
Gl.-V.	1,56	0,47	0,85	0,19	0,47	0,90	–
SiO_2	22,75	30,44	27,86	25,50	29,86	27,05	32,4
Al_2O_3	5,70	14,30	16,46	9,39	9,53	11,26	11,6
TiO_2	0,23	0,70	0,46	–	–	–	0,7
Fe_2O_3	2,67	–	–	0,57	0,57	–	–
FeO	–	1,23	1,01	0,17	0,39	1,76	0,5
MnO	–	0,31	1,82	1,10	0,93	0,59	0,4
CaO	65,26	49,27	47,11	46,37	42,33	51,76	50,0
MgO	1,38	0,54	1,72	6,87	6,09	2,45	1,1
K_2O	0,40	0,42	0,54	–	0,15	–	n. b.
SO_3	–	–	–	7,80	7,75	2,49	0,2
S	–	0,73	0,61	–	–	–	2,1
Rest	0,05	1,59	1,56	2,04	1,93	1,74	1,0
Summe	100,00	100,00	100,00	100,00	100,00	100,00	100,0

[1] Der Klinker B sowie die Hüttensande I und II wurden getrennt mit je 7% Anhydrit vermahlen.

[2] Der SO_3-Gehalt des HOZ »B« wurde durch Gipszumahlung auf 8% erhöht.

Die aus diesen Festigkeitszahlen errechneten Werte für die relative Biegezugfestigkeit sind in Abb. 1 über der Sulfatlagerungsdauer aufgetragen.
Beurteilt man die Sulfatbeständigkeit der Mörtelprismen nach 56tägiger Lagerung, so zeigen nur die Kleinprismen mit 50% Klinker ein Absinken der als Kriterium geltenden relativen Biegezugfestigkeit unter den Wert von 1. Mit zunehmender Sulfatlagerungsdauer nimmt die relative Biegezugfestigkeit mit steigendem Klinkergehalt ab.
Welche Sulfatlagerungsdauer für die Beurteilung heranzuziehen und welcher Wert für die relative Biegezugfestigkeit als Grenzwert anzusehen ist, müßte einheitlich festgelegt werden.
Im Anschluß an die Festigkeitsprüfung wurden die über 750 Tage sulfatgelagerten Prüfkörper röntgenographisch und infrarotanalytisch untersucht, worüber im folgenden kurz berichtet werden soll.

Röntgenographische Untersuchung:

Die Kleinprismen wurden bei 20–30 °C getrocknet, zerkleinert und der durch Anreicherung gewonnene Bindemittelanteil röntgenographisch untersucht. Die erhaltenen Röntgendiagramme zeigt Abb. 2.

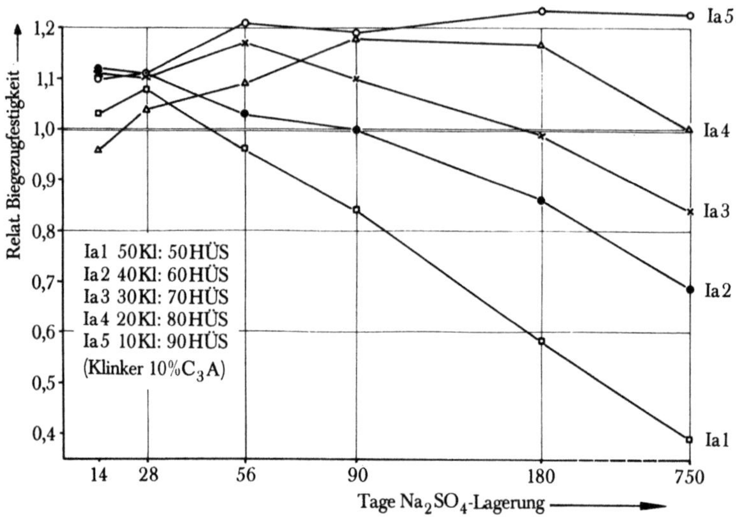

Abb. 1 Relative Biegezugfestigkeit in Abhängigkeit von der Na_2SO_4-Lagerungsdauer

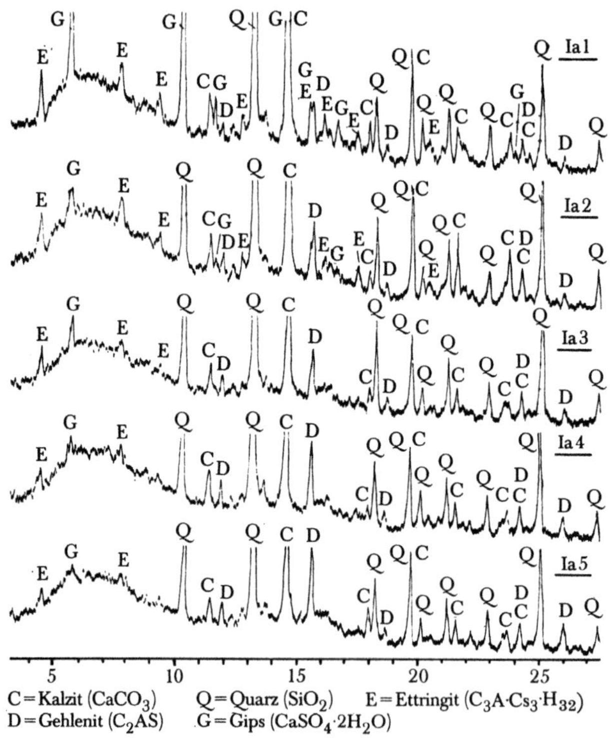

Abb. 2 Röntgenographische Aufnahmen von zementangereicherten Proben

I a 1	50 Klinker : 50 HÜS	I a 4	20 Klinker : 80 HÜS
I a 2	40 Klinker : 60 HÜS	I a 5	10 Klinker : 90 HÜS
I a 3	30 Klinker : 70 HÜS		

Deutlich ist mit zunehmendem Klinkeranteil der Zemente die zunehmende Ettringitbildung zu erkennen, die die Ursache der Zerstörung des Mörtelgefüges zur Folge hatte. Die Sulfatlösung konnte mit zunehmender Ausdehnung und Rissebildung der Prüfkörper immer besser in das Mörtelgefüge eindringen, so daß schließlich außer der Ettringitbildung noch eine starke Gipsbildung, die ihrerseits auch unter Volumenzunahme vor sich geht, zu beobachten ist.

Infrarotanalytische Untersuchung:

Mit Hilfe der Infrarotspektroskopie ist es möglich, Gips und Anhydrit quantitativ zu bestimmen [13]. Es lag daher nahe, diese Methode auch zur Bestimmung der SO_3-Aufnahme und der SO_3-Bindungsart von in Natriumsulfatlösung gelagerten Mörteln heranzuziehen.

Dabei wurde zunächst im angereicherten hydratisierten und sulfatgelagerten Bindemittelanteil infrarotspektroskopisch der Gipsanteil bestimmt. Eine direkte Bestimmung der Ettringitmenge ist nicht möglich. Daher wurde durch Erhitzen der Probe auf 600° C der vorhandene Gips und das Kalziumsulfat aus dem Ettringit in Anhydrit überführt und dieser infrarotspektroskopisch quantitativ bestimmt. Durch Differenzbildung konnte dann die dem Ettringit entsprechende SO_3-Menge errechnet werden. Da der Quarzanteil, der bei 25° C getrockneten und der rd. 2 Stunden bei 600° C behandelten Proben quantitativ röntgenographisch bestimmt worden war, konnte die SO_3-Aufnahme auf den quarzfreien hydratisierten Bindemittelanteil bezogen werden.

In der Tab. 4 sind wiederum für die Kleinprismen der Mischungen 1–5 sowie für einen Portlandzement 275 mit 12% C_3A die SO_3-Aufnahme in Prozent sowie die SO_3-Bindungsart zusammengestellt.

Tab. 4 Infrarotanalytische Bestimmung der SO_3-Aufnahme (%) und Bindungsart

Mischung	Mi-Verh. Kli.: HÜS		SO_3-Aufnahme (%) nach Tagen Sulfatlagerungsdauer 14		28		56		90		180	
Ia1	50:50	$SO_{3\,Gips}$	0,81	> 2,50	0,80	> 2,54	1,21	> 3,02	1,50	> 3,30	1,64	> 3,90
		$SO_{3\,Ettr.}$	1,69		1,74		1,81		1,80		2,26	
		Vol. Zunahme	12,00		12,30		13,30		13,50		16,70	
Ia2	40:60	$SO_{3\,Gips}$	0,95	> 2,57	1,06	> 2,60	1,00	> 2,36	1,03	> 2,96	1,13	> 3,20
		$SO_{3\,Ettr.}$	1,62		1,54		1,36		1,93		2,07	
		Vol. Zunahme	11,60		11,30		11,10		13,70		14,80	
Ia3	30:70	$SO_{3\,Gips}$	1,85	> 3,10	1,65	> 2,82	1,44	> 2,83	1,21	> 2,71	1,45	> 2,94
		$SO_{3\,Ettr.}$	1,25		1,17		1,39		1,50		1,49	
		Vol. Zunahme	10,30		9,60		10,80		11,20		11,40	
Ia4	20:80	$SO_{3\,Gips}$	2,02	> 2,58	1,60	> 3,29	1,57	> 3,02	1,18	> 2,50	1,24	> 3,43
		$SO_{3\,Ettr.}$	0,56		1,69		1,45		1,32		1,69	
		Vol. Zunahme	6,10		12,90		11,30		10,00		11,80	
Ia5	10:90	$SO_{3\,Gips}$	1,64	> 3,22	1,78	> 3,48	1,60	> 3,53	1,75	> 3,24	1,90	> 3,52
		$SO_{3\,Ettr.}$	1,58		1,70		1,93		1,49		1,62	
		Vol. Zunahme	5,70		13,10		11,90		11,80		12,80	
PZ 275 ($12\% C_3A$)		$SO_{3\,Gips}$	0,67	> 2,38	1,16	> 4,32	1,71	> 6,48	4,20	> 11,90	n. b.	
		$SO_{3\,Ettr.}$	1,71		3,16		4,77		7,70		n. b.	
		Vol. Zunahme	11,90		21,90		33,10		55,00		–	

Die in den schraffierten Kästchen stehenden Werte wurden von jenen Prismen bestimmt, die eine Abnahme der relativen Biegezugfestigkeiten gezeigt hatten. Ein Vergleich der dem Ettringit entsprechenden SO_3-Werte mit dem Festigkeitsverhalten zeigt, daß es jeweils dann zur Abnahme der Biegezugfestigkeit kam, wenn der SO_3-Wert größer als 1,75% war.
Es wurde bei der Aufstellung dieser Tabelle weiterhin der Versuch unternommen, die den SO_3-Mengen entsprechende Volumenzunahmen zahlenmäßig auszudrücken. Unter Berücksichtigung der theoretischen Verhältnisse, daß nämlich 1 g SO_3, das als Ettringit gebunden wurde, eine Volumenzunahme von rd. 6,5%, und daß 1 g SO_3, das als Gips gebunden wurde, eine solche von 1,2% verursacht, wurden die den SO_3-Mengen entsprechenden Volumenzunahmen mit in die Tabelle aufgenommen.
Für die kritische Volumenzunahme ergab sich unter diesen Voraussetzungen ein Wert von größer als 12,5%.
Leider wurde bei diesen Untersuchungen versäumt, die wassergelagerten Prüfkörper auf ihre SO_3-Gehalte zu untersuchen und diese SO_3-Gehalte bei den obigen Berechnungen mit zu berücksichtigen.

2. Porositätsbestimmungen

2.1. Bestimmung der Porengrößenverteilung und der Gesamtporosität im Zementstein mit Hilfe der Quecksilber-Druckmethode

Die Bestimmung der Porengrößenverteilung ist nach mehreren Verfahren möglich.

M. Rabinowitsch und N. Fortunatow [14] bestimmten die Porengrößen an amorphen Kohlen, Graphit, Kaolin und Porzellan durch Messung der Kapillarkondensation. Die Abhängigkeit von Dampfdruck und Kapillardurchmesser wurde von W. Thomson [15] untersucht. Bechthold und Schurmann [16] führten mit Hilfe der Blasendruckmethode Porengrößenbestimmungen durch.

Über die Ermittlung von Porengrößenverteilungen in Glasfritten u. a. mit Hilfe der Kapillardruckmethode berichten Ritter und Drake [17].

Schenck und Cloth [18, 19] führten mit Hilfe eines zu diesem Zweck entwickelten Druck-Porigkeitsmeßgerätes Porengrößenbestimmung an Eisenerzen durch.

Die Bestimmung der Größenverteilung von Poren in feuerfesten Stoffen wird von Zagar [20, 21, 22] beschrieben. Dieses Wasser-Luftverdrängungsverfahren beruht auf der Überlegung, die mit Wasser getränkten Poren unterschiedlicher Größe durch entsprechende Preßluftdrucke zu entwässern.

Die vorliegenden Untersuchungen wurden mit Hilfe des Quecksilberdruckporosimeters durchgeführt, über das von Zagar bereits berichtet wurde [23].

2.1.1. Beschreibung der Meßapparatur

Beim Quecksilberdruckporosimeter wird das Volumen an Quecksilber, das beim Prüfvorgang in die Poren des Materials eindringt, mit Hilfe eines Dilatometers gemessen und automatisch als Funktion des Druckes aufgezeichnet.

Die Abb. 3 zeigt das Quecksilberporosimeter sowie die Anordnung zum Evakuieren der Probe bzw. zum Füllen des Dilatometers mit Quecksilber.

Je nach Porosität werden 0,5–5 g zerkleinerte Substanz von rd. 2–3 mm Durchmesser in das sogenannte Glasdilatometer gefüllt und anschließend mit einer Vakuumpumpe, die einen Unterdruck von $2 \cdot 10^{-4}$ mm Hg-Säule erzielt, entlüftet.

Danach wird das Dilatometer mit reinem Quecksilber gefüllt und die Höhe der Quecksilbersäule abgelesen.

Nach dem Öffnen des Absperrhahnes bewirkt der herrschende Luftdruck, daß sich die Poren mit einem Radius von etwa $> 75\,000$ Å füllen. Durch erneutes Ablesen der Quecksilbersäule kann unter Berücksichtigung des Rohrdurchmessers das auf

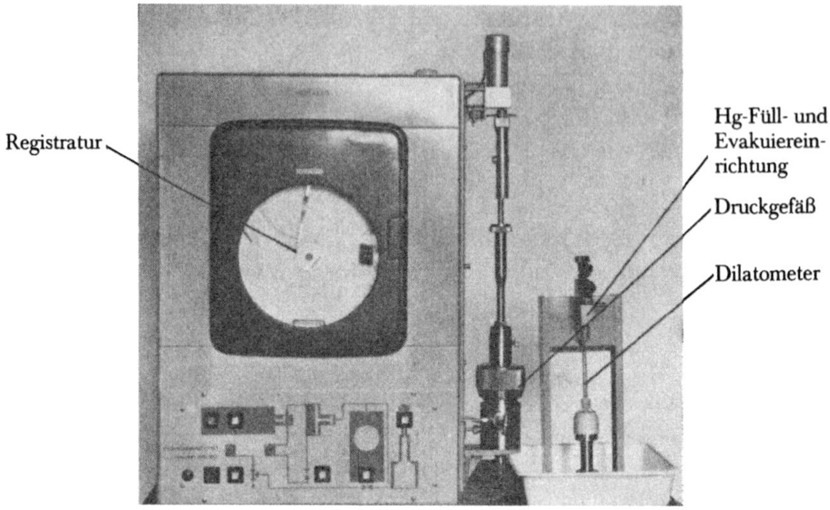

Abb. 3 Quecksilberdruckporosimeter mit Anordnung zum Evakuieren der Probe (nach A. GUYER)

die Einwaage bezogene Porenvolumen ermittelt werden. Das Dilatometergefäß wird anschließend in das Druckgefäß eingebaut.

Der Druck wird dann kontinuierlich erhöht, was bei Vorhandensein entsprechender Poren zu einem Absinken des Quecksilbers im Dilatometerrohr führt. Zur Bestimmung der dem Porenraum entsprechenden Quecksilbermenge folgt ein Metallstift mit Hilfe eines Synchronmotors so lange dem absinkenden Hg-Niveau, bis der Kontakt mit dem Quecksilber wiederhergestellt ist.

Gleichzeitig werden der Druck und die Höhe der Quecksilbersäule aufgezeichnet, so daß nach Beendigung des Versuches die Auswertung unter Berücksichtigung des Dilatometerrohrdurchmessers durch Ausmessung des aufgezeichneten Kurvenverlaufs erfolgen kann.

Die Registratur, die den im System herrschenden Druck als eine Funktion des Hg-Niveaus aufzeichnet, hat zwei Bereiche, und zwar von 0 bis 100 bzw. 0 bis 1000 kp/cm^2.

Der erforderliche Druck wird dabei in einem Druckvermehrer erzeugt, der aus einem Differentialsystem mit zwei Kolben besteht, einem Niederdruck- und einem Hochdruckkolben.

2.1.2. Ableitung der Beziehung zwischen Druck und Porenradius

Die zwischen dem abgelesenen Druck p und dem Porenradius r bestehende Beziehung wird im folgenden aus der CANTORschen Gleichung

$$p = \frac{2\,\sigma}{r} \cos \varphi$$

abgeleitet.

Hierbei bedeuten σ die Grenzflächenspannung, sie beträgt für Hg-Dampf 480 dyn/cm, und φ der Benetzungswinkel, der für Quecksilber mit 140° angegeben wird.

$$r = \frac{2\sigma}{p} \cos\varphi \qquad \text{(hierbei ist } r \text{ in cm einzusetzen)}$$

$$= \frac{1}{p}\, 960\, \frac{\text{dyn}}{\text{cm}}\, 0{,}766 = \frac{1}{p}\, 736\, \frac{\text{dyn}}{\text{cm}}$$

$$= \frac{1}{p}\, \frac{736}{0{,}981 \cdot 10^6}\, \frac{\text{kp}}{\text{cm}} = \frac{1}{p}\, 750 \cdot 10^{-6}\, \frac{\text{kp}}{\text{cm}}$$

Setzt man p in kp/cm^2 ein, so erhält man aus nachstehender Beziehung den Porenradius in Å-Einheiten.

$$r = \frac{75\,000}{p} \text{ (Å)}$$

Da mit der vorliegenden Apparatur Drucke bis 1000 kp/cm^2 erzielt werden können, sind die Porenanteile mit einem Radius im Bereich von 75 bis 75 000 Å bestimmbar.

2.1.3. Prüfkörperherstellung

Zur Bestimmung der Porosität des Zementsteines wurden mit Portland- und Hochofenzement je ein $4 \times 4 \times 16$-cm-Prisma aus Purzementmörtel hergestellt. Als Anmachwasser wurde die zur Erzielung der Normensteife erforderliche Wassermenge verwendet, die für beide Zemente bei 27% lag, was einem W/Z-Faktor von 0,27 entspricht. Der Purzementleim wurde in zwei Lagen in die Form eingebracht und mit jeweils 20 Stampfstößen verdichtet. Nach 24stündiger Lagerung im Feuchtkasten wurden die Prüfkörper entschalt und in Wasser gelagert. Im Alter von 1, 2, 3, 7, 14, 28, 56 und 90 Tagen wurden von den Prismen kleine Stücke abgeschlagen und anschließend rd. 3 Stunden in Alkohol gelagert, um den Hydratationsprozeß abzustoppen. Das Trocknen der Zementsteinstücke erfolgte über konzentrierter Schwefelsäure im Vakuumexsikkator.

2.1.4. Bestimmung der Porengrößenverteilung

Die Ermittlung der Porengrößenverteilung erfolgte an zerkleinerten, rd. 1 bis 3 mm großen Zementsteinstücken. Die Porengrößenverteilung konnte, wie bereits erwähnt, nur in einem Bereich von rd. 75 bis rd. 10^5 Å bestimmt werden. Dieser Bereich umfaßt die Gel- und Kapillarporen des Zementsteins.

Bekanntlich werden die Poren des Zementsteins wie folgt eingeteilt:

a) Gelporen ($\rightarrow 10^3$ Å)
b) Kapillarporen (10^{-4} mm bis 10^{-2} mm)
c) Luftporen (10^{-2} mm bis einige mm)

Hydr. Dauer [Tg.]	Gesamtporosität [cm³/g]	Hydr. Dauer [Tg.]	Gesamtporosität [cm³/g]
1	0,3400	14	0,1516
2	0,2111	28	0,1118
3	0,2028	56	0,0857
7	0,1330	90	0,0917

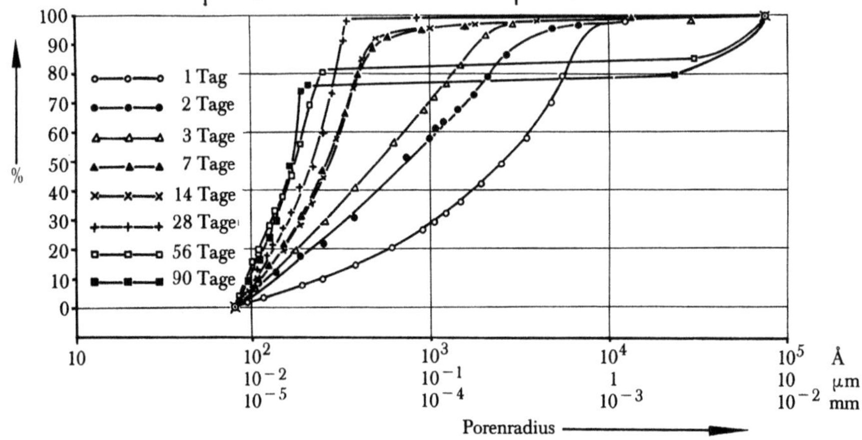

Abb. 4 Porenverteilung von Portlandzementstein in Abhängigkeit von der Hydratationsdauer

Hydr. Dauer [Tg.]	Gesamtporosität [cm³/g]	Hydr. Dauer [Tg.]	Gesamtporosität [cm³/g]
1	0,3689	14	0,1920
2	0,2763	28	0,1523
3	0,2750	56	0,0786
7	0,1951	90	0,0659

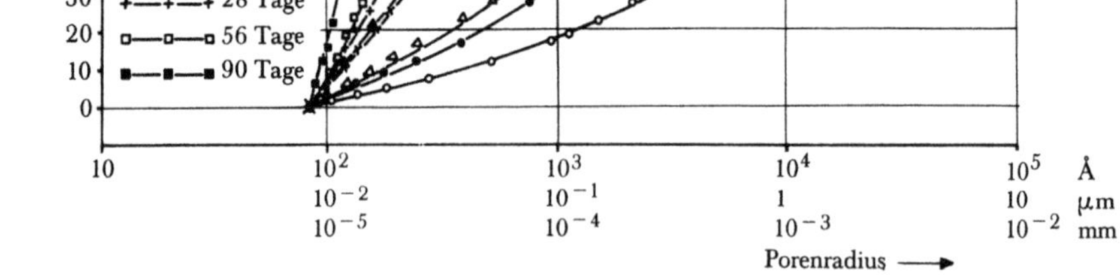

Abb. 5 Porenverteilung von Hochofenzementstein in Abhängigkeit von der Hydratationsdauer

Nach POWERS [24] beträgt die im Å-Bereich liegende Gelporenporosität 28%. Der Anteil der Kapillarporen wird mit bis zu 40% angegeben.
Die Porenverteilung in diesem Bereich zeigen die Abb. 4 und 5.
Aus dem Verlauf der Kurven ist zu erkennen, daß die Porengröße im Zementstein mit zunehmender Hydratationsdauer abnimmt. Auffallend ist, daß bei den 56 und 90 Tage alten Portlandzementsteinproben noch Poren mit einem Radius von über 10^4 Å auftreten.
Bei diesen Poren muß es sich um solche handeln, die beispielsweise nach 28 Tagen Hydratationsdauer einen Porenradius von *über* 10^5 Å besaßen und die mit zunehmender Hydratationsdauer in den meßbaren Intervall hineingewandert sind.
Mit der beschriebenen Meßapparatur konnte von den Poren mit einem Radius von $> 10^5$ Å keine Porenverteilung bestimmt werden. Dazu ist der Einbau eines besonderen Manometers erforderlich.

2.1.5. Bestimmung der Gesamtporosität

In die Abbildungen mit aufgenommen wurden auch die errechneten Gesamtporositäten in cm^3/g für den Porengrößenbereich von 75 bis 10^5 Å. Aus den Zahlen geht deutlich die Abnahme der Gesamtporosität mit zunehmender Hydratationsdauer hervor.
Die Angabe der Gesamtporosität erfolgt hierbei in der nicht üblichen Dimension von cm^3/g. Die Angabe in Prozenten war nicht möglich, da die Raumgewichte der Purzementproben im Alter von 1, 2, 3, 7, 14, 28 und 56 Tagen nicht bestimmt worden waren. Lediglich an den 90 Tage alten Purzementproben wurden unter Berücksichtigung der Rohdichten die Gesamtporositäten in Prozent errechnet.
Diese sich nur auf den Porengrößenbereich von 75 bis 10^5 Å beziehenden Gesamtporositäten betrugen für den Portlandzementstein 18,2% (= 0,0917 cm^3/g) und für den Hochofenzementstein 12,9% (= 0,0659 cm^3/g).
Die größere Porosität des Portlandzementsteins in diesem Bereich ist auf die nach 56 und 90 Tagen Wasserlagerung auftretenden Poren mit einem Radius von über 10^4 Å zurückzuführen.
Die hier gefundenen Porositätswerte der 90 Tage alten Purzementproben von 12,9 und 18,2% liegen unterhalb der von POWERS [24] errechneten Gelporosität von 28%.
Obwohl mit der benutzten Apparatur der Porengrößenbereich von rd. 75 bis 10^5 Å und damit zusätzlich die Kapillarporen erfaßt wurden, konnte ein Gelporenanteil von über 90% bei der HOZ-Probe nach rd. 28 Tagen und bei der PZ-Probe bereits nach 7 Tagen Hydratationsdauer gemessen werden. (Die geringere Gelporosität nach 56 bzw. 90 Tagen Hydratationsdauer ist bei der PZ-Probe, wie bereits erwähnt, darauf zurückzuführen, daß ursprünglich größere Poren mit zunehmender Hydratationsdauer in das meßbare Intervall hineingewandert sind.) Die ermittelte Porosität von 12,9% (HOZ) kann daher praktisch den Gelporen zugeordnet werden. Sie beträgt 46% der von POWERS errechneten

Gelporosität. Demgegenüber würden mit diesem Wert die Ergebnisse von Hansen [25] bestätigt, dessen Berechnungen ergaben, daß ungefähr die Hälfte des Raumes, der von Powers und Brownyard [26] als Porosität aus dem verdunstbaren Wassergehalt ermittelt wurde, durch nichtgebundenes Wasser eingenommen wird und die andere Hälfte aus den Hydratphasen stammt, so daß nur ca. 50% des verdampfbaren Wassers einen Gelporenraum besetzen und die Gelporosität demnach bei ungefähr 14% liegen würde.
Wie bereits erwähnt, konnte von den Poren, deren Porenradius größer als 10^5 Å ist, keine Porengrößenverteilungskurve aufgenommen werden. Lediglich die Gesamtporosität dieser Poren wurde ermittelt.
Eine Zusammenstellung dieser Werte zeigt Tab. 5. Sie lassen trotz der großen Schwankungen die Abnahme der Porosität im Bereich $> 10^5$ Å mit zunehmender

Tab. 5 Gesamtporositäten in cm³/g *der Poren mit einem Radius* $> 10^5$ Å

Hydratationsdauer (Tage)	Absinkstrecke des Quecksilbers (cm)		Einwaage (g)		Gesamtporosität (Porenradius $> 10^5$ Å) (cm³/g)	
	PZ	HOZ	PZ	HOZ	PZ	HOZ
1	1,1	1,1	1,1307	1,3038	0,0703	0,0610
2	0,23	0,28	1,4622	1,4590	0,0114	0,0138
3	0,71	0,94	1,7194	1,5248	0,0298	0,0445
7	0,14	0,63	1,9605	1,8492	0,0052	0,0246
14	0,62	0,80	1,8827	2,0033	0,0238	0,0289
28	0,69	0,87	1,8820	1,9316	0,0265	0,0326
56	0,22	0,16	2,0026	2,0150	0,0079	0,0058
90	0,47	0,14	2,0022	1,2757	0,0170	0,0079

Tab. 6 Gesamtporosität in cm³/g *der Poren mit einem Radius* > 75 Å

Hydratationsdauer (Tage)	Gesamtporosität (Porenradius > 75 Å) (cm³/g)	
	Portlandzementstein	Hochofenzementstein
1	0,4103	0,4299
2	0,2225	0,2901
3	0,2326	0,3195
7	0,1382	0,2197
14	0,1754	0,2209
28	0,1383	0,1849
56	0,0936	0,0844
90	0,1087	0,0738

Hydratationsdauer erkennen. Die auftretenden Schwankungen werden durch vereinzelt im Zementstein sichtbare größere Luftporen erklärt, die sich bei den verwendeten Einwaagen von nur maximal 2 g im Ergebnis deutlich bemerkbar machen.

Eine Zusammenstellung der Gesamtporositätswerte, die alle Poren mit einem Radius von $>$ 75 Å erfassen, zeigt Tab. 6.

2.2. Bestimmung der Durchströmbarkeit (Gasdurchlässigkeit) von erhärtetem Zementmörtel

Die Bestimmung der Gasdurchlässigkeit erfolgte in Anlehnung an die DIN 51058 (Bestimmung der spezifischen Gasdurchlässigkeit feuerfester Steine, Entwurf Februar 1961).

Während nach dieser Normenvorschrift die Gasdurchlässigkeitsprüfung der feuerfesten Materialien an zylindrischen Prüfkörpern von jeweils 50 cm Höhe und Durchmesser durchgeführt wird, erfolgte die Untersuchung der dichteren Zementmörtel an scheibenförmigen Prüfkörpern von rd. 10 mm Höhe und 50 bzw. 38 mm Durchmesser, die im Anschluß an die 27tägige Wasservorlagerung aus Prismen der Abmessung $5 \times 5 \times 25$ cm³ bzw. $4 \times 4 \times 16$ cm³ herausgebohrt wurden. Damit wurden die offenen Poren der jeweiligen Prüfkörper durch die Bestimmung der Gasdurchlässigkeit zahlenmäßig erfaßt.

Die Bestimmung der Gasdurchlässigkeit erfolgte mit dem in Abb. 6 dargestellten Porometer [20].

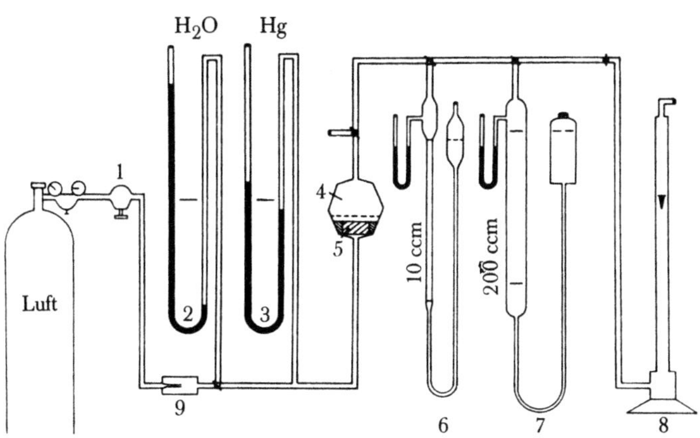

Abb. 6 Porometer zur Ermittlung der Gasdurchlässigkeit (nach Zagar [20])

1	Reduzierventil	5	Prüfkörper
2	H_2O-Manometer	6	Mikrobürette
3	Hg-Manometer	7	norm. Gasbürette
4	Plexiglashalterung	8	Rotameter

2.2.1. *Meßanordnung*

Die scheibenförmigen Prüfkörper werden mittels Plastilin in einer Nutsche aus Plexiglas so befestigt, daß die von der Druckleitung kommende Preßluft nur den Weg durch den Prüfkörper nehmen kann. Die Größe des Druckes wird an einem Quecksilber- oder Wassermanometer abgelesen. Die dem jeweiligen Druck entsprechende Strömungsgeschwindigkeit Q der Luft wird bei dichten Prüfkörpern mit der Mikrobürette, bei porösen Prüfkörpern mit einer normalen Gasbürette und bei sehr porösen Scheiben mit einem Rotameter gemessen.

2.2.2. *Berechnungsformel*

Die spezifische Gasdurchlässigkeit D_s (in Perm) wird nach der folgenden Gleichung berechnet:

$$D_s = \frac{\eta \cdot h}{F \cdot \Delta p} \cdot \frac{V}{t}$$

Hier bedeuten:

η = die Viskosität des Gases
V/t = die Strömungsgeschwindigkeit des Gases
h = die Höhe der durchströmten Schicht
F = der Querschnitt der Probe
Δp = der Druckunterschied ($p_e - p_a$) des Gases
  p_e = Druck des Gases beim Eintritt
  p_a = Druck des Gases beim Austritt

Die verwendeten Dimensionen der einzelnen Größen für die Bestimmung der spezifischen Gasdurchlässigkeit sind in nachstehender Tabelle zusammengefaßt:

η	h	V	F	Δp	t
$\frac{\text{g}}{\text{cm} \cdot \text{sec}}$	cm	cm^3	cm^2	cm WS	sec

Im folgenden werden die einzelnen Dimensionen in die Gleichung eingesetzt und die Einheit der Gasdurchlässigkeit nochmals abgeleitet.

$$D_{s_E} = \frac{1 \, \frac{\text{g}}{\text{cm} \cdot \text{sec}} \cdot 1 \text{ cm} \cdot 1 \text{ cm}^3}{1 \text{ cm}^2 \cdot 1 \text{ cm WS} \cdot 1 \text{ sec}} = \frac{1 \text{ g} \cdot \text{cm}}{1 \text{ cm WS} \cdot \text{sec}^2}$$

$$1 \text{ cm WS} = 981 \, \frac{\text{g} \cdot \text{cm}}{\text{sec}^2 \cdot \text{cm}^2}$$

$$D_{s_E} = \frac{1 \text{ g} \cdot \text{cm} \cdot \text{sec}^2 \cdot \text{cm}^2}{981 \cdot \text{g} \cdot \text{cm} \cdot \text{sec}^2} = \frac{1}{981} \text{ cm}^2$$

Die Gasdurchlässigkeit ist ihrer Dimension nach eine Fläche, obwohl sie begrifflich damit nichts gemein hat [21]. Nach ZAGAR wurde daher als absolute Maßeinheit für die spezifische Gasdurchlässigkeit die Bezeichnung »Perm« eingeführt, »die an die Verwandtschaft mit der internationalen Bezeichnung für die Durchlässigkeit – Permeabilitas – erinnert« [21].

Die Maßeinheit Perm wurde nach DIN 51058 wie folgt definiert:

»Ein poriger Körper hat die Gasdurchlässigkeit ein Perm (Pm), wenn in 1 Sekunde 1 cm^3 eines Gases mit der Viskosität 1 Poise bei einem Druckunterschied von 1 dyn/cm^2 durch einen Querschnitt von 1 cm^2 in senkrechter Richtung auf eine Länge von 1 cm hindurchströmt.« [21]

Als Gebrauchseinheit der spezifischen Gasdurchlässigkeit bei erhärteten Mörtel- und Betonproben wird

$$1 \text{ Picoperm } (1 \text{ pPm}) = 10^{-12} \text{ Pm}$$

verwendet.

Die Berechnungsformel für die Gasdurchlässigkeit lautet:

$$D_s = \frac{1}{981} \cdot \frac{\dfrac{\eta}{\text{Poise}} \cdot \dfrac{h}{\text{cm}} \cdot \dfrac{V}{\text{cm}^3}}{\dfrac{F}{\text{cm}^2} \cdot \dfrac{\Delta p}{\text{cm WS}} \cdot \dfrac{t}{\text{sec}}} \text{ (Pm)}$$

Die Ermittlung der Gasdurchlässigkeit nach der geschilderten Methode setzt voraus, daß die Messungen im Gebiet der laminaren Strömung erfolgen. Dies ist der Fall, wenn die Strömungsgeschwindigkeit Q über der Druckdifferenz Δp aufgetragen, eine Gerade ergibt.

2.2.3. *Herstellung der Prüfscheiben zur Bestimmung der Gasdurchlässigkeit*

Die zur Bestimmung der Gasdurchlässigkeit erforderlichen Prüfscheiben mit Durchmessern von rd. 50 bzw. 38 mm und einer Höhe von rd. 10 mm wurden aus Parallelproben im Alter von 28 Tagen, also zu Beginn der Aggressivlagerung, herausgebohrt und planparallel geschliffen. Das Trocknen der Prüfkörper erfolgte anschließend 2–3 Tage bei 50–60 °C im Trockenschrank.

3. Untersuchungen an $5 \times 5 \times 25$-cm-Mörtelprismen

3.1. Art der Aggressivlösung und des Untersuchungsverfahrens

Als aggressive Lösung wurde eine 0,15 molare $MgSO_4$-Lösung verwendet, die zur Erzielung einer annähernd gleichen Konzentration wöchentlich gewechselt wurde.

Die Konzentrationen der einzelnen Bestandteile in der 0,15 molaren $MgSO_4$-Lösung sind folgende:

18 060 mg $MgSO_4$/l Lösung
12 000 mg SO_3 /l Lösung
14 400 mg SO_4^{2-} /l Lösung
3 640 mg Mg^{2+} /l Lösung

Nach DIN 4030: Beton in betonangreifenden Wässern und Böden wird Wasser mit einem pH-Wert kleiner als 5 und einem Gehalt an betonangreifenden Bestandteilen größer als 1000 mg/l als stark angreifend bezeichnet.

Neuerdings wird erwogen, an Stelle der Salze den Gehalt an betonangreifenden Ionen zur Beurteilung der aggressiven Lösung heranzuziehen und Wasser mit schwachem, starkem und sehr starkem Angriffsvermögen zu unterscheiden. Die in diesem Zusammenhang aufgestellten Grenzwerte sollen der Beurteilung des Angriffsvermögens von stehenden oder schwach fließenden, in großer Menge vorhandenen und direkt angreifenden Wässern vorwiegend natürlicher Zusammensetzung dienen. Bei Wasser mit sehr starkem Angriffsvermögen werden Grenzwerte für Mg^{2+} bzw. SO_4^{2-} von über 1500 bzw. über 2500 mg/l angegeben [27, 28].

Diese Werte zeigen, daß die Konzentration der verwendeten $MgSO_4$-Lösung relativ hoch gegenüber den in der Natur vorkommenden Wässern mit sehr starkem Angriffsvermögen ist. Sie entspricht aber den bei Laborversuchen üblichen Konzentrationen, deren Ziel es ist, in relativ kurzer Zeit Aussagen über die Sulfatbeständigkeit von Zementen machen zu können.

Die Aggressivbeständigkeitsuntersuchungen wurden an Mörtelprismen mit unterschiedlicher offener Porosität durchgeführt. Um den Einfluß der Aggressivlösung auf die verschieden dichten Mörtelprismen stets an den gleichen Prüfkörpern verfolgen zu können, wurde der fortschreitende Angriff mit Hilfe der Resonanzfrequenzmessung verfolgt.

Die Untersuchungen wurden an Mörtelprismen der Abmessung $5 \times 5 \times 25$ cm^3 durchgeführt.

3.2. Herstellung, Lagerung und Prüfung der Mörtelprismen

3.2.1. Beschreibung der Rohstoffe

Als Zemente wurden Normenzemente, ein Hochofenzement 275 (HOZ »D«) und ein Portlandzement 375 (PZ »B«) verwendet, deren chemische Analysen in Tab. 7 zusammengestellt sind.

Tab. 7 Chemische Analyse der Zemente

	PZ »A«	PZ »B«	HOZ »C«	HOZ »D«
Unlösl.	–	–	0,82	–
SiO_2	19,96	22,78	28,05	25,11
Al_2O_3	2,62	2,82	8,28	6,90
Fe_2O_3	6,75	6,57	0,55	–
FeO	–	–	0,79	3,26
Mn_2O_3	–	–	0,04	–
MnO	–	–	1,37	0,74
TiO_2	0,11	0,37	0,24	0,29
CaO	64,85	63,72	44,40	56,88
MgO	2,18	–	6,17	3,11
K_2O	0,47	0,56	0,38	0,62
Na_2O	0,15	0,12	0,44	0,20
SO_3	2,91	2,71	6,76	2,68
S	–	–	1,71	0,21
Rest	–	0,35	–	–
Summe	100,00	100,00	100,00	100,00

Vom Hochofenzement wurden die Anteile der Fraktionen 20, 20–33, 33–40, 40–60 und > 60 µm bestimmt und unter dem Mikroskop die Klinker- und Hüttensandanteile ausgezählt. Aus den jeweiligen Volumenprozenten der einzelnen Fraktionen wurden unter Berücksichtigung der Reindichten ($d_{Kl.} = 3{,}15$ g/cm³; $d_{HÜS} = 2{,}9$ g/cm³) und der Massenprozente der einzelnen Fraktionen die gewichtsmäßigen Anteile an Klinker und Hüttensand errechnet und in Tab. 8 zusammengestellt.

Tab. 8 Schlackengehalt des HOZ »D«

Fraktion µm	Anteil M.-%	Klinker M.-%	HOS M.-%	HOS in Fraktion M.-%
< 20	46,8	n. b.	n. b.	n. b.
20–33	30,6	18,5	12,1	49,5
33–40	9,6	5,8	3,8	39,6
40–60	8,0	4,6	3,5	43,8
> 60	5,0	3,1	1,9	38,0

Da bei dem verwendeten Alpine-Luftstrahlsieb der Anteil $<20\ \mu m$ nicht erfaßt werden kann – der in der Tabelle enthaltene Wert von 46,8 M.-% wurde durch Ergänzen auf 100% ermittelt – konnte das Klinker-Hüttensand-Verhältnis nur im Kornklassenbereich von 20 bis 60 µm ausgezählt werden.
Das Klinker–Hüttensand-Verhältnis lag bei 60:40. Von den Einzelfraktionen liegt die von 20 bis 33 µm dem gefundenen Mittelwert am nächsten.
Das spezifische Gewicht des Hüttenzementes wurde zu 3,00 g/cm³ bestimmt. Unter Berücksichtigung des durch Auszählen erhaltenen Verhältnisses von Klinker: Hüttensand wie 3:1,98 wurde eine Reindichte von 3,02 g/cm³ errechnet.
Der Gipsgehalt lag bei durchschnittlich 2% in den erwähnten vier Fraktionen. Erfahrungsgemäß ist der Gipsanteil hauptsächlich in der Fraktion $<20\ \mu m$ angereichert.
Der Glasgehalt des Hüttensandes lag bei 60%, wobei die mikroskopische Beurteilung an der Fraktion 20–33 µm vorgenommen wurde.
Obwohl die Berechnung der potentiellen Analyse des Klinkers nach Bogue aus der chemischen Zusammensetzung als nicht den tatsächlichen Verhältnissen im Zementklinker entsprechend angesehen werden kann, wurde sie für den Portlandzement mit folgender Abänderung durchgeführt.
Die Mischkristallphasen der Kalzium–Aluminat-Ferrite sind seit langem bekannt [29–40]. Auf Grund des hohen Gehaltes an Eisenoxid kann nach Schwiete und Iwai [40] unter Voraussetzung eines ideal homogenen Rohmehls mit einer C—A—F-Verbindung von $C_4A_{0,76}F_{1,24}$ gerechnet werden (Tab. 9).

Tab. 9 Potentielle Analyse des PZ 375 (PZ »B«) nach Bogue *(modifiziert)*

		Einbau
C_3S	68,8%	bis 2 % MgO bis 2,5% Al_2O_3 (1, 2, 3, 5) bis 3 % C_3A
C_2S	5,3%	bis 0,5% MgO (4)
C_3A	–	bis 2,5% MgO (2)
$C_4A_{0,76}F_{1,24}$	17,0%	bis 2 % MgO (6)
CaO_{frei}	1,0%	
$CaSO_4 \cdot 2\,H_2O$	6,3%	
MgO	2,2%	
	100,6%	

(1) Jeffery, J. W., (1952).
(2) Gauglitz, Schwiete, Tan Tik Ien (1961)
(3) Woermann, Hahn, Eysel (1963).
(4) Newman, Wells (1946).
(5) Locher (1960).
(6) Schwiete, Iwai (1963).

Von SCHWIETE und IWAI [40] konnte der von den bereits genannten Autoren [35, 36, 37, 38] gefundene maximale Eisenoxidgehalt von 21,5% bei dem eisenoxidärmsten Endglied der Mischkristallreihe $C_2(A, F)$ bestätigt werden.
Mit Hilfe der Infrarotspektroskopie wurde weiterhin festgestellt, daß durch einen Zusatz von 2% MgO unter Aufweitung des Gitters eine Erweiterung der Mischkristallreihe über das Glied C_6AF_2 zur eisenärmeren Seite hin möglich ist.
Der Einbau von maximal 2% MgO in das Gitter des C_4AF konnte bereits 1934 von SCHWIETE und ZUR STRASSEN [41] nachgewiesen werden. In der Tab. 9 sind die durch Einlagerung oder Substitution möglichen Einbaumengen von MgO, Al_2O_3 und C_3A angegeben, die zusätzlich oder an Stelle von CaO in das Gitter der Zementminerale eintreten können. Unter Berücksichtigung dieser Einbaumöglichkeiten wird stets weniger MgO als Periklas vorliegen, als es die chemische Analyse angibt.

Die zu hohe Gesamtmenge von über 100% in der potentiellen Analyse wird dadurch erklärt, daß sich der zur Berechnung des Gipsanteils verwendete SO_3-Wert auf eine glühverlustfreie Substanz bezieht. Als Mörtelsand wurde der Normensand nach DIN 1164 mit seinen beiden Fraktionen I und II verwendet.

3.2.2. Herstellung der Mörtelprismen

Die Mörtelprismen der Abmessung $5 \times 5 \times 25$ cm³ wurden in Anlehnung an DIN 1164 hergestellt. Das Zementprüfsandverhältnis betrug 1:4, wobei zur Erzielung einer unterschiedlichen Dichtigkeit das Verhältnis von NS I zu NS II im Bereich von 0:4 bis 2:2 variiert wurde.
In Abb. 7 sind die Anteile der einzelnen Fraktionen bei den Mischungen I–VI dargestellt. Dabei entspricht der Verlauf der Kurve IV der Sieblinie des Normensandes nach DIN 1164.

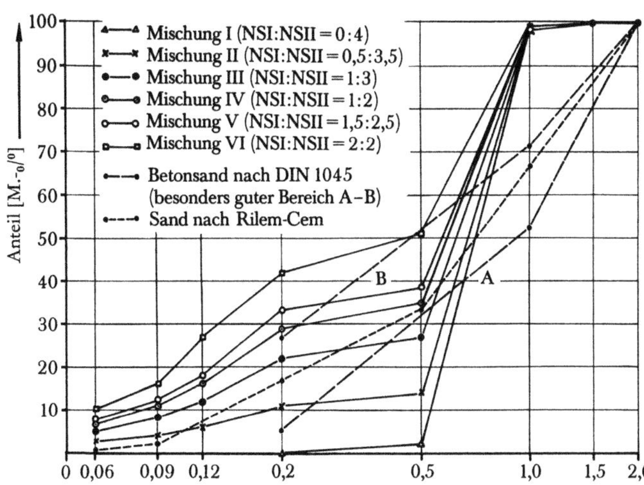

Abb. 7 Körnungskennlinien der Prüfsandmischungen I–VI

Gleichzeitig mit aufgenommen in die Darstellung wurde die Sieblinie des Mörtelsandes nach Rilem-Cem sowie der besonders gute Bereich des Betonsandes nach DIN 1045, der durch die Linien A und B eingeschlossen wird, wobei in diesem Falle nur der Anteil > 0,2 cm betrachtet wurde.
Die Wasserzugabe erfolgte jeweils bis zur gleichen Verarbeitbarkeit des Mörtels, gemessen an der Leistungsaufnahme des Mischers [42].
Die Meßanordnung Kenwoodmischer-Wattmeter zeigt Abb. 8.

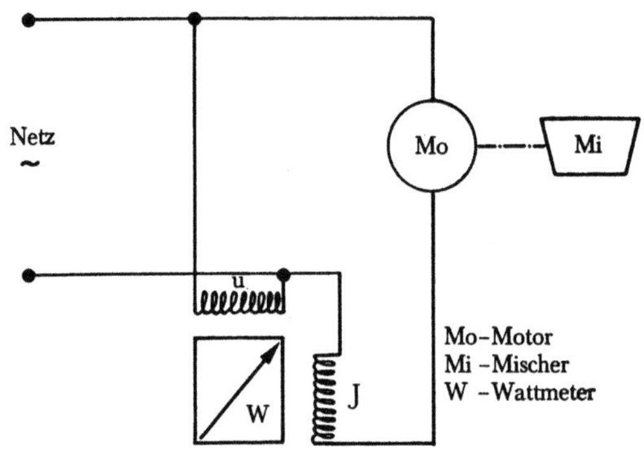

Abb. 8 Meßanordnung für die Verarbeitbarkeitsbestimmung

Als Normkonsistenz diente die der Mischung IV, deren NS I- : NS II-Verhältnis 1:2 betrug.
In den Tab. 10 und 11 sind die mörteltechnischen Daten für die einzelnen Mischungen zusammengestellt.
Wie aus diesen Tabellen zu entnehmen ist, lagen die W/Z-Faktoren im Bereich von 0,42 bis 0,69 bzw. 0,46 bis 0,73.
Mit Zunahme des Feinsandanteils erhöhte sich der Wasserbedarf des Mörtels bei gleicher Verarbeitbarkeit.
Das Ausbreitmaß der Mischung I (HOZ-Mörtel) bzw. der Mischungen I und II (PZ-Mörtel) konnten nicht bestimmt werden, da der wasserabstoßende Mörtel eine zu geringe Plastizität besaß.
Die Ausbreitmaße der HOZ-Mörtel lagen bei ungefähr gleichen W/Z-Faktoren über denen der PZ-Mörtel.
Wie das Ausbreitmaß, so erhöht sich auch die Verarbeitbarkeit nach Wuerpel [43] mit Zunahme des W/Z-Faktors und zunehmendem Feinsandanteil. Die Mörtellitergewichte der HOZ-Mörtelmischung III bzw. der PZ-Mörtelmischung V waren mit 2,206 bzw. 2,240 die größten ihrer Versuchsreihe. Der Luftporengehalt des Mörtels nahm mit Zunahme des NS I und der Verarbeitbarkeit ab.
Mit aufgenommen in die Tabellen wurden die Mittelwerte der Prüfkörpergewichte nach dem Entschalen für alle drei Verdichtungsarten. Eine graphische Darstellung des W/Z-Faktors, des Luftporengehalts, des Plastizitätsindex und des Mörtellitergewichtes in Abhängigkeit von der Normensandzusammensetzung zeigen die Abb. 9 und 10.

Tab. 10 Mörteltechnische Daten der Portlandzementmischungen

	Mischung					
	I	II	III	IV	V	VI
NS I : NS II	0:4	0,5:3,5	1:3	1:2	1,5:2,5	2:2
W/Z-Faktor*	0,42	0,46	0,55	0,66	0,63	0,69
Leistungsaufnahme des Mischers (W)	17,5	17,5	17,5	17,5	17,5	17,5
Ausbreitmaß (cm)	**	**	12,0	14,8	15,4	16,7
Plastizitätsindex (nach WUERPEL)	7	9	14	20	22	30
Mörtellitergewicht (kg)	1,84	1,95	2,22	2,23	2,24	2,20
Luftporengehalt (%)	9,4	10,0	5,0	4,1	4,2	3,9
Prüfkörpergewicht nach dem Entschalen (Mittelwert) (kg)	a) 1,237 b) 1,235 c) 1,279	1,298 1,409 1,409	1,420 1,412 1,421	1,431 1,418 1,411	1,418 1,405 1,402	1,412 1,386 1,393

* Wasserbedarf bei gleicher Verarbeitbarkeit gemessen an der Leistungsaufnahme des Mischers.

** Nicht bestimmbar.

a) gestampft nach DIN 1164
b) geschockt nach RILEM-CEM
c) vibriert mit SODER-Vibrationstisch

} Verdichtungsarten

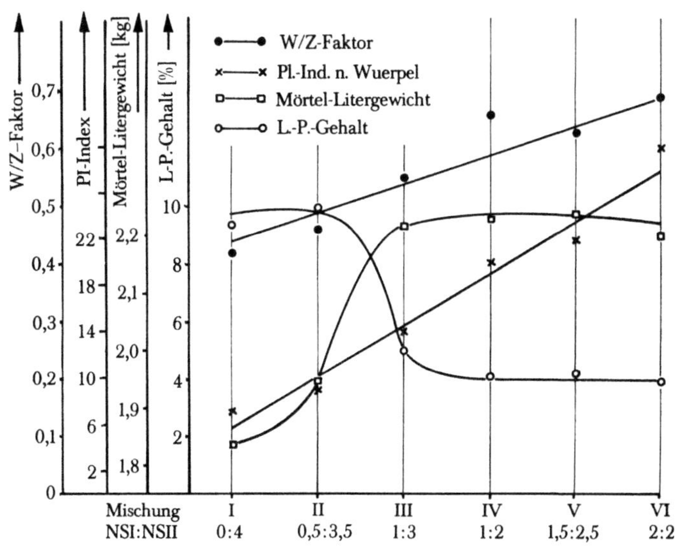

Abb. 9 W/Z-Faktor, LP-Gehalt, Plastizitätsindex und Mörtellitergewicht in Abhängigkeit von der Normensandzusammensetzung (PZ-Mörtel)

Tab. 11 Mörteltechnische Daten der Hochofenzementmischungen

	Mischung					
	I	II	III	IV	V	VI
NS I : NS II	0:4	0,5:3,5	1:3	1:2	1,5:2,5	2:2
W/Z-Faktor*	0,46	0,53	0,59	0,63	0,67	0,73
Leistungsaufnahme des Mischers (W)	17,5	17,5	17,5	17,5	17,5	17,5
Ausbreitmaß (cm)	**	13,4	15,3	16,8	17,8	18,5
Plastizitätsindex (nach WUERPEL)	7	10	20	27	30	38
Mörtellitergewicht (kg)	1,812	1,988	2,206	2,195	2,173	2,166
Luftporengehalt (%)	11,6	10,8	6,5	4,8	4,7	4,4
Prüfkörpergewicht nach dem Entschalen (Mittelwert) (kg)	a) 1,255 b) 1,291 c) 1,293	1,345 1,360 1,380	1,392 1,358 1,395	1,406 1,402 1,390	1,380 1,376 1,385	1,371 1,366 1,357

* Wasserbedarf bei gleicher Verarbeitbarkeit gemessen an der Leistungsaufnahme des Mischers.

** Nicht bestimmbar.

a) gestampft nach DIN 1164
b) geschockt nach RILEM-CEM
c) vibriert mit SODER-Vibrationstisch
} Verdichtungsarten

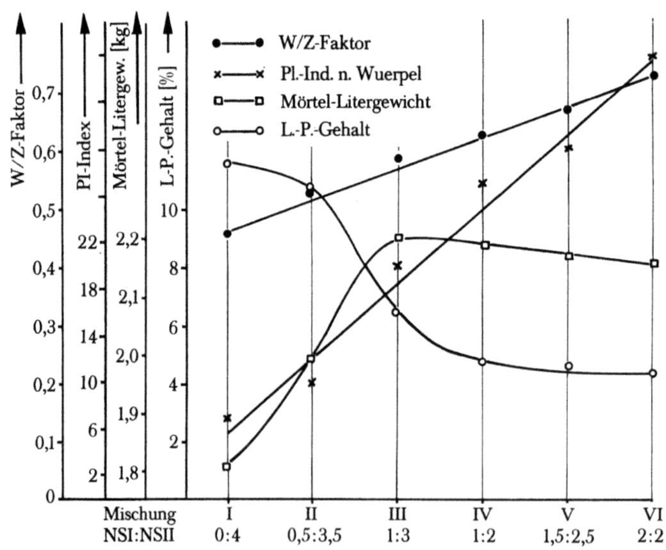

Abb. 10 W/Z-Faktor, LP-Gehalt, Plastizitätsindex und Mörtellitergewicht in Abhängigkeit von der Normensandzusammensetzung (HOZ-Mörtel)

Die Verdichtung durch Stampfen erfolgte nach Einbringen der beiden Mörtellagen durch jeweils 20 Stampfstöße mit dem Stampfer nach DIN 1164. Das Abstreichen erfolgte nach zwei Stunden Lagerung der Formen im Feuchtluftkasten.

Verdichten des Mörtels durch Schocken erfolgte auf dem Schocktisch nach RILEM-CEM. Der Mörtel wurde in zwei Lagen eingebracht, die durch jeweils 60 Schockstöße pro Minute verdichtet wurden. Das Abstreichen erfolgte im Anschluß an die Verdichtung.

Verdichten durch Vibrieren erfolgte mit dem SODER-Vibrationstisch Typ RTMC. Der Mörtel wurde auch hier in zwei Lagen eingebracht und bei einer Schwinghöhe von 0,5 mm jeweils 30 sec verdichtet.

Während bei den Verdichtungsarten Stampfen und Schocken jeweils die Prüfkörper der Mischungen IV (NS I : NS II = 1 : 2) die größte Rohdichte besaßen, hatten die auf dem Vibrationstisch verdichteten Prüfkörper der Mischungen III die größte Rohdichte. Das heißt, daß diejenigen Prismen nach dem Entschalen die größte Rohdichte besaßen, bei denen das Verhältnis von NS I zu NS II dem des in DIN 1164 vorgeschriebenen entsprach (Stampfen, Schocken) oder recht nahe kam (Vibrieren).

3.3. Bestimmung und Diskussion der Gasdurchlässigkeitsmeßwerte

Die nach dem geschilderten Verfahren bestimmten Gasdurchlässigkeitswerte für die Prüfkörper der Mischungen I–VI sowohl der Portlandzement- als auch der Hochofenzementmörtel sind in den Tab. 12 und 13 zusammengestellt.

In fast allen Fällen waren die Gasdurchlässigkeiten der senkrecht zur Verdichtung herausgebohrten Prüfscheiben größer, was auf Textureffekte zurückzuführen ist. So betrugen bei Gasdurchlässigkeiten zwischen 0,55 und 18 000 pPm diese Unterschiede 0,26–16 500 pPm.

Bei den Hochofenzementmörtelproben fällt die starke Abnahme der Gasdurchlässigkeit bei Mischung II gegenüber der der Mischung I auf, was auf die verdichtende Wirkung des Feinsandanteils von 12,5% zurückzuführen ist. Die geringsten Gasdurchlässigkeiten hatten die Prüfkörper der Mischung IV, deren NS I : NS II-Verhältnis wie 1:2 ist, also dem der DIN 1164-Prüfkörper entspricht. Dieses Ergebnis war zu erwarten, da diese Mischungen auch hohe Mörtellitergewichte bei geringen Luftporengehalten aufwiesen (s. Abschnitt 3.2.2).

Bei den Portlandzementmörtelproben wurde beim Übergang von der Mischung I zur Mischung II eine viel geringere Abnahme der Gasdurchlässigkeit festgestellt. Als Ursache hierfür wird das größere Volumen des Hochofenzementes gegenüber dem Portlandzement angesehen, zumal dessen CAF-Anteil relativ hoch ist.

Die stark verdichtende Wirkung des Feinsandanteils wird hier erst bei der Mischung III sichtbar, deren NS I-Gehalt gegenüber dem der Mischung II um weitere 12,5% auf insgesamt 25% erhöht wurde.

Tab. 12 Gasdurchlässigkeit des PZ-Mörtels zu Beginn der Sulfatlagerung (in pPm)

Verdichtungsart	Bestimmung der Gasdurchlässigkeit	Mischung I NSI : NSII 0 : 4	Mischung II NSI : NSII 0,5 : 3,5	Mischung III NSI : NSII 1 : 3	Mischung IV NSI : NSII 1 : 2	Mischung V NSI : NSII 1,5 : 2,5	Mischung VI NSI : NSII 2 : 2
gestampft (nach DIN 1164)	parallel zur Verdichtungsrichtung	12 700	1 400	0,87	0,55	0,58	1,14
	senkrecht zur Verdichtungsrichtung	16 000	5 800	6,7	0,66	1,09	3,09
geschockt (nach Rilem-Cem)	parallel zur Verdichtungsrichtung	8 000	500	1,54	0,84	0,74	1,37
	senkrecht zur Verdichtungsrichtung	13 000	1 040	2,08	0,71	0,85	1,62
vibriert mit Soder-Vibrationstisch	parallel zur Verdichtungsrichtung	6 700	530	0,84	0,79	0,68	1,04
	senkrecht zur Verdichtungsrichtung	12 000	940	1,56	0,96	1,22	1,66

Tab. 13 Gasdurchlässigkeit des HOZ-Mörtels zu Beginn der Sulfatlagerung (in pPm)

Verdichtungsart	Bestimmung der Gasdurchlässigkeit	Mischung I NSI : NSII 0 : 4	Mischung II NSI : NSII 0,5 : 3,5	Mischung III NSI : NSII 1 : 3	Mischung IV NSI : NSII 1 : 2	Mischung V NSI : NSII 1,5 : 2,5	Mischung VI NSI : NSII 2 : 2
gestampft (nach DIN 1164)	parallel zur Verdichtungsrichtung	1 100	0,79	0,76	0,56	0,72	1,08
	senkrecht zur Verdichtungsrichtung	9 000	2,9	0,92	0,78	0,95	1,06
geschockt (nach RILEM-CEM)	parallel zur Verdichtungsrichtung	1 500	0,91	0,90	0,61	1,02	1,36
	senkrecht zur Verdichtungsrichtung	18 000	1,37	1,26	0,85	1,22	1,28
vibriert mit Soder-Vibrationstisch	parallel zur Verdichtungsrichtung	14 000	0,97	0,81	0,87	1,40	2,70
	senkrecht zur Verdichtungsrichtung	16 000	0,99	1,4	1,13	1,65	2,83

Die geringsten Gasdurchlässigkeiten wurden an den Prüfkörpern der Mischungen IV und V mit 0,55–1,22 pPm (Portlandzementmörtel) bzw. 0,56–1,65 pPm (Hochofenzementmörtel) gemessen. Sowohl die Hochofenzement- als auch die Portlandzementmörtelproben der Mischungen VI zeigen wieder eine Zunahme der Gasdurchlässigkeit vom Bereich zwischen 0,56 und 1,13 auf Werte zwischen 1,06 und 2,83 (Hochofenzementmörtel) bzw. vom Bereich zwischen 0,55 und 0,96 auf Werte zwischen 1,04 und 3,09 pPm (Portlandzementmörtel). Dies ist auf den größeren Wasserbedarf dieser feinsandreichsten Mischungen (bei gleicher Verarbeitbarkeit) zurückzuführen.

3.4. Nachweis der laminaren Strömung

In der Abb. 11 sind die Durchströmungsgeschwindigkeiten über der Druckdifferenz, gemessen an den Mörtelprüfkörpern der Mischungen I–VI, aufgetragen. Aus der Tatsache, daß die bei verschiedenen Druckdifferenzen erhaltenen Meßpunkte jeweils auf einer Geraden liegen, ist zu ersehen, daß die Forderung nach laminarer Strömung bei der Gasdurchlässigkeitsbestimmung der unterschiedlich dichten Prüfkörper der Mischungen I–VI erfüllt wurde.

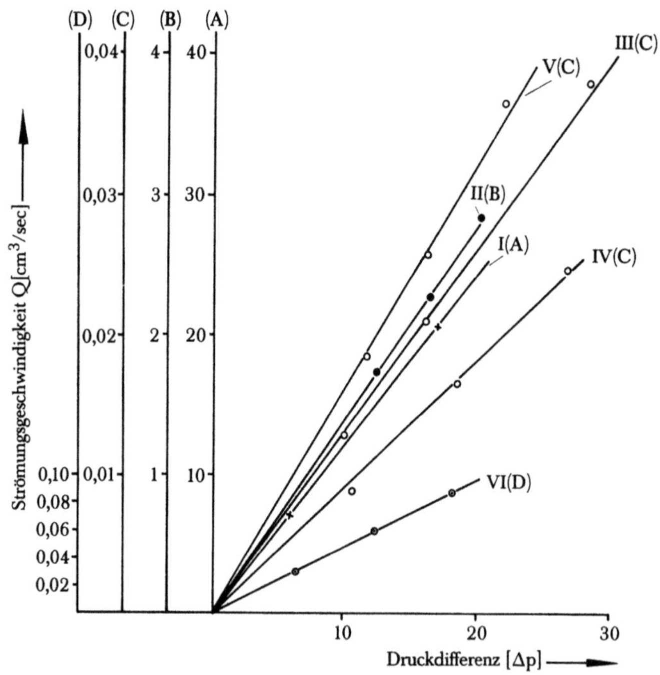

Abb. 11 Durchströmungsgeschwindigkeit in Abhängigkeit von der Druckdifferenz
Dimension der Abszisse:
Geraden I und II in cm WS
Geraden III–VI in cm Hg-Säule
(vgl. Tab. 14)

Wie aus der Tab. 14 zu entnehmen ist, liegen die Durchströmungsgeschwindigkeiten der porösen Proben der Mischung I bei einem Druckunterschied Δp von 10 cm WS im Bereich von 13 cm^3/sec. Dagegen wurde am dichtesten Prüfkörper (Mischung IV) bei einem Druckunterschied von rd. 250 cm WS eine Durchströmungsgeschwindigkeit Q von nur 0,0166 cm^3/sec gemessen.
Um diese in ihrer Höhe so unterschiedlichen Druck- und Geschwindigkeitswerte in einem Bild darstellen zu können, wurden in Abb. 11 in Ordinatenrichtung 4 verschiedene Maßstäbe gewählt, und zwar Maßstab A für Mischung I, B für Mischung II, C für Mischung III, IV, V und D für Mischung VI. Auf der Abszisse wurde die Druckdifferenz Δp aufgetragen, deren Zahlenwerte für die Prüfkörper der Mischungen I und II die Dimension cm WS, für die der Mischungen III–VI die Dimension cm Hg-S. besitzen.

Tab. 14 Zusammenstellung der Durchströmungsgeschwindigkeiten und Druckdifferenzen von Prüfkörpern der Mischungen I–VI

Mischung	Q (cm^3/sec)	Δp	Mischung	Q (cm^3/sec)	Δp
I	20,6	17 cm WS	IV	0,0247	26,6 cm Hg-S
	13,2	10 cm WS		0,0166	18,5 cm Hg-S
	7,5	6 cm WS		0,0089	10,6 cm Hg-S
II	2,84	20,1 cm WS	V	0,0366	22,0 cm Hg-S
	2,28	16,3 cm WS		0,0258	16,2 cm Hg-S
	1,74	12,5 cm WS		0,0184	11,7 cm Hg-S
III	0,0385	28,2 cm Hg-S	VI	0,875	18,1 cm Hg-S
	0,0275	21,9 cm Hg-S		0,0600	12,4 cm Hg-S
	0,0210	16,1 cm Hg-S		0,0300	6,4 cm Hg-S

3.5. Messung der Resonanzfrequenz bei transversaler Anregung bzw. Bestimmung des dynamischen *E*-Moduls

Die Messung des dynamischen *E*-Moduls aus der Resonanz der Biegeschwingung (transversale Anregung) erfolgte sowohl während der Wasserlagerung als auch während der Lagerung in 0,15 m Magnesiumsulfatlösung. Dabei wurden die Prüfkörper aus den Flüssigkeitsbehältern genommen, oberflächlich abgetrocknet, gewogen, gemessen und anschließend wieder in die Lösung gelegt. Um eine möglichst gleichbleibende Konzentration zu erhalten, wurde die Lösung wöchentlich erneuert. Die Werte der gemessenen Resonanzfrequenzen, die Prüfkörpergewichte sowie die daraus errechneten *E*-Moduln sind für alle drei Verdichtungsarten und für die beiden verwendeten Zementtypen in den Tab. 15–20 zusammengestellt.

Tab. 15 Zusammenstellung der Prüfkörpergewichte, Resonanzfrequenzen und E-Moduln in Abhängigkeit von der Lagerungsdauer
PZ-Mörtel »gestampft«

Lagerungsdauer (Tage)	Mischung I			Mischung II			Mischung III			Mischung IV			Mischung V			Mischung VI		
	G	*f*	*E*-M.	*G*	*f*	*E*-M.	*G*	*f*	*E*-M.	*G*	*f*	*E*-M.	*G*	*f*	*E*-M.	*G*	*f*	*E*-M.
	Wasserlagerung																	
2	1279	2075	167	1320	2115	180	1421	2380	245									
3										1435	2600	295	1418	2565	284	1417	2330	234
4	1280	2250	197	1322	2400	232	1421	2625	298									
6										1436	2810	345	1424	2765	331	1416	2565	283
7	1280	2350	215	1322	2500	252	1420	2780	334									
10	1281	2385	222	1321	2545	260	1422	2795	338	1436	2930	375	1427	2885	362	1418	2710	316
13										1438	2960	383	1428	2935	374	1417	2740	324
14	1285	2440	233	1320	2595	269	1422	2850	352									
21										1438	2990	391	1427	2960	380	1418	2790	336
22	1287	2450	235	1323	2650	283	1424	2895	364									
27										1439	3010	397	1428	2980	386	1415	2845	348
28	1289	2450	236	1324	2675	288	1423	2935	377									
	$MgSO_4$-Lagerung (0,15 molare Lösung)																	
15	1293	2530	252	1327	2745	304	1425	2950	378	1443	3025	402	1433	3000	392	1420	2850	351
53	1296	1920	145	1329	2640	282	1423	2975	384	1444	3080	417	1435	3050	406	1419	2900	363
68	1298	1870	138	1328	2555	264	1426	2995	387	1442	3095	420	1433	3050	406	1420	2950	376
82	1299	1780	125	1331	2490	252	1425	3000	390	1443	3120	427	1432	3050	406	1421	2930	372
103	1297	1730	118	1336	2470	248	1427	3030	399	1444	3100	422	1430	3050	405	1419	2930	371
138	1293	1730	118	1333	2400	234	1425	3030	399	1443	3120	427	1432	3045	405	1422	2940	374
160	1290	1730	117	1330	2360	226	1426	3020	396	1442	3095	420	1430	3075	412	1420	2950	376
370	1278	n. m.	–	1321	2180	191	1429	3055	403	1444	3180	459	1435	3050	406	1420	2955	376

G = Gewicht (g) *f* = Resonanzfrequenz (Hz) *E*-M. = *E*-Modul ($\times 10^3$ kp/cm²) n. m. = nicht meßbar

Tab. 16 Zusammenstellung der Prüfkörpergewichte, Resonanzfrequenzen und E-Moduln in Abhängigkeit von der Lagerungsdauer PZ-Mörtel »geschockt«

Lagerungsdauer (Tage)	Mischung I			Mischung II			Mischung III			Mischung IV			Mischung V			Mischung VI		
	G	*f*	*E*-M.	*G*	*f*	*E*-M.	*G*	*f*	*E*-M.	*G*	*f*	*E*-M.	*G*	*f*	*E*-M.	*G*	*f*	*E*-M.
	Wasserlagerung																	
1	1235	1825	125	1409	2040	178	1412	2015	174	1418	1855	148	1405	1865	149	1386	1685	120
2	1249	2165	178	1417	2455	260	1415	2470	263	1421	2405	250	1408	2385	244	1390	2150	195
3	1260	2315	205	1419	2615	295	1416	2620	296	1422	2570	286	1408	2530	274	1391	2330	230
4	1261	2390	220	1420	2785	335	1417	2735	322									
6										1420	2750	327	1407	2715	315	1393	2520	269
7	1280	2490	241	1420	2805	340	1417	2845	349									
9										1420	2850	351	1408	1770	329	1390	2595	285
10	1296	2505	247	1423	2870	356	1416	2900	362									
14										1419	2885	359	1409	2810	338	1390	2675	303
15	1296	2535	253	1425	2945	376	1417	2960	378									
28	1298	2570	261	1425	2980	385	1417	2985	384	1420	2950	376	1410	2885	357	1390	2725	314
	$MgSO_4$-Lagerung (0,15 molare Lösung)																	
8	1304	2600	268	1425	3050	403	1419	3000	388	1422	2980	384	1413	2890	359	1392	2780	327
46	1315	2300	212	1425	3060	406	1420	3000	389	1423	2990	387	1413	2950	374	1394	2860	347
61	1327	2160	188	1425	3100	416	1421	3045	401	1425	3030	398	1413	2960	377	1395	2895	356
75	1320	1970	156	1427	3105	418	1422	3045	401	1427	3020	396	1413	2970	379	1398	2895	356
96	1315	1890	143	1428	3090	415	1423	3040	400	1430	3020	397	1412	2980	381	1399	2880	353
131	1311	1810	131	1431	3150	432	1424	3050	403	1433	3030	400	1415	2995	386	1400	2880	353
215	1310	1715	117	1429	3110	421	1423	3100	416	1432	3100	419	1414	3050	400	1399	2885	354
370	1308	1620	104	1429	3040	400	1423	3175	436	1430	3140	429	1413	3065	404	1397	2945	369

G = Gewicht (g) *f* = Resonanzfrequenz (Hz) *E*-M. = *E*-Modul ($\times 10^3$ kp/cm²)

Tab. 17 Zusammenstellung der Prüfkörpergewichte, Resonanzfrequenzen und E-Moduln in Abhängigkeit von der Lagerungsdauer
PZ-Mörtel »vibriert«

Lagerungsdauer	Mischung I			Mischung II			Mischung III			Mischung IV			Mischung V			Mischung VI		
(Tage)	*G*	*f*	*E*-M.	*G*	*f*	*E*-M.	*G*	*f*	*E*-M.	*G*	*f*	*E*-M.	*G*	*f*	*E*-M.	*G*	*f*	*E*-M.
Wasserlagerung																		
1	1279	2050	164	1409	2095	188	1421	2020	177	1411	1765	134	1402	1690	122	1393	1560	103
2	1318	2365	224	1415	2605	292	1425	2460	263									
4										1415	2600	291	1404	2525	272	1396	2430	251
5	1325	2625	278	1418	2875	357	1425	2730	323									
7										1415	2730	321	1404	2665	303	1396	2525	271
8	1328	2635	281	1419	2920	368	1425	2835	349									
12										1415	2810	340	1404	2760	325	1396	2655	299
13	1330	2725	301	1420	2990	287	1427	2915	369									
28	1331	2735	303	1421	3000	389	1427	2950	378	1415	2900	362	1404	2845	346	1397	2735	318
$MgSO_4$-Lagerung (0,15 molare Lösung)																		
44	1336	2800	319	1425	3100	417	1429	3030	390	1418	2960	378	1406	2910	362	1400	2850	346
61	1346	2810	324	1427	3160	434	1428	3025	398	1418	2975	382	1407	2950	372	1400	2870	351
75	1349	2830	329	1429	3180	440	1428	3005	393	1418	2980	383	1407	2940	370	1400	2875	352
96	1350	2795	321	1429	3170	437	1429	3010	394	1418	2990	386	1407	2920	365	1400	2860	348
131	1348	2455	247	1430	3105	420	1429	2980	386	1419	3000	388	1410	2930	368	1403	2850	347
215	1348	1920	151	1432	3030	400	1431	3070	411	1420	3000	389	1410	2925	367	1400	2860	348
370	1346	1845	140	1429	3000	392	1430	3150	432	1418	3135	424	1407	3035	394	1400	2925	364

G = Gewicht (g) *f* = Resonanzfrequenz (Hz) *E*-M. = *E*-Modul ($\times 10^3$ kp/cm²)

Tab. 18 Zusammenstellung der Prüfkörpergewichte, Resonanzfrequenzen und E-Moduln in Abhängigkeit von der Lagerungsdauer
HOZ-Mörtel »gestampft«

Lagerungsdauer	Mischung I			Mischung II			Mischung III			Mischung IV			Mischung V			Mischung VI		
(Tage)	*G*	*f*	*E*-M.	*G*	*f*	*E*-M.	*G*	*f*	*E*-M.	*G*	*f*	*E*-M.	*G*	*f*	*E*-M.	*G*	*f*	*E*-M.
									Wasserlagerung									
6				1361	2365	232	1400	2430	252				1388	2290	221			
7	1280	2175	184							1416	2500	269				1380	2230	209
8				1360	2430	247	1399	2510	268				1389	2350	234			
9	1278	2215	191							1415	2570	285				1380	2310	224
11				1366	2480	255	1403	2550	278				1390	2430	250			
12	1283	2230	194							1418	2580	288				1382	2385	240
14				1368	2510	262	1402	2585	285				1392	2450	254			
15	1285	2270	202							1419	2640	301				1384	2400	243
18				1367	2575	276	1402	2625	294				1391	2540	273			
19	1288	2320	211							1420	2700	315				1385	2450	253
28	1287	2380	222	1368	2645	291	1402	2725	317	1419	2790	336	1393	2600	286	1384	2550	274
									$MgSO_4$-Lagerung (0,15 molare Lösung)									
6	1290	2440	234	1369	2695	303	1403	2765	326	1419	2825	345	1392	2650	298	1386	2595	284
18	1293	2500	246	1370	2750	315	1403	2830	342	1419	2880	356	1392	2720	314	1385	2700	307
32	1296	2550	256	1371	2795	326	1405	2900	360	1420	2920	369	1393	2760	323	1385	2720	312
46	1294	2595	265	1372	2870	344	1406	2925	366	1421	2930	372	1395	2825	339	1386	2800	331
75	1295	2610	269	1370	2875	344	1404	2955	374	1423	2975	384	1394	2850	344	1386	2810	333
112	1297	2600	267	1370	2900	350	1405	2980	380	1420	3005	390	1396	2870	350	1388	2850	343
144	1296	2575	262	1372	2905	353	1405	2980	380	1419	3020	393	1395	2895	356	1388	2845	342
160	1295	2550	256	1371	2915	355	1405	2980	380	1421	3010	392	1396	2890	355	1389	2840	341
250	1298	2390	225	1369	2915	355	1404	2980	380	1420	3015	390	1396	2895	354	1388	2850	343
370	1300	2150	185	1370	2940	360	1405	2980	380	1425	3010	391	1395	2900	355	1388	2860	345

G = Gewicht (g) *f* = Resonanzfrequenz (Hz) *E*-M. = *E*-Modul ($\times 10^3$ kp/cm²)

Tab. 19 Zusammenstellung der Prüfkörpergewichte, Resonanzfrequenzen und E-Moduln in Abhängigkeit von der Lagerungsdauer
HOZ-Mörtel »geschockt«

Lagerungsdauer (Tage)	Mischung I			Mischung II			Mischung III			Mischung IV			Mischung V			Mischung VI		
	G	*f*	*E*-M.	*G*	*f*	*E*-M.	*G*	*f*	*E*-M.	*G*	*f*	*E*-M.	*G*	*f*	*E*-M.	*G*	*f*	*E*-M.
Wasserlagerung																		
1	1291	1395	76	1360	1410	82	1358	1310	71	1402	1355	78	1376	1240	64	1366	1130	53
3				1365	2230	206	1362	2145	191				1380	2020	151			
4	1300	2250	200							1406	2270	220				1369	2025	171
6				1369	2415	243	1364	2325	224				1381	2250	213			
7	1317	2360	223							1410	2435	254				1370	2180	198
10				1368	2490	258	1365	2460	251				1383	2345	231			
11	1320	2430	237							1412	2520	273				1370	2280	217
18				1369	2560	273	1369	2585	278				1383	2510	265			
19	1323	2530	257							1410	2665	305				1371	2425	245
27				1370	2680	299	1369	2675	298				1385	2570	278			
28	1324	2630	279							1411	2730	320				1373	2515	264
$MgSO_4$-Lagerung (0,15 molare Lösung)																		
4	1328	2670	288	1372	2710	306	1370	2740	313	1412	2780	332	1390	2600	286	1377	2555	273
11	1330	2725	300	1372	2750	316	1370	2755	316	1412	2845	348	1391	2700	308	1377	2605	284
18	1330	2720	299	1373	2800	327	1371	2795	326	1412	2895	360	1392	2735	317	1379	2650	294
25	1332	2755	307	1374	2845	338	1371	2860	341	1412	2890	359	1393	2740	318	1379	2690	303
68	1333	2820	322	1374	2900	351	1372	2925	357	1412	2950	374	1394	2850	344	1379	2800	329
105	1335	2860	332	1375	2930	359	1374	2940	361	1411	2980	381	1394	2880	352	1379	2805	330
123	1337	2850	330	1376	2940	362	1374	2950	364	1413	3000	387	1393	2890	354	1379	2795	328
158	1339	2825	325	1377	2950	364	1376	2960	367	1412	3000	386	1395	2850	345	1379	2795	328
193	1340	2770	313	1376	2970	369	1375	2990	374	1413	3020	392	1396	2895	356	1381	2830	336
277	1340	2685	294	1380	2995	376	1381	3000	378	1413	3070	405	1398	2960	372	1381	2830	336
370	1336	2360	226	1381	3005	379	1381	3050	390	1412	3105	414	1396	3000	382	1380	2880	348

G = Gewicht (g) *f* = Resonanzfrequenz (Hz) *E*-M. = *E*-Modul ($\times 10^3$ kp/cm²)

Tab. 20 Zusammenstellung der Prüfkörpergewichte, Resonanzfrequenzen und E-Moduln in Abhängigkeit von der Lagerungsdauer
HOZ-Mörtel »vibriert«

Lagerungsdauer (Tage)	Mischung I			Mischung II			Mischung III			Mischung IV			Mischung V			Mischung VI		
	G	*f*	*E*-M.	*G*	*f*	*E*-M.	*G*	*f*	*E*-M.	*G*	*f*	*E*-M.	*G*	*f*	*E*-M.	*G*	*f*	*E*-M.
Wasserlagerung																		
1	1293	1150	52	1380	1375	79	1395	950	38	1390	985	41	1385	965	39	1357	1030	44
2	1315	1845	136	1391	1905	154	1403	1755	131	1397	1895	153	1392	1765	132	1367	1670	116
3	1316	2245	202	1390	2290	222	1403	2070	183									
7										1399	2385	242	1393	2290	222	1367	2060	176
8	1316	2460	242	1394	2550	276	1404	2410	248									
13										1399	2550	277	1394	2425	249	1368	2225	206
14	1318	2520	255	1395	2700	309	1406	2555	279									
20										1399	2570	281	1395	2490	263	1369	2300	220
21	1319	2570	265	1397	2705	311	1408	2590	287									
28	1320	2635	279	1399	2775	328	1408	2655	302	1399	2640	297	1395	2580	282	1369	2395	239
$MgSO_4$-Lagerung (0,15 molare Lösung)																		
39	1325	2790	314	1410	2900	361	1410	2870	353	1403	2840	344	1399	2755	323	1372	2620	286
56	1327	2795	315	1412	2960	376	1410	2900	361	1403	2880	361	1400	2800	334	1373	2690	302
70	1329	2795	316	1413	2950	374	1410	2900	361	1403	2880	361	1400	2800	334	1373	2685	301
91	1330	2820	322	1414	2970	379	1410	2930	368	1403	2920	364	1400	2850	346	1373	2720	309
126	1338	2800	319	1418	3010	391	1412	2955	375	1403	2940	369	1400	2860	348	1373	2740	314
210	1336	2790	316	1423	3050	403	1413	3015	391	1405	2950	372	1401	2900	358	1375	2800	328
370	1335	2650	285	1421	3105	417	1414	3050	400	1405	3045	396	1403	2955	373	1375	2825	334

G = Gewicht (g) *f* = Resonanzfrequenz (Hz) *E*-M. = *E*-Modul ($\times 10^3$ kp/cm²)

Eine graphische Darstellung der E-Moduln der Prüfkörper der Mischungen I, II III über der Lagerungsdauer zeigen die Abb. 12, 13 und 14.
Bei den Prismen der *Mischungen* I (Abb. 12) zeigen die PZ-Mörtelprismen aller drei Verdichtungsarten einen früheren und vor allem stärkeren Abfall des E-Moduls während der $MgSO_4$-Lagerung.
So beginnen die E-Moduln des gestampften PZ-Mörtelprismas bereits nach 15-tägiger und des geschockten nach 20tägiger $MgSO_4$-Lagerung abzunehmen. Der gestampfte Prüfkörper zeigte nach 160tägiger Lagerungsdauer starke Verkrümmungen, so daß eine exakte Auflage und damit Messung der Resonanzfrequenz nicht mehr möglich war. Der E-Modul-Abfall des vibrierten Prüfkörpers beginnt erst nach rd. 80 Tagen $MgSO_4$-Lagerung, um dann innerhalb von 200 Tagen von 330 000 auf 150 000 kp/cm² zurückzugehen.
Dieser unterschiedliche Abfall des E-Moduls der verschieden verdichteten Mörtelprismen findet eine Erklärung in den ebenfalls unterschiedlichen Gasdurchlässigkeiten der Prüfkörper vor der Einlagerung in die $MgSO_4$-Lösung, die in nachstehender Tab. 21 nochmals für die Prüfkörper der Mischungen I, II und III zusammengefaßt sind.
So ist der Tab. 14 zu entnehmen, daß das gestampfte Prisma mit 12 700 und 16 000 pPm die größte Gasdurchlässigkeit besaß (die zuerst genannte Zahl gibt die Gasdurchlässigkeit parallel, die zweite senkrecht zur Verdichtungsrichtung an). Demgegenüber betrugen die Gasdurchlässigkeiten des geschockten Prismas 8000 und 13 000 und die des vibrierten Prüfkörpers 6700 und 12 000 pPm.

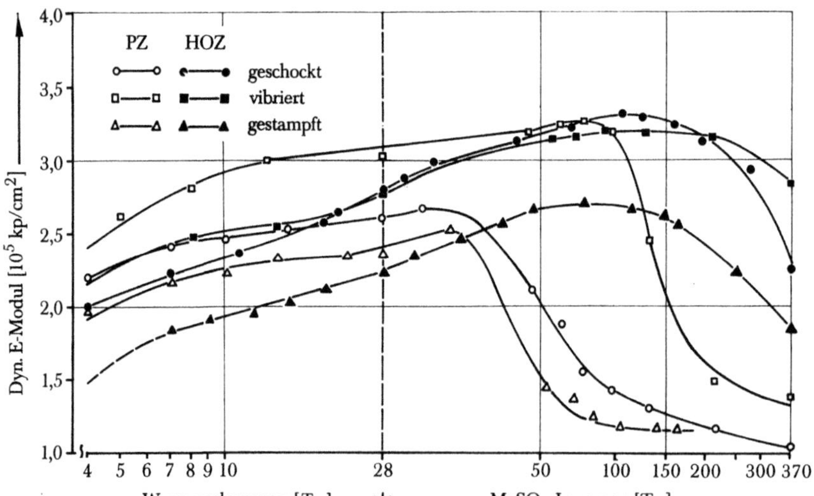

Abb. 12 Dynamischer E-Modul
in Abhängigkeit von der Wasser- und $MgSO_4$-Lagerung
(PZ- und HOZ-Mörtelprismen der Mischung I
in Abhängigkeit von der Verdichtungsart;
Gasdurchlässigkeit nach 28 Tagen Wasserlagerungsdauer siehe Tab. 21)

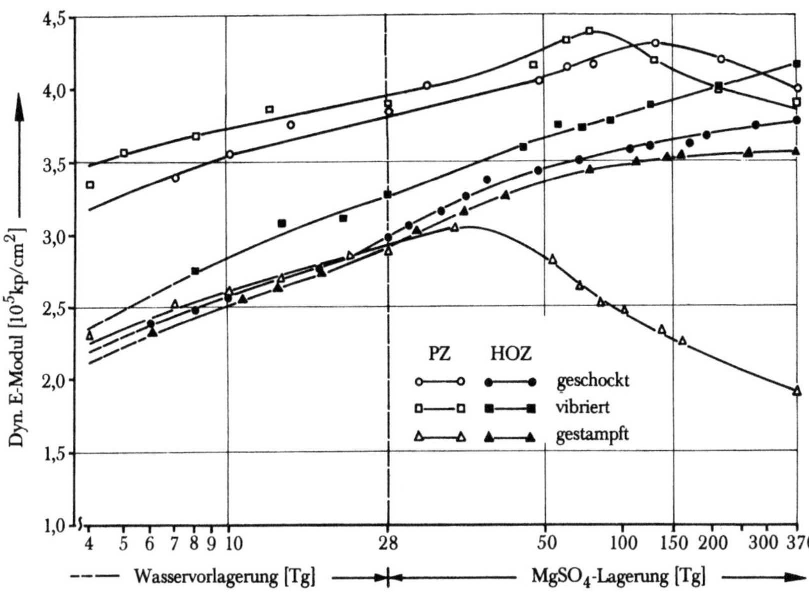

Abb. 13 Dynamischer E-Modul
in Abhängigkeit von der Wasser- und $MgSO_4$-Lagerung
(PZ- und HOZ-Mörtelprismen der Mischung II
in Abhängigkeit von der Verdichtungsart;
Gasdurchlässigkeit nach 28 Tagen Wasserlagerungsdauer siehe Tab. 21)

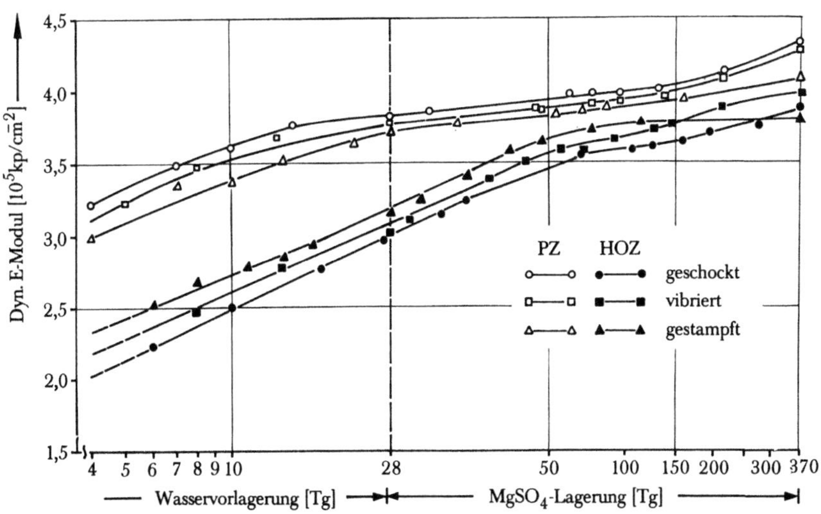

Abb. 14 Dynamischer E-Modul
in Abhängigkeit von der Wasser- und $MgSO_4$-Lagerung
(PZ- und HOZ-Mörtelprismen der Mischung III
in Abhängigkeit von der Verdichtungsart;
Gasdurchlässigkeit nach 28 Tagen Wasserlagerungsdauer siehe Tab. 21)

Tab. 21 Zusammenstellung der Gasdurchlässigkeitswerte für die Mörtelprismen der Mischungen I, II und III

Verdichtungsart	Gegenseitige Lage von Prüfkörperachse und Verdichtungsrichtung	Gasdurchlässigkeit in pPm					
		Portlandzementmörtel			Hochofenzementmörtel		
		Mischung			Mischung		
		I	II	III	I	II	III
gestampft	parallel	12 700	1 400	0,87	1 100	0,79	0,76
	senkrecht	16 000	5 800	6,7	9 000	2,9	0,92
geschockt	parallel	8 000	500	1,54	1 500	0,91	0,90
	senkrecht	13 000	1 040	2,08	18 000	1,37	1,26
vibriert	parallel	6 700	530	0,84	14 000	0,97	0,81
	senkrecht	12 000	940	1,56	16 000	0,99	1,40

Bei den Mörtelprismen mit Spezialhochofenzement (aus C_3A-armem Klinker und Al_2O_3-armem Hüttensand) ist ein allmählicher Abfall bei allen drei Verdichtungsarten erst nach rd. 100 Tagen $MgSO_4$-Lagerung festzustellen. Die Reihenfolge des Abfalls ist die gleiche wie bei den C_3A-armen PZ-Mörtelprismen (gestampft, geschockt, vibriert), wenn auch der Abstand viel geringer ist (Abb. 12). Daß trotz der ebenfalls sehr hohen Gasdurchlässigkeiten von 1 bis $18 \cdot 10^3$ pPm (s. Tab. 13) der Abfall des E-Moduls während der $MgSO_4$-Lagerung nicht so stark wie bei den PZ-Mörtelprismen ist, ist auf die Art des Zementes zurückzuführen. Denn ein auf Grund seiner chemischen bzw. mineralogischen Zusammensetzung für die Sulfatbeständigkeit weniger geeigneter Zement wird in seiner Aggressivbeständigkeit in stärkerem Maße von der Gasdurchlässigkeit bzw. Dichtigkeit des Mörtelgefüges abhängen, da die mit einer größeren offenen Porosität verbundene große Oberfläche des Mörtels der aggressiven Lösung einen um so schnelleren Angriff ermöglicht, je geringer die Sulfatbeständigkeit des Zementes ist.

Die Abb. 13 zeigt die Kurvenverläufe für Mörtelprismen der Mischungen II. Während die HOZ-Prismen auch nach 370 Tagen $MgSO_4$-Lagerung keine Abnahme des E-Moduls zeigen, ist bei den Portlandzementprismen eine solche zu beobachten. Eine Erklärung hierfür geben wieder die Gasdurchlässigkeitswerte, die bei den Hochofenzementmörteln gegenüber den PZ-Mörteln um rd. drei Zehnerpotenzen niedriger liegen.

Der bei den PZ-Mörteln auffallende frühe Abfall der gestampften Probe nach rd. 20 Tagen $MgSO_4$-Lagerung findet seine Erklärung wiederum in der größeren Gasdurchlässigkeit gegenüber den geschockten und vibrierten Proben (siehe Tab. 21).

In der Abb. 14 sind die E-Moduln der Prismen der Mörtelmischungen III über der Lagerungsdauer aufgetragen. Sowohl bei den Portlandzement- als auch bei den Hochofenzementmörtelprismen ist während der 370tägigen $MgSO_4$-Lagerung kein Abfall des E-Moduls eingetreten.
Wie aus Tab. 21 zu entnehmen ist, lagen die Gasdurchlässigkeiten der HOZ-Prüfkörper im Bereich von 0,76 bis 1,4 und die der PZ-Prüfkörper zwischen 0,84 und 6,7 pPm. Die etwas größeren Gasdurchlässigkeiten der PZ-Mörtel wirkten sich also hier hinsichtlich einer E-Modul-Abnahme nicht mehr aus. Ähnliche ansteigende Kurvenverläufe gibt es für die Mischungen IV, V und VI, bei denen die Gasdurchlässigkeiten unter 3,09 pPm lagen (siehe Abb. 14 und 15).

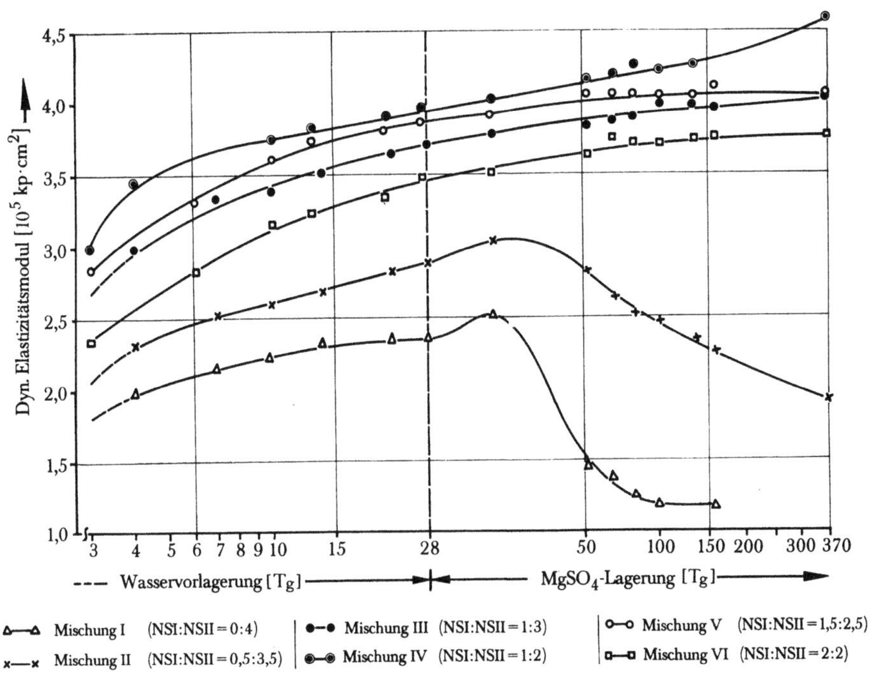

Abb. 15 Dynamischer E-Modul von gestampften PZ-Mörtelprismen der Mischungen I–VI in Abhängigkeit von der Wasser- und $MgSO_4$-Lagerung

In der Abb. 15 sind für eine Verdichtungsart (gestampft) alle Kurven der PZ-Mörtelprismen für die Mischungen I bis VI nebeneinander aufgetragen. Die dazugehörigen Gasdurchlässigkeitswerte im Alter von 29 Tagen enthält die unten stehende Zusammenstellung, die der Tab. 12 entnommen sind.
Neben den bereits in den Abb. 12, 13 und 14 gezeigten Kurvenverläufen der Mischungen I, II und III sind hier auch einmal die der Mischungen IV, V und VI mit eingezeichnet, die gleich der der Mischung III auch nach 370 Tagen $MgSO_4$-Lagerung noch keine E-Modul-Abnahme zeigen.

Gasdurchlässigkeit in pPm *zu Beginn der Sulfatlagerung im Alter von 29 Tagen*

Mischung	parallel	senkrecht	Mischung	parallel	senkrecht
I	12 700	16 000	IV	0,55	0,66
II	1 400	5 800	V	0,58	1,09
III	0,87	6,7	VI	1,14	3,09

Wie bereits erwähnt, begann sich der PZ-Mörtelprüfkörper der Mischung I nach 160 Tagen $MgSO_4$-Lagerung so stark zu verkrümmen, daß eine weitere Messung der Resonanzfrequenz nicht mehr möglich war. Aus diesem Grunde wurden in der Abb. 16, die nochmals den Einfluß der offenen Porosität auf den *E*-Modul der wasser- und $MgSO_4$-gelagerten Prismen zeigen soll, die *E*-Moduln nach 28 Tagen Wasserlagerung und nach 160 Tagen $MgSO_4$-Lagerung über den einzelnen Mischungsverhältnissen aufgetragen. Gleichzeitig wurden in die Abbildung die entsprechenden Gasdurchlässigkeitswerte mit aufgenommen, die nach 28 Tagen Wasservorlagerung sowohl in Richtung als auch senkrecht zu der Verdichtung gemessen wurden.

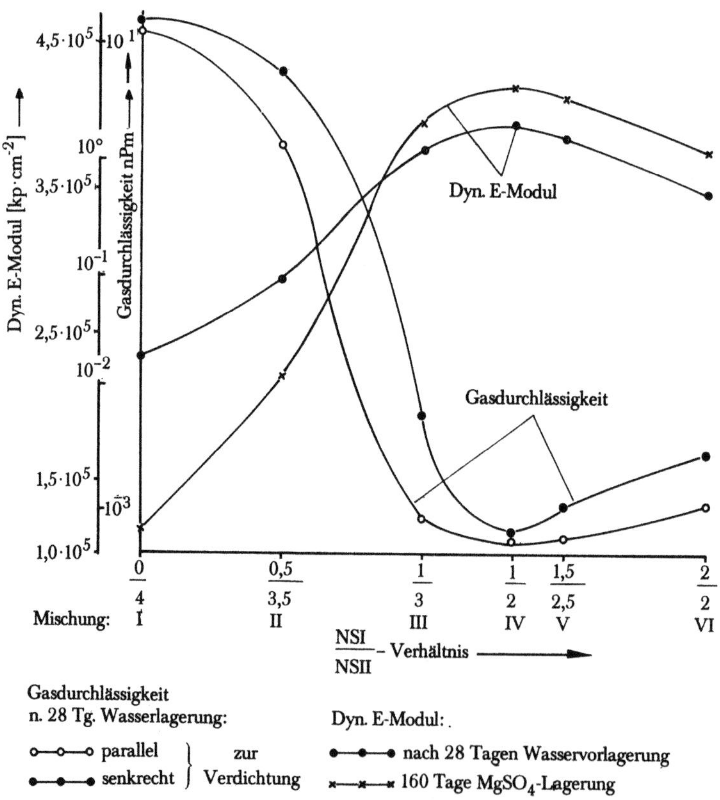

Abb. 16 Gasdurchlässigkeit und dynamischer *E*-Modul in Abhängigkeit vom Normensandverhältnis bei den PZ-Mörtelprismen der Mischungen I–VI

Deutlich ist aus der Abbildung die gegenläufige Entwicklung von Gasdurchlässigkeit und E-Modul zu erkennen. Oder anders ausgedrückt: Prüfkörper mit hohem E-Modul-Wert haben eine geringe offene Porosität und umgekehrt.
Deutlich ist auch der Unterschied der E-Moduln nach 28 Tagen Wasser- und nach 160 Tagen $MgSO_4$-Lagerung gemessen an den gleichen Prüfkörpern.
Die Zunahme der E-Moduln der Mischungen III, IV, V und VI nach 160 Tagen $MgSO_4$-Lagerung gegenüber denen nach 28 Tagen Wasserlagerung ist darauf zurückzuführen, daß bei diesen relativ dichten Prüfkörpern die Nacherhärtung sichtbar eintritt und durch keine Zerstörung des Mörtels aufgehoben wird, wie es bei den Prüfkörpern der Mischungen I und II der Fall ist, in die die $MgSO_4$-Lösung leicht eintreten kann.
Die Zunahme der Gasdurchlässigkeit der Proben V und VI gegenüber IV ist auf den mit der Zunahme des Feinsandanteiles höheren Wasserbedarf des Mörtels – bei gleicher Verarbeitbarkeit – zurückzuführen.
Der große Sprung in der Gasdurchlässigkeit beim Übergang von Mörteln mit der Sandmischung II auf die Sandmischung III zeigt, daß durch Verdoppelung des Feinsandanteiles von 12,5 auf 25% die Gasdurchlässigkeit sehr stark verringert werden konnte.

3.5.1. Fehlerbetrachtung

Die gemessenen E-Modul-Werte sind, je nachdem welche der vier Prismenseiten als Auflagefläche diente, verschieden, wie es bereits bei den $4 \times 4 \times 16$-cm-Prismen beschrieben wurde. Auch hier ist der E-Modul des Prüfkörpers der Mittelwert aus den an den vier Seiten gewonnenen Werten. Auch hier interessierte, inwieweit die Werte der einzelnen Flächen vom Mittelwert abweichen.
Bei entsprechenden Messungen an vier Prismen betrug die wahrscheinliche Streuung der Einzelwerte bei

Prüfkörper 1	$\pm 1{,}27\%$
Prüfkörper 2	$\pm 4{,}67\%$
Prüfkörper 3	$\pm 2{,}43\%$
Prüfkörper 4	$\pm 1{,}65\%$

Auch hier genügt es, wenn die Messungen nur an einer Prismenseite durchgeführt werden.
Setzt man bei der Berechnung des E-Moduls für $l = 25$ cm, für h bzw. b jeweils 5 cm ein und bestimmt das Prüfkörpergewicht durch Wägung, so kommt man unter Zugrundelegung von 50 Einzelmessungen dieser Größen zu einem quadratischen Fehler von $\pm 4\%$. Damit liegen die jeweils nur an einer Einzelfläche ermittelten E-Modul-Werte innerhalb dieses Streubereiches, womit auch hier nachgewiesen ist, daß diese Messungen an nur *einer* Prüfkörperseite vorgenommen zu werden brauchen.
Die Vermessung von 50 Mörtelprismen zeigte weiter, daß die Nenngrößen von 5 cm für Höhe und Breite sowie 25 cm für die Länge sehr gut innerhalb des Streubereiches

$$\bar{x} = 5{,}03 \text{ cm} \pm 0{,}60\% \text{ für Breite und Höhe}$$

und

$$\bar{x} = 25{,}02 \text{ cm} \pm 0{,}22\% \text{ für die Länge}$$

liegen.

Wie bei den $4 \times 4 \times 16$-cm-Prismen liegt den Berechnungen eine POISSONsche Konstante von 1/6 zugrunde. Unter extremen Verhältnissen ist mit einem weiteren Fehler für den Wert des E-Moduls von $\pm 1\%$ zu rechnen.

Interessant war auch bei diesen Prüfkörpern, zu wissen, ob die während der Meßdauer eintretende Trocknung sowohl durch die Gewichtsänderung als auch zusätzlich durch die Änderung der Konstanten einen merklichen Einfluß auf das Ergebnis ausübt.

Aus der Tab. 22 ist zu entnehmen, daß dies nicht der Fall ist.

Tab. 22 Einfluß der Austrocknung von Mörtelprismen auf den dynamischen E-Modul

Messung Nr.	Meßzeit Std.	E-Modul ($\times 10^3$ kp/cm²) bei Probe I	II	III	IV	V	VI
1	0.00	119	226	396	420	411	377
2	0.36	119	224	396	427	410	375
3	1.03	116	224	401	420	419	376
4	1.55	118	222	398	423	411	376
5	2.16	118	216	393	416	402	375
6	2.55	118	224	404	422	403	366
7	4.02	120	224	398	422	403	376
Mittelwert $\bar{x}$		118	223	398	421	408	374
Streuung $\sigma = \sqrt{\frac{\Sigma(x-\bar{x})^2}{n-1}}$ bezogen auf $\bar{x}$ (%)		$\pm 1{,}1$	$\pm 1{,}6$	$\pm 0{,}9$	$\pm 0{,}8$	$\pm 1{,}5$	$\pm 1{,}0$

An je einem Prisma der Mischungen I–VI wurden im Zeitraum von 4 Stunden sieben Resonanzfrequenzmessungen durchgeführt. Der daraus berechnete E-Modul zeigt keine Abhängigkeit von der Zeit. Die errechnete Streuung bezogen auf $\bar{x}$ zwischen 0,8 und 1,6% liegt innerhalb der diskutierten Fehlergrenze.

3.6. Untersuchung der Mörtelprüfkörper

3.6.1. Chemische Untersuchung

Nach 28 Tagen Wasservorlagerung sowie nach 370 Tagen $MgSO_4$-Lagerung wurden die Mörtelproben auf ihren Gehalt an SiO_2, SO_3, Al_2O_3 und Fe_2O_3 mit Hilfe der Röntgenfluoreszens-Spektroskopie untersucht [44].

Hierzu wurde aus der Prismenmitte eine Durchschnittsprobe entnommen. Nach 24stündiger Trocknung bei 110°C wurden die Proben in der Schwingmühle zerkleinert und anschließend untersucht.
Die in den Tab. 23 und 24 angegebenen Analysenwerte wurden auf glühverlustfreie Substanz umgerechnet. Während die Tab. 23 die chemische Zusammensetzung der gestampften, geschockten und vibrierten, 370 Tage in $MgSO_4$-Lösung gelagerten, PZ- und HOZ-Mörtelprismen enthält, sind in Tab. 24 die chemischen Daten der vibrierten und 28 Tage in Wasser gelagerten PZ- und HOZ-Mörtelprismen zusammengestellt.
Betrachten wir nun zunächst die Analysenwerte der wassergelagerten Prüfkörper. Der CaO-Gehalt des PZ-Mörtels nimmt von Mischung I–IV zu, um dann wieder abzufallen. Dies ist die gleiche Tendenz, wie sie bei den Gasdurchlässigkeiten beobachtet wurde und dadurch erklärt wird, daß die porösen Prüfkörper während der 28tägigen Wasserlagerung stärker hydratisieren konnten als jene mit dem dichteren Mörtelgefüge, was zu einer stärkeren Kalkabspaltung und damit zu einer Abnahme des CaO-Gehaltes im Mörtel führte.
Beim HOZ-Mörtel ist diese Tendenz nicht so deutlich sichtbar. Die MgO-Gehalte liegen bei den PZ-Mörteln bei rd. 0,42% und bei den HOZ-Mörteln bei 0,63%.
Die SO_3-Werte zeigen auch keine bestimmte Tendenz, die Mittelwerte liegen für den PZ-Mörtel bei 0,53% und beim HOZ-Mörtel bei 0,67%.
Die Al_2O_3-Werte nehmen von Mischung I nach Mischung VI hin ab. Dies dürfte am relativ hohen – DIN 1164 widersprechenden – Al_2O_3- und Fe_2O_3-Gehalt des Normensandes II liegen, dessen Anteil zur Mischung VI hin stetig verringert wird.
Die Röntgenfluoreszenz-Analyse ergab für die Normensande I und II die in Tab. 25 zusammengestellten Werte.
Bei der Betrachtung der Mörtelanalysenwerte der in $MgSO_4$ gelagerten Prüfkörper interessiert zunächst der SO_3-Gehalt sowie der MgO-Gehalt.
Die zu erwartende Parallelität zwischen Gasdurchlässigkeit und SO_3- bzw. MgO-Gehalt des Mörtels ist bis auf wenige – durch Inhomogenitäten des Prismas bedingte – Ausnahmen deutlich erkennbar. So nimmt der SO_3- bzw. MgO-Gehalt des Mörtels mit Zunahme der Dichtigkeit des Mörtels ab. Neben den SO_3- und MgO-Anteilen, die vom Bindemittel herrühren, wird ein Teil des Magnesiums bzw. des SO_3 von der $MgSO_4$-Lösung stammen, die bei den porösen Prüfkörpern in das Prüfkörperinnere eindringen konnten und nach Herausnahme der Prüfkörper aus der Lösung in diesen verblieben. Das Wasser verdunstete und MgO und SO_3 wurden bei der chemischen Analyse mitbestimmt, ohne als Teil einer den Prüfkörper zerstörenden Verbindung vorgelegen zu haben und die zu erfassen eigentliches Ziel dieser chemischen Untersuchung ist.
Der größte Teil der bestimmten SO_3- und MgO-Mengen wird aber jenen, den Mörtel zerstörenden Verbindungen zuzuordnen sein, die sich während der $MgSO_4$-Lagerung bilden konnten. Bekanntlich wirken sich von der $MgSO_4$-Lösung sowohl das Magnesiumion als auch die Sulfationen zerstörend auf den Mörtel- oder Betonkörper aus. Das Magnesiumion bildet mit dem Calciumhydroxid das Magnesiumhydroxid, das in Wasser praktisch unlöslich ist und sich als gelartiger

Tab. 23 Chemische Zusammensetzung in % der 370 Tage in $MgSO_4$*-Lösung gelagerten Mörtelprismen*
(umgerechnet auf glühverlustfreie Substanz)

	Portlandzementmörtel																	
	Verdichtung: gestampft						Verdichtung: geschockt						Verdichtung: vibriert					
	Mischung						Mischung						Mischung					
	I	II	III	IV	V	VI	I	II	III	IV	V	VI	I	II	III	IV	V	VI
CaO	11,30	11,15	11,84	12,18	12,07	12,53	11,67	11,33	12,60	12,95	12,31	12,63	11,69	11,47	11,79	11,67	11,42	10,90
MgO	1,28	1,08	0,50	0,50	0,60	0,59	1,17	0,78	0,66	0,59	0,50	0,48	1,14	0,61	0,49	0,71	0,52	0,43
SO_3	2,01	1,75	0,85	0,77	1,05	1,13	1,67	1,02	1,11	0,96	0,82	0,84	1,62	0,98	0,88	1,32	1,03	0,57
Al_2O_3	1,81	1,69	1,58	1,40	1,37	1,16	1,54	1,80	1,62	1,55	1,50	1,23	1,97	1,75	1,58	1,48	1,39	1,47
Fe_2O_3	2,45	2,43	2,37	2,26	2,23	2,25	2,27	2,42	2,32	2,54	2,31	2,24	2,52	2,37	2,29	2,27	2,33	2,24
SiO_2	80,48	81,23	82,17	82,20	82,00	81,66	81,00	81,96	81,00	80,70	81,87	81,89	80,36	82,13	82,27	81,86	82,61	83,70
Rest	0,67	0,67	0,69	0,69	0,68	0,68	0,68	0,69	0,69	0,71	0,69	0,69	0,70	0,69	0,70	0,69	0,70	0,69
	Hochofenzementmörtel																	
CaO	9,36	9,22	10,00	10,04	9,98	10,10	9,70	10,72	9,68	9,97	9,82	9,96	10,14	10,42	10,14	9,61	10,15	9,33
MgO	1,12	0,48	0,88	0,92	1,00	1,06	1,71	1,08	0,97	0,84	0,79	1,00	1,90	1,08	1,00	1,00	0,97	1,04
SO_3	1,29	0,97	1,06	1,14	1,03	1,21	2,00	1,19	1,09	0,86	0,98	1,25	2,14	1,10	1,06	1,10	1,10	1,15
Al_2O_3	2,83	2,72	2,60	2,58	2,34	2,18	2,75	2,68	2,36	2,42	2,29	2,14	2,75	2,78	2,62	2,36	2,34	2,12
Fe_2O_3	1,72	1,55	1,53	1,51	1,48	1,39	1,77	1,68	1,51	1,49	1,44	1,41	1,75	1,81	1,57	1,47	1,49	1,46
SiO_2	82,98	84,00	83,25	83,10	83,47	83,36	81,36	81,93	83,69	83,71	83,97	83,52	80,66	82,11	82,91	83,76	83,21	84,20
Rest	0,70	0,70	0,68	0,71	0,70	0,70	0,71	0,72	0,70	0,71	0,71	0,72	0,66	0,70	0,70	0,70	0,71	0,70

Tab. 24 Chemische Zusammensetzung der Mörtelprismen zu Beginn der Sulfatlagerung nach 28tägiger Wasservorlagerung (umgerechnet auf glühverlustfreie Substanz)

	Portlandzementmörtel* Mischung						Hochofenzementmörtel* Mischung					
	I	II	III	IV	V	VI	I	II	III	IV	V	VI
CaO	12,01	12,59	12,92	13,20	12,90	12,40	10,59	10,38	10,28	10,95	10,63	10,49
MgO	0,44	0,43	0,42	0,40	0,38	0,44	0,63	0,64	0,62	0,68	0,59	0,62
SO_3	0,54	0,52	0,53	0,56	0,51	0,54	0,64	0,64	0,69	0,70	0,64	0,72
Al_2O_3	1,91	1,72	1,60	1,25	1,44	1,49	2,86	2,71	2,52	2,51	2,23	2,17
Fe_2O_3	2,46	2,44	2,38	2,26	2,31	2,32	1,66	1,61	1,54	1,55	1,48	1,39
SiO_2	81,95	81,60	81,45	80,63	81,74	82,09	82,91	83,32	83,65	82,90	83,72	83,91
Rest	0,69	0,70	0,70	0,70	0,72	0,72	0,71	0,70	0,70	0,71	0,71	0,70

* Durch Vibrieren verdichtet.

Tab. 25 Chemische Analyse der Normensande I und II

	NS I (%)	NS II (%)
Fe_2O_3	0,19	1,65
Mn_2O_3	0,08	0,10
SO_3	–	–
CaO	0,04	0,12
MgO	–	–
Al_2O_3	–	2,4

Niederschlag in den Poren von Mörteln oder Betonen niederschlägt. So kann der Calciumgehalt des hydratisierten Zementsteines bis zu einem noch nicht bekannten Ausmaß durch Magnesium ausgewechselt werden, was zur Festigkeitseinbuße und damit zum Zerfall des Betons oder Mörtels führt.

Neben dieser sogenannten magnesischen Korrosion tritt natürlich noch die Sulfatkorrosion auf. Da es sich bei beiden Zementen um Spezialzemente für die Sulfatbeständigkeit handelte und der C_3A-Gehalt praktisch sehr gering war, kam es, wie die noch zu besprechenden röntgenographischen Untersuchungen zeigten, infolge der Ettringit- und Gipsbildung zu der an den Mörtelprismen beobachteten Treibwirkung.

Die in Tab. 23 zusammengestellten SO_3- und MgO-Werte zeigen im großen und ganzen die gleiche Tendenz, d. h. die Reihenfolge der einzelnen Mörtelmischungen hinsichtlich des SO_3- und MgO-Gehaltes ist die gleiche.

Bei Betrachtung der CaO-*Werte* fällt auf, daß sich der CaO-Gehalt der 370 Tage in $MgSO_4$-Lösung gelagerten vibrierten Prismen gegenüber den 28 Tage in Wasser gelagerten verringert hat, was durch die mit der fortschreitenden Hydratation verbundenen Kalkabspaltung zu erklären ist.

Wie bei den wassergelagerten Prismen ist auch bei den in $MgSO_4$-Lösung gelagerten Prüfkörpern die Tendenz sichtbar, daß die dichten Mörtelprismen den höchsten Kalkgehalt besitzen.

Die SiO_2-*Werte* beider Mörtel liegen im Bereich von 80 bis 84%, wodurch das Mischungsverhältnis des Mörtels von 1:4 bestätigt wird.

Die Al_2O_3- *und* Fe_2O_3-*Werte* nehmen, wie schon bei den wassergelagerten Prismen beobachtet und erklärt wurde, mit Zunahme des Feinsandanteils ab.

3.6.2. Lichtmikroskopische Untersuchung

Nach 370 Tagen $MgSO_4$-Lagerung wurde von den PZ- und HOZ-Mörtelprismen der Mischung I je eine Probe genommen, diese bei 20 °C getrocknet und anschließend durch Absieben der Quarzkörner der Bindemittelanteil bei einer Korngröße von kleiner 63 μm angereichert.

Mit der Immersionsflüssigkeit Lavendelöl ($n = 1{,}462$) wurden Pulverpräparate hergestellt und dieselben unter dem Lichtmikroskop betrachtet. Dabei konnten deutlich Gipskristalle erkannt und deren Brechungsexponent n mit rd. 1,52 ermittelt werden. Es wurde festgestellt, daß die Gipskristalle in der angereicherten PZ-Mörtelfraktion zahlreicher und größer ausgebildet waren als die im HOZ-Mörtel.

Die Abb. 17–20 zeigen Mikroaufnahmen von Gipskristallen aus dem PZ-Mörtel, die Abb. 21 aus dem HOZ-Mörtel. Die Kristalle wurden sowohl im polarisierten Licht als auch im Durchlicht fotografiert.

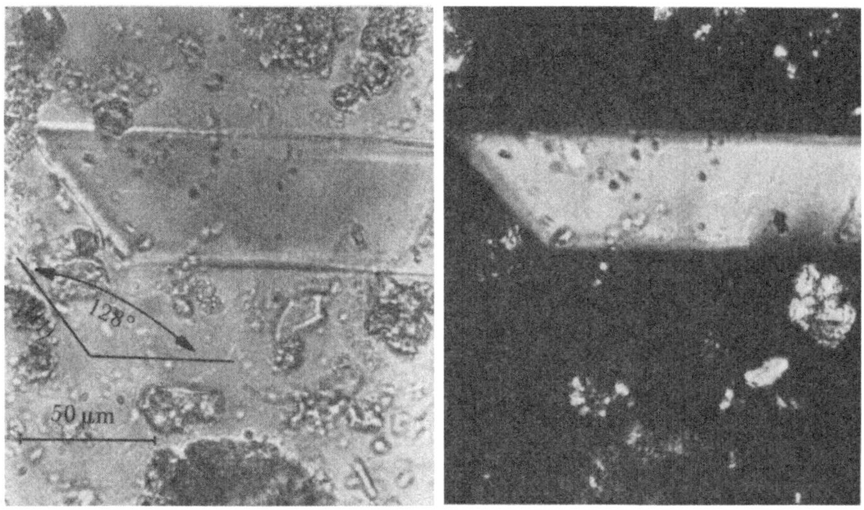

Abb. 17 Gipskristall (in Immersionsflüssigkeit $n = 1{,}462$)
(rechts: gekreuzte Nicols)

An den Kristallbruchstücken konnte durch Ausmessen der Winkel die Identität mit den monoklinen Gipskristallen nachgewiesen werden, deren Ausbildung schematisch die Abb. 22 zeigt, wo im linken Bild die Spaltfläche parallel zu (010) dargestellt ist.

Die folgenden Abb. 23, 24 und 25 zeigen Gipskristalle, die unter dem Mikroskop im Auflicht auf der Bruchfläche eines PZ-Mörtelprismas, das rd. 400 Tage in 0,15 m $MgSO_4$-Lösung lagerte, sehr schön zu erkennen waren.

Bruchstücke der noch in der Aggressivlagerung verbliebenen Prismenhälfte der Mischung I wurden zunächst einige Stunden in Methylalkohol gelegt, um auf diese Weise dem Mörtel die Feuchtigkeit zu entziehen. Anschließend wurden die Proben 24 Stunden bei $+40\,^{\circ}C$ getrocknet. Durch diese Behandlung erhielt man eine trockene Oberfläche, was die Betrachtung und Identifizierung der feinen, direkt aus dem Mörtel herausgewachsenen Gipskristalle erleichterte.

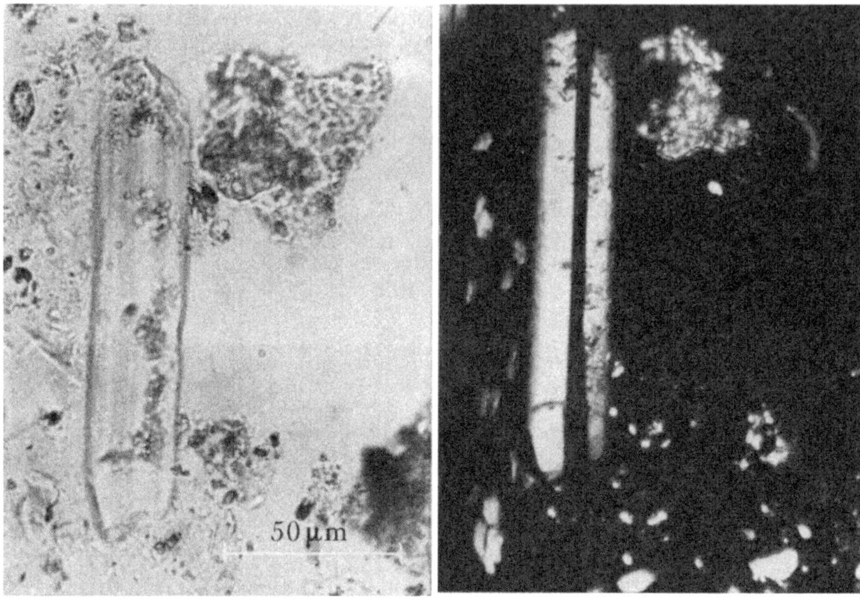

Abb. 18 Gipskristall (in Immersionsflüssigkeit $n = 1{,}462$)
(rechts: gekreuzte Nicols)

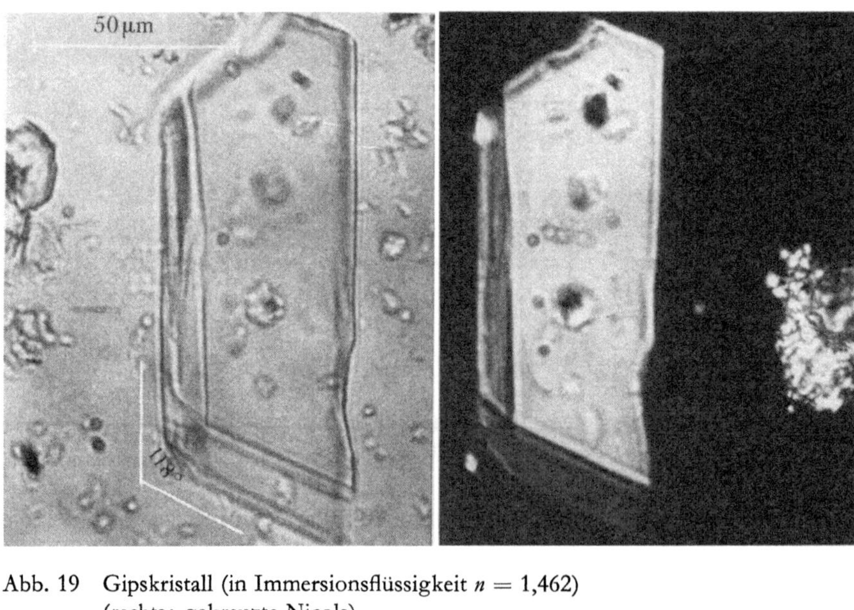

Abb. 19 Gipskristall (in Immersionsflüssigkeit $n = 1{,}462$)
(rechts: gekreuzte Nicols)

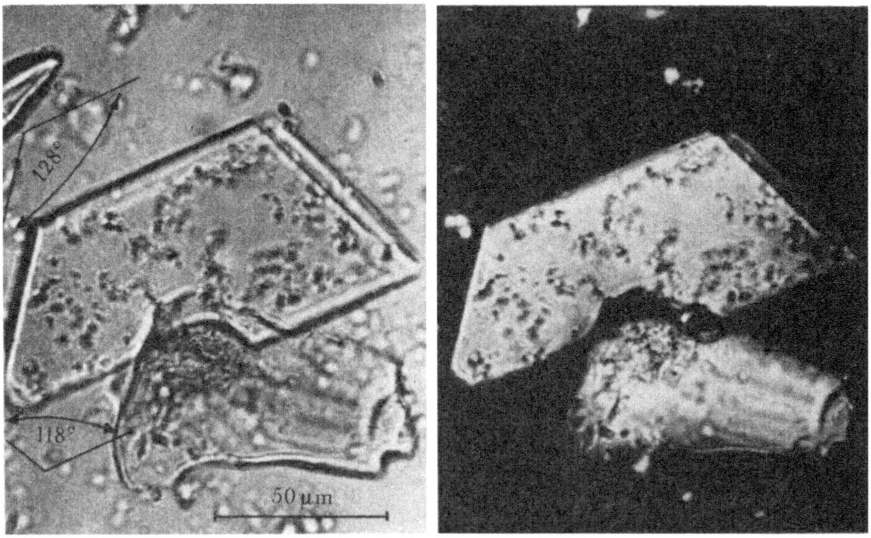

Abb. 20 Gipskristall (in Immersionsflüssigkeit $n = 1{,}462$)
(rechts: gekreuzte Nicols)

Abb. 21 Gipskristall (in Immersionsflüssigkeit $n = 1{,}462$)
(rechts: gekreuzte Nicols)

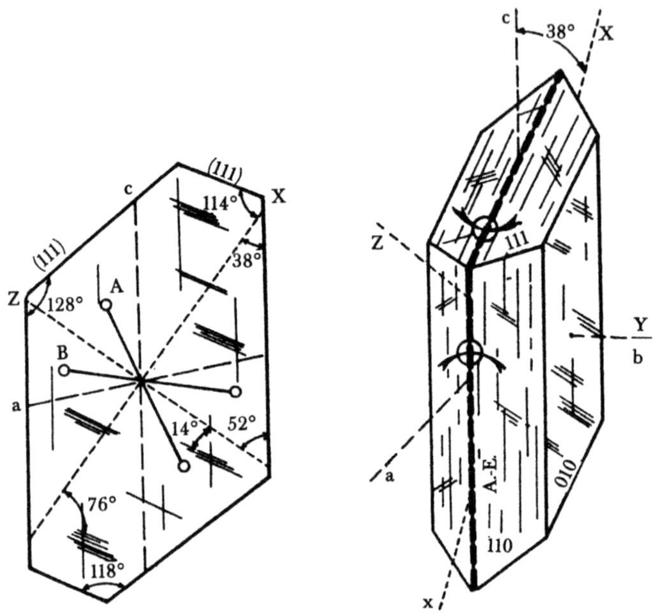

Abb. 22 Schematische Darstellung des monoklinen Gipskristalls
[links: Spaltfläche (010)]
(Aus W. E. Tröger, Opt. Best. d. gesteinsb. Minerale)

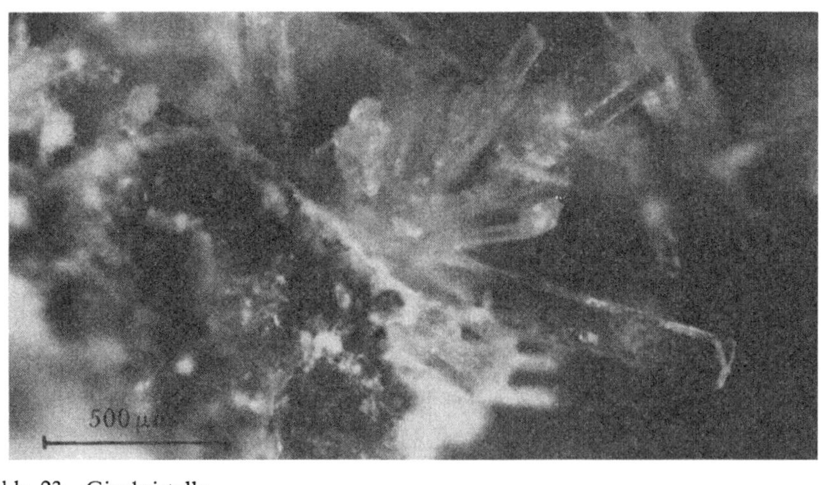

Abb. 23 Gipskristalle
Aus Bruchfläche eines PZ-Mörtels (Mischung I)
nach rd. 400 Tagen $MgSO_4$-Lagerung herausgewachsen

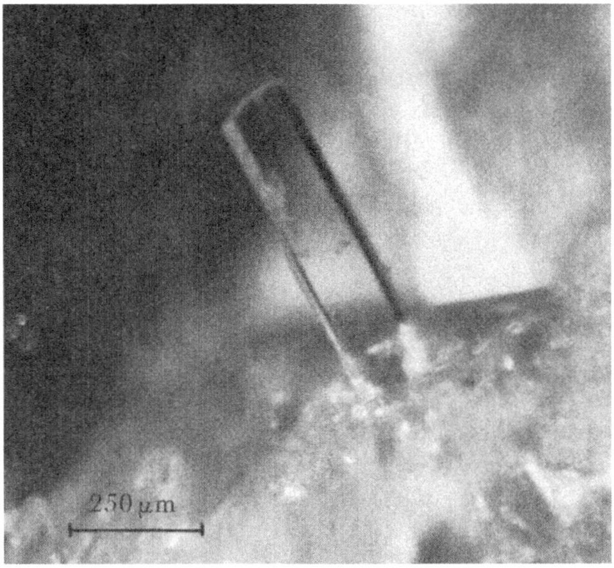

Abb. 24 Gipskristalle
Aus Bruchfläche eines PZ-Mörtels (Mischung I)
nach rd. 400 Tagen $MgSO_4$-Lagerung herausgewachsen

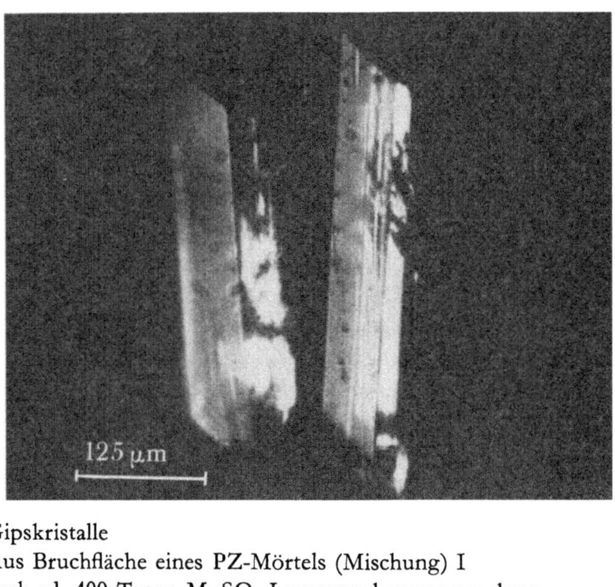

Abb. 25 Gipskristalle
Aus Bruchfläche eines PZ-Mörtels (Mischung) I
nach rd. 400 Tagen $MgSO_4$-Lagerung herausgewachsen

3.6.3. Röntgenographische Untersuchung

Von den PZ- und HOZ-Mörtelprismen der Mischung I wurden sowohl nach 28 Tagen Wasserlagerung als auch nach 370 Tagen $MgSO_4$-Lagerung Durchschnittsproben genommen, bei 20°C getrocknet und anschließend durch Absieben der Quarzkörper der Bindemittelanteil (< 63 µm) angereichert.
Die röntgenographischen Aufnahmen der beiden angereicherten Mörtel zeigt Abb. 26.

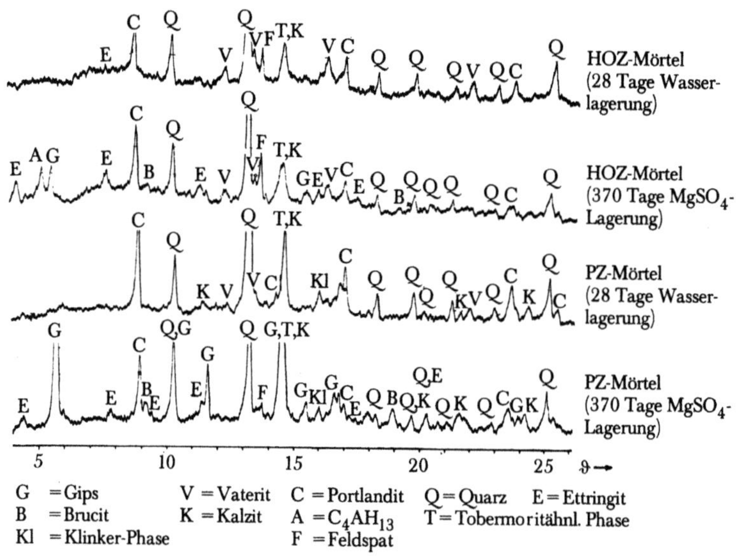

Abb. 26 Röntgenographische Aufnahmen des angereicherten Bindemittelanteils der in Wasser- und $MgSO_4$-Lösung gelagerten PZ- und HOZ-Mörtelprismen der Mischung I

Der Vergleich der in Wasser und in $MgSO_4$-Lösung gelagerten Mörtel zeigt, daß beim HOZ- und PZ-Mörtel die Neubildungen Ettringit, Gips und Brucit ($Mg(OH)_2$) zur Zerstörung der Prismen geführt haben.
Die in starkem Maße auftretenden Kalziumkarbonatmodifikationen Kalzit und Vaterit sind auf die während der langsamen Trocknung bei Zimmertemperatur vor sich gehende Karbonatisierung des Mörtels zurückzuführen.
Bekanntlich können bei den aggressiven Medien ausgesetzten Mörteln und Betonen drei wesentliche Zerstörungsmechanismen auftreten [45, 46, 47]:

1. Auslaugung des freien Kalkes bzw. Hydrolyse durch weiche Wässer,
2. Austauschreaktionen, Auftreten leichtlöslicher bzw. schwerlöslicher Verbindungen (Gelbildung),
3. Bildung von Gips und Ettringit.

Im vorliegenden Versuch erfolgte die Zerstörung der Prismen der Mörtelmischungen I und II nach den unter 2. und 3. angeführten Reaktionen, die vereinfacht durch folgende Gleichung ausgedrückt werden können:

$$MgSO_4 + Ca(OH)_2 + nH_2O \rightarrow Mg(OH)_2 + CaSO_4 \cdot 2\ H_2O + mH_2O$$

Das sich bildende $Mg(OH)_2$ hat eine äußerst geringe Löslichkeit von nur 0,018 g/l bei 20° C, so daß es als gelartiger Niederschlag an seinem Entstehungsort verbleibt. Nach STEOPOE [46] soll sich das $Mg(OH)_2$ auf unlöslicher Kieselsäure niederschlagen, die sich gleichfalls bei Einwirkung von $MgSO_4$-Lösung auf erhärtetem Zement bildet.
Auf Grund der vorhandenen großen offenen Porosität der Prüfkörper der Mischungen I und II ist ein Abdichten des Mörtels durch das $Mg(OH)_2$-Gel nicht möglich gewesen.
Da der HOZ-Mörtel weniger freien Kalk enthielt als der PZ-Mörtel, ist bei hoher $MgSO_4$-Konzentration nach KIND [47, 48] damit zu rechnen, daß die hydrolytische Zersetzung der Kalziumsilikathydrate und Kalziumaluminathydrate früher einsetzt als beim Portlandzementmörtel, wo der die Mg-Ionen als $Mg(OH)_2$ ausscheidende freie Kalk die Rolle des Puffers spielt und die Störung des bestehenden Gleichgewichtes verzögert.
Bei den dichten Prüfkörpern ist eine derartige Zerstörung nur an der Oberfläche der Prüfkörper möglich. Neben der magnesischen Korrosion konnte bei den porösen Prüfkörpern der Mischungen I und II auch die Gipskorrosion im Innern des Prüfkörpers ungehindert auftreten.
Daß diese Gipskorrosion im kalkreicheren Mörtel mit Spezialportlandzement stark war, ist daraus zu erklären, daß die Mg^{2+}-Ionen, die die Hydroxylionen des $Ca(OH)_2$ zu unlöslichem $Mg(OH)_2$ binden, dabei gleichzeitig für eine Erhöhung der Ca-Ionenkonzentration in der flüssigen Phase sorgten, was zu einer verstärkten Gipsbildung führte. Die geringere Ettringitbildung kann einmal durch den C_3A-armen Zement und durch zu geringe Hydroxylionenkonzentration erklärt werden [49, 50].
Nach BOGUE [51] ist die Kristallisation des Gipses mit einer Volumenvergrößerung von rd. 17,7% verbunden, die zur Sprengung des Gefüges führt.
So zeigte bei den vorliegenden Untersuchungen der PZ-Prüfkörper der Mischung I bereits nach 160 Tagen $MgSO_4$-Lagerung eine so starke Verkrümmung, daß eine Bestimmung der Resonanzfrequenz nicht mehr möglich war.
Über die Größe der sich in Spalten gebildeten Gipskristalle geben die Abb. 21, 22, 23 Auskunft, die aus der Mörtelbruchfläche herausragende Gipskristalle zeigen.
Auch der Prüfkörper der Mischung II zeigte nach rd. 200 Tagen feine Kantenrisse, dagegen waren an den dichten Prismen der Mischungen III–VI nur oberflächlich Kantenabplatzungen festzustellen.
Die HOZ-Mörtelprismen zeigten keine Risse. Infolge der starken $Mg(OH)_2$-Bildung, das keinerlei Festigkeit besitzt, konnten die Prüfkörper der Mischung I nach 370 Tagen $MgSO_4$-Lagerung mit der Hand zerbrochen werden.
Die HOZ-Prüfkörper der Mischungen II–VI besaßen eine schmierige Oberfläche und abgerundete Kanten.

4. Untersuchungen an $1 \times 4 \times 16$-cm-Flachprismen

4.1. Art der Aggressivlösung und des Untersuchungsverfahrens

Als Aggressivlösung wurde eine Sulfatlösung mit 24 860 mg SO_3/l Lösung verwendet, wobei jeweils 12 430 mg SO_3 durch Magnesiumsulfat bzw. durch Natriumsulfat in die Sulfatlösung eingebracht wurden.
Die Flachprismen lagerten jeweils auf der Schmalseite stehend, nach 13tägiger Wasservorlagerung in der Sulfatlösung.
Zur Bestimmung der Sulfatbeständigkeit des Mörtels wurden sowohl die lineare Ausdehnung als auch die Resonanzfrequenz gemessen.
An Parallelproben wurden im Alter von 14 Tagen, also zu Beginn der Sulfatlagerung, die Gasdurchlässigkeiten bestimmt.

4.2. Herstellung und Lagerung der Mörtelprismen

4.2.1. Beschreibung der Rohstoffe

Zur Herstellung der Mörtelprismen wurden folgende Zemente verwendet:

1. PZ 475
2. PZ 375
3. HOZ 375
4. Traßzement 40/60

Die chemischen Analysen sind in Tab. 25 zusammengestellt. Der z. T. rekristallisierte Hüttensandteil des Hochofenzementes wurde mikroskopisch zu rd. 40% bestimmt.

4.2.2. Herstellung der Mörtelprismen

Zur Erzielung einer unterschiedlichen Porosität wurden bei der Herstellung der Flachprismen der W/Z-Wert und das Mischungsverhältnis wie folgt variiert:

Mischung	W/Z-Wert	Mischungsverhältnis
A	0,5	1:3
B	0,6	1:3
C	0,5	1:4,5
D	0,6	1:4,5
E	0,5	1:6
F	0,6	1:6

*Tab. 25 Zusammenstellung der chemischen Analysen**

	PZ 475	PZ 375	HOZ 375	TrZ (40/60)
Unlöslicher Rückstand	0,63	0,81	0,17	11,01
SiO_2	18,57	21,68	24,04	28,49
$Al_2O_3 + TiO_2$	6,19	4,65	8,91	9,43
Fe_2O_3	2,92	1,65	–	2,99
FeO	–	–	1,74	–
Mn_2O_3	0,17	0,06	–	0,12
MnO	–	–	0,41	–
MgO	3,03	0,91	1,84	1,49
K_2O	0,93	0,38	0,72	1,65
Na_2O	0,35	0,10	0,41	0,33
CaS	0,04	0,04	1,20	–
$CaSO_4$	5,32	3,85	5,17	4,49
CaO	61,82	65,84	55,30	39,87
Rest	0,03	0,03	0,09	0,13
	100,00	100,00	100,00	100,00
C_3S	64,50	69,50	–	–
C_2S	4,60	9,70	–	–
C_3A	11,20	9,40	–	–
C_4AF	9,40	5,20	–	–
TM	2,00	2,72	–	–

* Die Analysen der Zemente wurden uns freundlicherweise vom Forschungsinstitut des Vereins Deutscher Zementwerke in Düsseldorf zur Verfügung gestellt.

Tab. 26 Zusammenstellung der Gasdurchlässigkeitswerte in pPm

Mischung	Mischungsverhältnis	W/Z	PZ 475	PZ 375	HOZ 375	TrZ (40/60)
A	1:3	0,5	3	1,5	2	2
B	1:3	0,6	1	1	2	2
C	1:4,5	0,5	5 000	7 000	12 000	15 000
D	1:4,5	0,6	50	30	200	1 400
E	1:6	0,5	70 000	73 000	57 000	55 000
F	1:6	0,6	12 000	53 000	22 000	3 000

Die mit dem Meßzapfen versehenen Flachprismen waren durch zweimal 20 Stampfstöße verdichtet worden.

4.2.3. Herstellung der Prüfscheiben zur Bestimmung der Gasdurchlässigkeit

Die Prüfscheiben mit einem Durchmesser von rd. 36 mm und einer Höhe von rd. 10 mm wurden am Ende der Wasservorlagerung aus den 1×4×16-cm-Flachprismen herausgebohrt. Die Trocknung der Prüfkörper erfolgte 2–3 Tage im Trockenschrank bei 50° C.

4.3. Bestimmung und Diskussion der Gasdurchlässigkeitswerte (durchströmbare Porosität)

Die Bestimmung der Gasdurchlässigkeit erfolgte wie unter 2.2 beschrieben.
Die ermittelten Gasdurchlässigkeitswerte sind in der nachstehenden Tabelle zusammengestellt.
Die mit dem Mischungsverhältnis von 1:3 hergestellten Prüfkörper der Mischungen A und B zeigen bei den W/Z-Werten von 0,5 und 0,6 gleich große Gasdurchlässigkeitswerte von 1–3 pPm. Mit abnehmendem Zementgehalt ist bei den Mischungen C und D (Mischungsverhältnis 1:4,5) und E bzw. F (Mischungsverhältnis 1:6) eine starke Zunahme der Gasdurchlässigkeit zu beobachten.
Auffallend ist, daß die Durchströmbarkeit jener Prüfscheiben mit dem höheren W/Z-Wert von 0,6 (Mischungen D und F) geringer ist als bei jenen Prüfkörpern mit einem W/Z-Wert von nur 0,5 (Mischungen C und D).
Daraus ist zu ersehen, daß der W/Z-Wert von 0,5 nicht ausgereicht hat, um eine gute Verdichtung der Mörtelprismen zu erzielen.

4.4. Messung der linearen Ausdehnung und der Resonanzfrequenz bei longitudinaler Anregung

Zur Beurteilung der Sulfatbeständigkeit von Mörtelflachprismen wurden sowohl die lineare Ausdehnung als auch die Resonanzfrequenz herangezogen.
Wie gut sich die zunehmende Zerstörung der Mörtelprismen sowohl im Abfall der Resonanzfrequenz als auch in der Zunahme der linearen Dehnung ausdrückt, zeigt Abb. 27, wo Resonanzfrequenz und Dehnung über der Sulfatlagerungsdauer aufgetragen sind.
Auf diesen Zusammenhang wurde bereits 1941 von Hornibrook [52] bei Messungen an 5×5×25-cm-Mörtelprismen hingewiesen.

4.4.1. Einfluß der Zementart auf die Sulfatbeständigkeit von Mörtelprismen gleicher Durchströmbarkeit

Mörtelprismen aus PZ 475, PZ 375, HOZ 375 und TrZ 40/60 wurden mit einem W/Z-Wert von 0,6 und einem Mischungsverhältnis von 1:3 im Alter von 14 Tagen in die Sulfatlösung eingelagert und im Abstand von 7 bzw. 14 Tagen auf ihren Resonanzfrequenzabfall bzw. auf ihre lineare Ausdehnungszunahme hin untersucht.

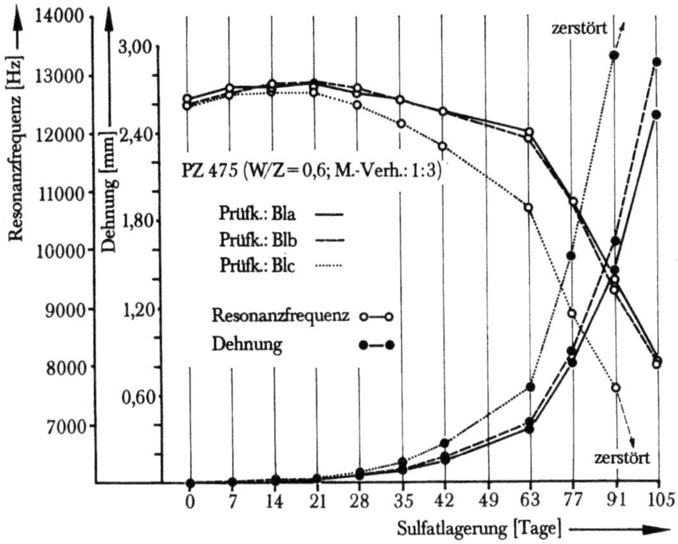

Abb. 27 Resonanzfrequenz und lineare Ausdehnung in Abhängigkeit von der Sulfatlagerungsdauer (1×4×16-cm-PZ-Mörtelflachprismen)

Wie die Abb. 28 zeigt, ist die stärkere Dehnung bzw. der stärkere Resonanzfrequenzabfall des PZ-Mörtels mit 11% C_3A gegenüber dem mit 9% C_3A deutlich zu erkennen. Nach 91 Tagen Sulfatlagerung mußten die Messungen an den Prüfkörpern mit PZ 475-Mörtel infolge Zerstörung abgebrochen werden, während die Prismen aus PZ 375 auch nach 105 Tagen noch keine sichtbaren Anzeichen der Zerstörung zeigten, was sich im geringen Abfall der Resonanzfrequenz und der relativ kleineren Ausdehnung ausdrückt.
Es sei in diesem Zusammenhang auf die amerikanischen Versuche zur Untersuchung der Abhängigkeit des Sulfattreibens von der potentiellen Klinkeranalyse verwiesen, wo die hohen Ausdehnungswerte von $>0{,}1$ mm/m erst bei C_3A-Gehalten von $>9\%$ auftraten [53].
Bei den HOZ-Mörtelprismen trat nach 77 Tagen die Zerstörung ein, so daß die Messungen abgebrochen werden mußten. Für die Sulfatbeständigkeit der genannten Zementmörtel gleicher Durchströmbarkeit ergibt sich damit auf Grund der Dehnungs- und Resonanzfrequenzwerte die Reihenfolge

PZ 475 – HOZ 375 – TrZ 40/60 – PZ 375.

4.4.2. Einfluß der Dichtigkeit auf die Sulfatbeständigkeit von Mörtelprismen bei gleicher Zementart

Die Bedeutung der durchströmbaren Porosität für die Beständigkeit gegenüber Sulfatlösung kommt in Abb. 29 zum Ausdruck, in der wiederum die Resonanz-

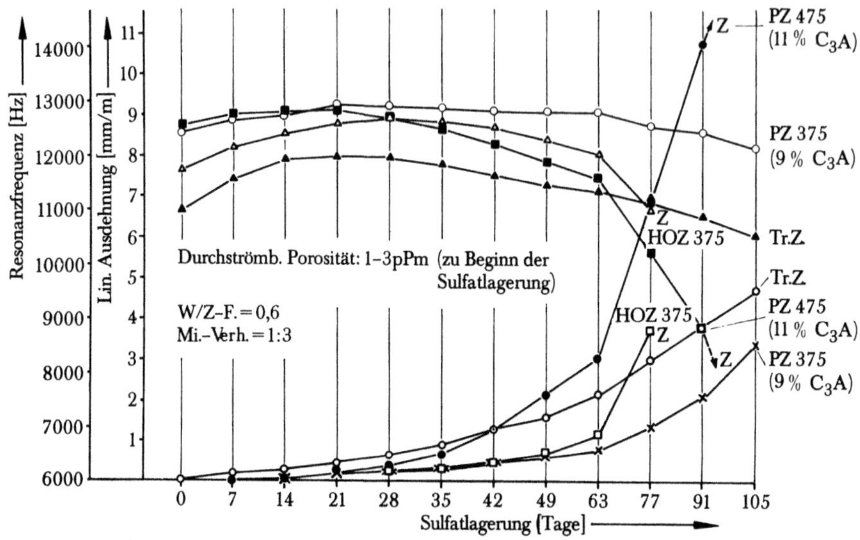

Abb. 28 Resonanzfrequenz und lineare Ausdehnung in Abhängigkeit von der Sulfatlagerungsdauer ($1 \times 4 \times 16$-cm-PZ-, HOZ- und TrZ-Mörtelprismen)

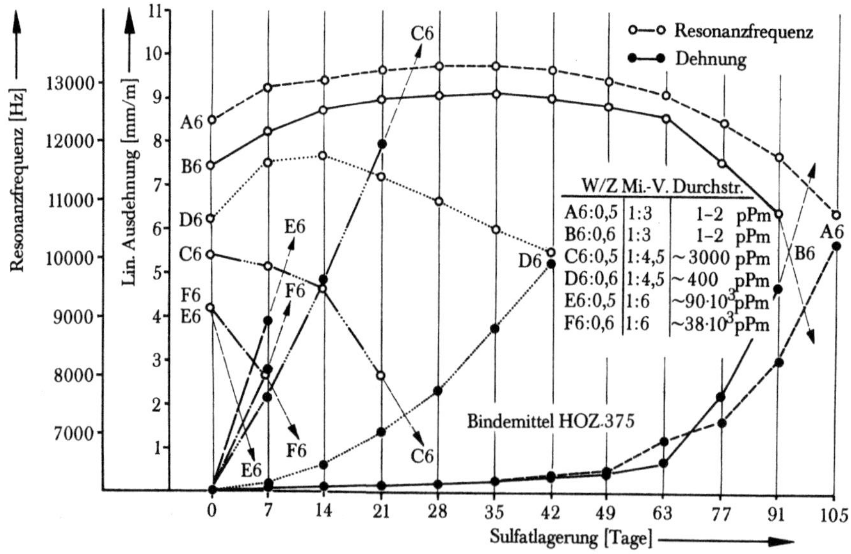

Abb. 29 Resonanzfrequenz und lineare Ausdehnung in Abhängigkeit von der Sulfatlagerungsdauer ($1 \times 4 \times 16$-cm-HOZ-Mörtelprismen unterschiedlicher Porosität)

frequenz und die lineare Ausdehnung über der Sulfatlagerungsdauer aufgetragen sind.
Bei den Mörtelprismen mit dem für Normenmörtel üblichen Mischungsverhältnis von 1:3 zeigten die mit einem W/Z-Wert von 0,6 (Mischung B 6) eine stärkere Zunahme der linearen Ausdehnung bzw. Abnahme der Resonanzfrequenz, als es bei den Prüfkörpern der Mischung A 6 mit dem kleineren W/Z-Wert von 0,5 beobachtet wurde.
Daraus ist zu ersehen, daß bei einem Mischungsverhältnis von 1:3 der W/Z-Wert von 0,5 ausreicht, um eine gute Verdichtung zu erzielen.
Jede zusätzliche Wassermenge hinterläßt feine Kapillarporen, die allerdings in diesem Fall mit Hilfe der Gasdurchlässigkeitsmethode nicht erfaßt werden konnten. Die Gasdurchlässigkeitswerte beider Mörtel lagen, wie in Abb. 29 mit angegeben ist, zwischen 1 und 2 pPm.
Viel früher setzt dagegen die Zerstörung der poröseren Mörtelprismen der Mischungen C 6, D 6, E 6 und F 6 ein. Bei diesen mageren Mischungen ist es aber so, daß die mit dem höheren W/Z-Wert von 0,6 (Mischung D 6 und F 6) hergestellten Prismen dem Angriff durch die Sulfatlösung relativ länger standhalten, als es bei den Prüfkörpern mit einem W/Z-Wert von nur 0,5 der Fall ist, wenn auch die Zerstörung viel schneller vor sich geht, als es bei Prismen der Mischungen A 6 und B 6 (Mischungsverhältnis 1:3) beobachtet wurde.
Diese Ergebnisse zeigen, daß bei den mageren Mischungen mit einem Mischungsverhältnis von 1:4,5 und 1:6 die sich auf den Zementanteil beziehende Anmachwassermenge nicht ausreicht, um bei der angewandten Verdichtung durch Stampfen eine ausreichende Dichtigkeit zu erzielen.
Der Zusammenhang zwischen Sulfatbeständigkeit, die hier mit Hilfe der linearen Dehnung und der Resonanzfrequenz verfolgt wurden, und der Dichtigkeit, hier als durchströmbare Porosität (Gasdurchlässigkeit) angegeben, ist deutlich sichtbar.

5. Resonanzfrequenzmessungen an 4 × 4 × 16-cm-Prismen

5.1. Lagerung in Natriumsulfatlösung

Das Ziel dieser Versuchsreihe bestand darin, zu prüfen, inwieweit die Tendenz der Biegezug- und Druckfestigkeit während der Aggressivlagerung mit dem Verlauf des dynamischen E-Moduls übereinstimmt bzw. welche der beiden Festigkeiten in ihrem Verlauf dem dynamischen E-Modul während der Sulfatlagerung am ehesten entspricht.
Gleichzeitig sollten die bei longitudinaler und transversaler Anregung ermittelten E-Moduln der aggressivgelagerten Prüfkörper miteinander verglichen werden und die Änderungen in Abhängigkeit von der Zeit bestimmt werden.

5.1.1. Herstellung, Lagerung und Prüfung der Mörtelprismen

5.1.1.1. Beschreibung der Rohstoffe

Die Untersuchungen wurden an Mörtelprismen mit abgestuftem Hüttensand-Klinker-Verhältnis durchgeführt. Es wurden fünf verschiedene Mischungen hergestellt, die sich wie folgt zusammensetzen:

Mischung 1: 50% Klinker + 50% HÜS
Mischung 2: 40% Klinker + 60% HÜS
Mischung 3: 30% Klinker + 70% HÜS
Mischung 4: 20% Klinker + 80% HÜS
Mischung 5: 10% Klinker + 90% HÜS

Als Rohstoffe dienten zwei Hüttensande und ein PZ-Klinker, die mit einer Labormühle unter Zusatz von 7% Anhydrit getrennt auf eine spezifische Oberfläche von 3500 Blaine vermahlen wurden. Um den Einfluß der Mahlfeinheit verfolgen zu können, wurden die Hüttensande zusätzlich auf eine spezifische Oberfläche von 5000 Blaine vermahlen.
Die Auswahl der Hüttensande erfolgte nach dem Gesichtspunkt, daß bei annähernd gleicher chemischer Zusammensetzung ein trocken- und ein naßgranulierter Hüttensand in ihrem Verhalten gegenüber einer Na_2SO_4-Lösung geprüft und verglichen werden konnten.
Die Anteile an den Fraktionen <20, 20–33, 33–40, 40–60 und >60 µm zeigt die Tab. 27.

Tab. 27 Ergebnisse der Siebanalysen der Hüttensande I und II

Fraktion µm	M.-%			
	HÜS I (trocken granuliert)		HÜS II (naß granuliert)	
	3500 Blaine	5000 Blaine	3500 Blaine	5000 Blaine
< 20	51,0	59,0	52,0	67,0
20–33	18,5	21,0	23,0	20,5
0–33	69,5	80,0	75,0	87,5
33–40	9,5	9,5	8,0	6,0
40–60	10,8	6,2	8,8	3,1
> 60	10,2	4,3	8,2	3,4
Summe	100,0	100,0	100,0	100,0

Vergleicht man die Hüttensande gleicher Oberfläche nach Blaine, so fällt auf, daß die naßgranulierte Schlacke II einen größeren Feinstkornanteil < 20 µm besitzt, während der trockengranulierte Hüttensand I einen höheren Gehalt an den groberen Fraktionen > 33 µm aufweist. Dies bestätigt erneut, daß der Blaine-Wert nichts über die Kornverteilung aussagt.

In der Tab. 28 sind die Ergebnisse der Auszählung unter dem Mikroskop der glasigen und kristallinen Bestandteile der Fraktionen 20–33, 33–40, 40–60 und > 60 µm beider Hüttensande zusammengestellt. Von jeder Fraktion wurden unter dem Lichtmikroskop rd. 1000 Körner ausgezählt. Vergleicht man die Zu-

Tab. 28 Ergebnisse der mikroskopischen Auszählung der glasigen und kristallinen Bestandteile der Hüttensande I und II sowie deren Anhydritgehalt in den einzelnen Fraktionen (Vol.-%)

Fraktion µm	Vol.-%											
	HÜS I (trocken granuliert)						HÜS II (naß granuliert)					
	3500 Blaine			5000 Blaine			3500 Blaine			5000 Blaine		
	Kr.[1]	Gl.[2]	A.[3]	Kr.	Gl.	A.	Kr.	Gl.	A.	Kr.	Gl.	A.
20–33	62	35	3	66	33	1	10	88	2	20	79	1
33–40	64	34	2	70	29	1	21	78	1	36	63	1
40–60	69	30	1	74	26	–	26	73	1	42	58	–
> 60	67	32	1	92	8	–	27	72	1	98	2	–

[1] Kristalliner Anteil des HÜS.
[2] Glasiger Anteil des HÜS.
[3] Anhydrit-Anteil im HÜS.

sammensetzung der beiden Hüttensande, so steht dem hohen Glasgehalt der naßgranulierten Schlacke II ein hoher kristalliner Anteil der Schlacke I gegenüber. Dieser Unterschied ist auf die unterschiedlichen Granulationsbedingungen der Hüttensande zurückzuführen.
Der Tabelle ist weiterhin zu entnehmen, daß der Anteil an kristallinen Körnern in den gröberen Fraktionen zunimmt, während die Zahl der glasigen Schlackenkörner abnimmt. Das bedeutet, daß sich die glasigen Bestandteile, die jeweils in den Fraktionen 20–33 µm am stärksten vertreten sind, leichter mahlen lassen. Dies sollte auch gleichzeitig der Grund dafür sein, daß – wie bereits erwähnt – in der trockengranulierten und der an schwerer mahlbaren kristallinen Bestandteilen reichen Schlacke I ein höherer Gehalt in den gröberen Fraktionen auftritt, während im naßgranulierten HÜS II infolge seines hohen Glasgehaltes die feinen Fraktionen stärker vertreten sind.
So besitzt der naßgranulierte Hüttensand auf Grund seines hohen Glasanteils neben seinen guten hydraulischen Eigenschaften noch den Vorzug der leichteren Mahlbarkeit, aber den Nachteil der zusätzlichen Trockenkosten.
Die chemischen Analysen des Klinkers B und der Hüttensande I und II zeigt Tab. 3. Ihr ist zu entnehmen, daß sich die beiden Schlacken in ihrer chemischen Zusammensetzung recht ähnlich sind.
Der C_3A-Gehalt des Klinkers beträgt 10% (nach BOGUE), so daß bei den Mischungen 50/50 mit maximal 5% C_3A im Bindemittel gerechnet werden muß.

5.1.1.2. Herstellung der Mörtelprismen

Das Mischungsverhältnis des Mörtels war 1:4, bei einem Verhältnis von Normensand I zu Normensand II wie 1:2. Der W/Z-Wert betrug für alle Mischungen 0,6. Die Herstellung des Mörtels und die Verdichtung der Prismen erfolgte in An-

Tab. 29 Zusammenstellung der Ausbreitmaße des Frischmörtels

Mischung	Zusammensetzung der Mischung Kli.: HÜS	Ausbreitmaß der Frischmörtel (cm)			
		Serie I Klinker B, HÜS I (trocken granuliert)		Serie II Klinker B, HÜS II (naß granuliert)	
		Kli. 3500 Bl. HÜS 3500 Bl.	Kli. 3500 Bl. HÜS 5000 Bl.	Kli. 3500 Bl. HÜS 3500 Bl.	Kli. 3500 Bl. HÜS 5000 Bl.
		a	b	a	b
1	50:50	16,0	17,0	15,0	18,5
2	40:60	15,3	16,0	15,2	17,5
3	30:70	15,2	16,7	15,5	17,5
4	20:80	15,5	16,5	16,5	17,3
5	10:90	16,5	17,5	16,0	17,1

lehnung an DIN 1164. Zur Erzielung einer guten Homogenität des Klinker–Hüttensand-Gemisches wurden die Bindemittelkomponenten im Kenwood-Mischer solange trocken vorgemischt, bis ein einheitlicher Farbton zu erkennen war.

Die Ausbreitmaße der Mörtel sind in der Tab. 29 zusammengestellt. Ein Vergleich der Werte zeigt, daß unter somit gleichen Bedingungen die mit dem feiner gemahlenen Hüttensand hergestellten Mörtel stets ein größeres Ausbreitmaß haben als die gleichen Mischungen mit dem gröberen Hüttensand.

Daß die Verarbeitbarkeit der feiner gemahlenen Zemente günstiger ist, wurde bereits von Ludwig und Schwiete [42] beschrieben.

5.1.1.3. Bestimmung der Gasdurchlässigkeit (Durchströmbarkeit)

Die Gasdurchlässigkeitsbestimmungen erfolgten zu Beginn der Sulfatlagerung an Parallelproben.

Zu diesem Zweck wurden aus den 4×4×16-cm-Mörtelprismen Prüfscheiben von rd. 38 mm Durchmesser und 10 mm Höhe herausgebohrt. Die Trocknung der Prüfkörper sowie die Bestimmung der Gasdurchlässigkeit erfolgte wie bereits unter 2.2. beschrieben. Die ermittelten Gasdurchlässigkeitswerte sind in nachstehender Tabelle zusammengefaßt.

Tab. 30 Gasdurchlässigkeiten der Mörtelprismen zu Beginn der Sulfatlagerung nach 27tägiger Wasservorlagerung

Mischung	Zusammensetzung der Mischung Kli. : HÜS	Gasdurchlässigkeit des Festmörtels zu Beginn der Sulfatlagerung im Alter von 28 Tagen (pPm)			
		Serie I Klinker B, HÜS I (trocken granuliert)		Serie II Klinker B, HÜS II (naß granuliert)	
		Kli. 3500 Bl. HÜS 3500 Bl.	Kli. 3500 Bl. HÜS 5000 Bl.	Kli. 3500 Bl. HÜS 3500 Bl.	Kli. 3500 Bl. HÜS 5000 Bl.
		a	b	a	b
1	50:50	2,3	7,9	0,1	0,7
2	40:60	1,4	1,4	0,1	0,8
3	30:70	1,5	3,1	0,1	1,0
4	20:80	1,3	1,6	1,5	0,7
5	10:90	2,2	1,2	1,8	1,0

Wie aus den Werten ersichtlich, handelt es sich um sehr dichte Mörtel. Eine Tendenz der Gasdurchlässigkeit in Abhängigkeit vom Klinker–HÜS-Verhältnis ist bei I a, I b und II b nicht erkennbar, während bei II a mit Zunahme des HÜS-Anteils eine Erhöhung der Gasdurchlässigkeit beobachtet wurde. Deutlich ist die relativ geringere Gasdurchlässigkeit der mit naß granulierter Schlacke hergestellten Mörtelprismen (Serie II). Dies ist auf den höheren Glasgehalt und den damit verbundenen besseren hydraulischen Eigenschaften des Hüttensandes zurückzuführen. Zusätzlich wird mit Ausnahme der Mischung 4 (Serie II) und der Mischung 5 mit höherer Mahlfeinheit eine höhere Gasdurchlässigkeit gefunden, als bei den gröber gemahlenen Zementen. Dies könnte eine Folge der höheren Wasserrückhaltung sein.

5.1.1.4. Aggressivlagerung

Die Prüfkörper wurden nach 27tägiger Wasservorlagerung im Alter von 28 Tagen in die 0,15 molare Na_2SO_4-Lösung eingelagert.
Zur Erzielung einer annähernd gleichbleibenden Konzentration wurden die Lösungen bis zur 20. Woche alle 7 Tage und anschließend bis zur 72. Woche alle 14 Tage gewechselt. Die Konzentrationen der einzelnen Bestandteile in der 0,15 molaren Na_2SO_4-Lösung sind folgende:

21 300 mg Na_2SO_4/l Lösung
12 000 mg SO_3 /l Lösung
14 400 mg SO_4^{2-} /l Lösung
6 900 mg Na^+ /l Lösung

Danach handelt es sich um eine Aggressivlösung mit einem sehr starken Angriffsvermögen [63].

5.1.1.5. Messung der Resonanzfrequenz bei transversaler und longitudinaler Anregung

Die Messung der Resonanzfrequenzen bei longitudinaler und transversaler Anregung erfolgte nach 24, 36, 48 und 72 Wochen Na_2SO_4-Lagerung unmittelbar vor den Biegezug- und Druckfestigkeitsprüfungen.
Die gemessenen Resonanzfrequenzen, die daraus errechneten E-Moduln sowie die Festigkeitswerte sind in den Tab. 31 und 32 für die Prüfkörper der einzelnen Mischungen der Serien I und II zusammengestellt.
In den Abb. 30 und 31 sind die E-Moduln sowie die Druck- und Biegezugfestigkeiten über der Lagerungsdauer aufgetragen. Dabei wurde jeweils der Mittelwert der E-Moduln aus longitudinaler und transversaler Anregung verwendet.
Serie I (siehe Tab. 31 und Abb. 30).
Bei *Mischung* a_1 (Klinker und HÜS 3500 Blaine) zeigen der E-Modul und die Druckfestigkeit auch nach 72 Wochen Na_2SO_4-Lagerung noch eine Zunahme, während die Biegezugfestigkeit als gleichbleibend zu betrachten ist.
Dagegen ist bei *Mischung* b_1 (Klinker 3500, HÜS 5000 Blaine) mit zunehmender Lagerungsdauer eine deutliche Abnahme der Biegezugfestigkeit zu beobachten, während der dynamische E-Modul und die Druckfestigkeit gleichbleibende Tendenz zeigen.
Bei den Prüfkörpern der *Mischungen* a_2 *und* b_2 nehmen der E-Modul und die Druckfestigkeit nach 72 Wochen Na_2SO_4-Lagerung zu, während die Biegezugfestigkeit eine geringe Abnahme zeigt.

Tab. 31 Zusammenstellung der Resonanzfrequenz-, E-Modul- und Festigkeitswerte von den Mörtelprismen der Mischungen 1–5 (Serie I)

Lagerungsdauer (W)	Mischung 1 (50 Klinker : 50 HÜS)													
	Gewicht		Resonanzfrequenz longit.		Resonanzfrequenz transv.		Dyn. *E*-Modul longit.	Dyn. *E*-Modul transv.	Absolute Abw.	Relative Abw.	Festigkeiten Biegezug		Festigkeiten Druck	
	(kg)	Mittel	(Hz)	Mittel	(Hz)	Mittel	($\times 10^3$ kp/cm²)			(%)	(kp/cm²)	Mittel	(kp/cm²)	Mittel
a) Klinker 3500 cm²/g (Blaine) : HÜS 3500 cm²/g (Blaine)														
	0,593		13 050		5 670						104		535	
24	0,593	0,592	13 040	13 050	5 680	5 680	411	413	+ 2	+ 0,5	109	104	493	513
	0,590		13 050		5 700						98		510	
	0,592		13 240		5 775						91		531	
36	0,593	0,590	13 270	13 270	5 780	5 770	424	425	+ 1	+ 0,2	106	101	518	517
	0,585		13 290		5 760						105		501	
	0,590		13 250		5 730						97		534	
48	0,591	0,591	13 280	13 280	5 790	5 770	424	425	+ 1	+ 0,2	96	96	535	526
	0,593		13 300		5 780						96		510	
	0,591		13 350		5 800						94		550	
72	0,591	0,593	13 350	13 340	5 840	5 805	430	432	+ 2	+ 0,5	103	99	524	544
	0,597		13 325		5 770						99		557	
b) Klinker 3 500 cm²/g (Blaine) : HÜS 5 000 cm²/g (Blaine)														
	0,596		13 050		5 730						109		482	
24	0,595	0,596	13 100	13 070	5 750	5 730	414	422	+ 8	+ 1,9	98	100	466	474
	0,596		13 050		5 705						94		475	
	0,594		13 150		5 650						87		523	
36	0,597	0,594	13 010	13 060	5 620	5 620	412	406	— 6	— 1,5	93	86	504	505
	0,592		13 010		5 590						79		488	
	0,598		13 270		5 700						71		530	
48	0,593	0,594	13 190	13 180	5 690	5 670	420	415	— 5	— 1,2	73	70	527	525
	0,591		13 080		5 625						65		519	
	0,596		12 840		5 490						41		529	
72	0,597	0,597	12 940	12 800	5 520	5 570	404	400	— 4	— 1,0	71	55	485	512
	0,598		12 850		5 700						53		523	

Tab. 31 (Fortsetzung)

Lagerungsdauer (W)	Mischung 2 (40 Klinker : 60 HÜS)													
	Gewicht		Resonanzfrequenz longit.		Resonanzfrequenz transv.		Dyn. *E*-Modul longit.	Dyn. *E*-Modul transv.	Absolute Abw.	Relative Abw.	Festigkeiten Biegezug		Festigkeiten Druck	
	(kg)	Mittel	(Hz)	Mittel	(Hz)	Mittel	($\times 10^3$ kp/cm²)			(%)	(kp/cm²)	Mittel	(kp/cm²)	Mittel
a) Klinker 3 500 cm²/g (Blaine) : HÜS 3 500 cm²/g (Blaine)														
	0,593		13 080		5 710						105		490	
24	0,593	0,594	13 050	13 110	5 660	5 710	418	418	± 0	± 0	107	108	485	495
	0,594		13 200		5 770						113		510	
	0,590		13 200		5 640						109		483	
36	0,593	0,593	13 175	13 185	5 660	5 640	420	407	—13	— 3,1	109	108	496	489
	0,596		13 180		5 625						106		488	
	0,589		13 150		5 535						99		508	
48	0,589	0,590	13 160	13 170	5 560	5 570	416	395	—21	— 5,1	96	100	530	519
	0,591		13 200		5 615						105		519	
	0,597		13 360		5 725						101		558	
72	0,595	0,597	13 320	13 360	5 700	5 740	434	424	—10	— 2,3	100	101	558	558
	0,598		13 390		5 795						103		557	
b) Klinker 3 500 cm²/g (Blaine) : HÜS 5 000 cm²/g (Blaine)														
	0,592		13 000		5 650						97		475	
24	0,592	0,591	13 050	13 070	5 660	5 670	411	413	+ 2	+ 0,5	95	95	453	465
	0,589		13 150		5 690						93		469	
	0,598		13 150		5 690						102		495	
36	0,600	0,598	13 175	13 170	5 695	5 695	421	418	— 3	— 0,7	112	107	480	487
	0,596		13 190		5 700						107		485	
	0,591		13 130		5 660						101		480	
48	0,596	0,595	13 080	13 160	5 610	5 655	420	412	— 8	— 1,9	99	103	465	483
	0,599		13 190		5 695						108		504	
	0,592		13 200		5 665						93		505	
72	0,592	0,591	13 200	13 190	5 645	5 645	419	406	—13	— 3,1	99	94	483	487
	0,588		13 170		5 625						91		472	

Tab. 31 (Fortsetzung)

Lagerungsdauer (W)	Mischung 3 (30 Klinker : 70 HÜS)													
	Gewicht		Resonanzfrequenz longit.		Resonanzfrequenz transv.		Dyn. E-Modul longit.	Dyn. E-Modul transv.	Absolute Abw.	Relative Abw.	Festigkeiten Biegezug		Festigkeiten Druck	
	(kg)	Mittel	(Hz)	Mittel	(Hz)	Mittel	($\times 10^3$ kp/cm²)			(%)	(kp/cm²)	Mittel	(kp/cm²)	Mittel
a) Klinker 3 500 cm²/g (Blaine) : HÜS 3 500 cm²/g (Blaine)														
	0,589		12 800		5 510						102		392	
24	0,587	0,592	12 770	12 815	5 500	5 505	397	380	—17	— 4,3	93	96	406	414
	0,599		12 880		5 500						92		445	
	0,598		13 0000		5 520						106		447	
36	0,594	0,595	13 050	13 080	5 590	5 580	414	400	—14	— 3,4	103	107	448	456
	0,594		13 180		5 625						113		472	
	0,592		13 000		5 530						105		482	
48	0,589	0,592	13 100	13 060	5 580	5 570	411	398	—13	— 3,2	111	108	499	484
	0,595		13 080		5 610						107		472	
	0,596		13 075		5 600						90		442	
72	0,596	0,594	13 150	13 110	5 640	5 615	417	406	—11	— 2,6	121	107	466	456
	0,589		13 110		5 600						109		460	
b) Klinker 3 500 cm²/g (Blaine) : HÜS 5 000 cm²/g (Blaine)														
	0,597		12 900		5 600						97		424	
24	0,592	0,594	12 800	12 750	5 570	5 530	395	393	— 2	— 0,5	101	99	427	419
	0,594		12 650		5 420						98		406	
	0,589		12 950		5 590						67		436	
36	0,593	0,591	12 930	12 900	5 590	5 560	400	395	— 5	— 1,3	85	77	448	431
	0,591		12 810		5 500						79		409	
	0,597		13 000		5 600						94		469	
48	0,590	0,593	13 060	13 015	5 605	5 580	410	400	—10	— 2,4	100	98	468	466
	0,591		12 985		5 530						100		460	
	0,599		13 100		5 600						99		508	
72	0,501	0,603	13 050	13 115	5 580	5 610	424	410	—14	— 3,3	101	103	499	499
	0,610		13 190		5 650						110		491	

Tab. 31 (Fortsetzung)

Lagerungs-dauer (W)	Mischung 4 (20 Klinker : 80 HÜS)													
	Gewicht		Resonanzfrequenz				Dyn. E-Modul		Absolute Abw.	Relative Abw.	Festigkeiten			
			longit.		transv.		longit.	transv.			Biegezug		Druck	
	(kg)	Mittel	(Hz)	Mittel	(Hz)	Mittel	($\times 10^3$ kp/cm²)			(%)	(kp/cm²)	Mittel	(kp/cm²)	Mittel
	a) Klinker 3 500 cm²/g (Blaine) : HÜS 3 500 cm²/g (Blaine)													
	0,592		12 700		5 480						102		395	
24	0,594	0,592	12 950	12 910	5 540	5 540	404	392	—12	— 3,0	115	108	426	414
	0,590		13 080		5 590						106		421	
	0,586		12 620		5 440						86		366	
36	0,585	0,585	12 650	12 640	5 430	5 425	380	372	— 8	— 2,1	94	90	376	372
	0,584		12 650		5 405						90		375	
	0,588		12 800		5 495						96		386	
48	0,590	0,588	12 800	12 760	5 475	5 460	389	379	—10	— 2,6	96	97	400	397
	0,587		12 680		5 400						100		406	
	0,593		13 140		5 560						106		457	
72	0,594	0,593	12 995	13 050	5 505	5 535	412	391	—21	— 5,1	101	104	425	434
	0,591		13 020		5 540						104		421	
	b) Klinker 3 500 cm²/g (Blaine) : HÜS 5 000 cm²/g (Blaine)													
	0,592		12 680		5 430						93		409	
24	0,592	0,593	12 730	12 705	5 420	5 415	391	376	—15	— 3,8	97	97	415	411
	0,595		12 700		5 400						102		409	
	0,587		12 800		5 490						95		433	
36	0,587	0,587	12 810	12 780	5 470	5 460	390	378	—12	— 3,1	110	100	429	428
	0,586		12 720		5 410						95		421	
	0,592		12 930		5 540						107		458	
48	0,595	0,593	13 000	12 955	5 600	5 575	406	399	— 7	— 1,7	110	108	463	459
	0,591		12 930		5 585						106		457	
	0,590		13 010		5 590						108		477	
72	0,592	0,591	13 070	13 060	5 570	5 590	410	400	—10	— 2,4	105	107	480	481
	0,591		13 090		5 600						108		485	

Tab. 31 (Fortsetzung)

Lagerungsdauer (W)	Mischung 5 (10 Klinker : 90 HÜS) Gewicht (kg)	Gewicht Mittel	Resonanzfrequenz longit. (Hz)	longit. Mittel	Resonanzfrequenz transv. (Hz)	transv. Mittel	Dyn. *E*-Modul longit. ($\times 10^3$ kp/cm²)	Dyn. *E*-Modul transv. ($\times 10^3$ kp/cm²)	Absolute Abw. ($\times 10^3$ kp/cm²)	Relative Abw. (%)	Festigkeiten Biegezug (kp/cm²)	Biegezug Mittel	Festigkeiten Druck (kp/cm²)	Druck Mittel
a) Klinker 3 500 cm²/g (Blaine) : HÜS 3 500 cm²/g (Blaine)														
24	0,584 0,586 0,586	0,585	12 100 11 950 12 010	12 020	5 220 5 160 5 200	5 190	345	340	— 5	— 1,5	73 73 75	74	264 256 245	255
36	0,590 0,590 0,587	0,589	12 180 12 150 12 140	12 160	5 230 5 190 5 160	5 190	354	342	—12	— 3,4	81 82 81	81	275 270 270	272
48	0,588 0,581 0,581	0,583	12 250 12 090 12 050	12 130	5 250 5 200 5 105	5 185	350	339	—11	— 3,1	77 79 78	78	269 245 251	255
72	0,579 0,580 0,580	0,580	12 330 12 400 12 460	12 400	5 240 5 280 5 310	5 280	364	350	—14	— 3,9	83 86 83	84	283 292 298	291
b) Klinker 3 500 cm²/g (Blaine) : HÜS 5 000 cm²/g (Blaine)														
24	0,598 0,593 0,595	0,595	12 300 12 200 12 270	12 260	5 250 5 200 5 250	5 230	364	351	—13	— 3,6	80 80 90	83	319 300 317	312
36	0,591 0,594 0,592	0,592	12 330 12 310 12 250	12 300	5 270 5 260 5 200	5 240	365	351	—14	— 3,8	80 81 78	80	317 298 304	306
48	0,595 0,596 0,596	0,596	12 550 12 550 12 570	12 560	5 375 5 375 5 380	5 380	382	372	—10	— 2,6	99 93 96	96	354 354 345	351
72	0,592 0,593 0,590	0,592	12 550 12 580 12 670	12 600	5 360 5 350 5 400	5 370	384	370	—14	— 3,7	94 101 87	94	360 357 369	362

Tab. 32 *Zusammenstellung der Resonanzfrequenz-, E-Modul- und Festigkeitswerte von den Mörtelprismen der Mischungen 1–5* (Serie II)

Lagerungsdauer (W)	Mischung 1 (50 Klinker : 50 HÜS)													
	Gewicht		Resonanzfrequenz longit.		Resonanzfrequenz transv.		Dyn. *E*-Modul longit.	Dyn. *E*-Modul transv.	Absolute Abw.	Relative Abw.	Festigkeiten Biegezug		Festigkeiten Druck	
	(kg)	Mittel	(Hz)	Mittel	(Hz)	Mittel	($\times 10^3$ kp/cm²)			(%)	(kp/cm²)	Mittel	(kp/cm²)	Mittel
a) Klinker 3 500 cm²/g (Blaine) : HÜS 3 500 cm²/g (Blaine)														
24	0,582 0,597 0,592	0,590	13 210 13 270 13 210	13 230	5 730 5 800 5 790	5 770	422	425	+ 3	+ 0,7	94 107 105	102	519 606 569	565
36	0,584 0,585 0,593	0,587	13 200 13 200 13 260	13 220	5 740 5 775 5 790	5 770	422	419	— 3	— 0,7	93 92 100	95	521 523 569	538
48	0,587 0,589 0,589	0,588	13 330 13 400 13 410	13 380	5 750 5 810 5 800	5 790	428	425	— 3	— 0,7	84 88 92	88	602 613 605	607
72	0,585 0,589 0,595	0,590	13 300 13 200 12 985	13 160	5 795 5 800 5 696	5 760	416	424	+ 8	+ 1,9	50 60 51	54	545 585 544	558
b) Klinker 3 500 cm²/g (Blaine) : HÜS 5 000 cm²/g (Blaine)														
24	0,598 0,591 0,590	0,593	13 400 13 300 13 220	13 310	5 830 5 790 5 750	5 790	430	430	± 0	± 0	105 105 102	104	631 601 600	608
36	0,596 0,594 0,590	0,593	13 240 13 270 13 290	13 270	5 730 5 730 5 730	5 730	425	420	— 5	— 1,2	94 98 90	94	502 594 451	516
48	0,586 0,589 0,589	0,588	13 200 13 280 13 310	13 260	5 705 5 700 5 750	5 720	420	416	— 4	— 1,0	83 90 84	86	597 627 618	614
72	0,591 0,589 0,588	0,589	13 200 12 880 12 920	13 000	5 840 5 650 5 650	5 710	405	415	+10	+ 2,5	70 42 53	55	629 579 581	596

Tab. 32 (Fortsetzung)

Lagerungsdauer (W)	Mischung 2 (40 Klinker : 60 HÜS)													
	Gewicht		Resonanzfrequenz				Dyn. E-Modul		Absolute Abw.	Relative Abw.	Festigkeiten			
			longit.		transv.		longit.	transv.			Biegezug		Druck	
	(kg)	Mittel	(Hz)	Mittel	(Hz)	Mittel	($\times 10^3$ kp/cm²)			(%)	(kp/cm²)	Mittel	(kp/cm²)	Mittel
a) Klinker 3 500 cm²/g (Blaine) : HÜS 3 500 cm²/g (Blaine)														
	0,585		13 100		5 630						110		530	
24	0,591	0,586	13 210	13 150	5 705	5 680	414	410	— 4	— 1,0	110	107	581	558
	0,581		13 140		5 700						100		563	
	0,592		13 200		5 670						110		537	
36	0,587	0,588	13 250	13 220	5 685	5 690	420	411	— 9	— 2,1	108	108	572	571
	0,585		13 210		5 710						116		603	
	0,584		13 310		5 740						100		575	
48	0,585	0,585	13 300	13 340	5 750	5 750	425	417	— 8	— 1,9	100	99	672	573
	0,585		13 400		5 770						97		572	
	0,584		13 285		5 710						95		643	
72	0,586	0,585	13 200	13 295	5 700	5 715	420	414	— 6	— 1,4	97	98	607	617
	0,584		13 400		5 740						101		600	
b) Klinker 3 500 cm²/g (Blaine) : HÜS 5 000 cm²/g (Blaine)														
	0,597		13 200		5 700						96		609	
24	0,598	0,597	13 210	13 200	5 700	5 690	425	419	— 6	— 1,4	109	104	604	608
	0,586		13 200		5 670						107		612	
	0,596		13 120		5 570						95		596	
36	0,596	0,596	13 160	13 160	5 605	5 625	420	407	—13	— 3,1	97	94	583	595
	0,595		13 205		5 695						91		605	
	0,595		13 250		5 660						93		632	
48	0,594	0,594	13 200	13 215	5 680	5 680	423	415	— 8	— 1,9	92	94	636	624
	0,594		13 200		5 700						96		603	
	0,598		13 370		5 770						96		667	
72	0,598	0,597	13 350	13 370	5 740	5 740	435	425	—10	— 2,3	95	90	700	687
	0,594		13 380		5 720						80		695	

Tab. 32 (Fortsetzung)

Lagerungsdauer (W)	Mischung 3 (30 Klinker : 70 HÜS)													
	Gewicht		Resonanzfrequenz longit.		Resonanzfrequenz transv.		Dyn. E-Modul longit.	Dyn. E-Modul transv.	Absolute Abw.	Relative Abw.	Festigkeiten Biegezug		Festigkeiten Druck	
	(kg)	Mittel	(Hz)	Mittel	(Hz)	Mittel	($\times 10^3$ kp/cm²)			(%)	(kp/cm²)	Mittel	(kp/cm²)	Mittel
a) Klinker 3 500 cm²/g (Blaine) : HÜS 3 500 cm²/g (Blaine)														
	0,588		13 130		5 650						113		548	
24	0,588	0,588	13 120	13 130	5 620	5 650	414	407	— 7	— 1,7	111	110	549	548
	0,589		13 150		5 670						105		548	
	0,586		13 100		5 680						110		545	
36	0,589	0,587	13 150	13 120	5 630	5 640	411	404	— 7	— 1,7	108	110	533	521
	0,587		13 110		5 610						111		485	
	0,594		13 280		5 725						114		576	
48	0,592	0,592	13 200	13 275	5 700	5 710	425	418	— 7	— 1,7	105	108	556	565
	0,589		13 200		5 700						106		563	
	0,587		13 150		5 640						109		602	
72	0,588	0,587	13 200	13 205	5 670	5 670	417	408	— 9	— 2,2	104	106	590	585
	0,586		13 265		5 710						104		563	
b) Klinker 3 500 cm²/g (Blaine) : HÜS 5 000 cm²/g (Blaine)														
	0,595		13 080		5 590						109		603	
24	0,593	0,594	13 100	13 090	5 660	5 620	414	410	— 4	— 1,0	112	110	601	605
	0,593		13 080		5 610						108		612	
	0,597		13 150		5 610						119		627	
36	0,594	0,594	13 190	13 160	5 605	5 605	420	405	—15	— 3,6	115	119	598	599
	0,590		13 130		5 600						122		572	
	0,596		13 290		5 705						111		660	
48	0,599	0,598	13 200	13 230	5 630	5 655	426	414	—12	— 2,8	110	111	600	640
	0,599		13 200		5 630						113		652	
	0,588		13 210		5 650						106		632	
72	0,591	0,591	13 205	13 205	5 700	5 680	422	416	— 8	— 1,9	106	106	636	625
	0,595		13 200		5 700						106		608	

Tab. 32 (Fortsetzung)

Lagerungsdauer (W)	Mischung 4 (20 Klinker : 80 HÜS) Gewicht (kg)	Gewicht Mittel	Resonanzfrequenz longit. (Hz)	Resonanzfrequenz longit. Mittel	Resonanzfrequenz transv. (Hz)	Resonanzfrequenz transv. Mittel	Dyn. E-Modul longit. ($\times 10^3$ kp/cm²)	Dyn. E-Modul transv. ($\times 10^3$ kp/cm²)	Absolute Abw. ($\times 10^3$ kp/cm²)	Relative Abw. (%)	Festigkeiten Biegezug (kp/cm²)	Biegezug Mittel	Druck (kp/cm²)	Druck Mittel
a) Klinker 3 500 cm²/g (Blaine) : HÜS 3 500 cm²/g (Blaine)														
	0,584		12 950		5 550						102		528	
24	0,589	0,587	13 000	13 010	5 605	5 590	405	397	— 8	— 2,0	104	101	542	537
	0,588		13 080		5 605						96		541	
	0,590		13 100		5 600						114		530	
36	0,593	0,591	13 110	13 070	5 600	5 610	412	402	—10	— 2,4	105	111	512	526
	0,591		13 000		5 625						113		535	
	0,597		13 190		5 675						109		561	
48	0,593	0,593	13 170	13 170	5 660	5 670	419	413	— 6	— 1,4	103	107	557	561
	0,590		13 140		5 670						109		566	
	0,584		13 170		5 660						104		572	
72	0,586	0,585	13 135	13 170	5 610	5 645	414	402	—12	— 2,9	102	104	568	573
	0,586		13 200		5 665						106		578	
b) Klinker 3 500 cm²/g (Blaine) : HÜS 5 000 cm²/g (Blaine)														
	0,594		13 020		5 610						112		633	
24	0,595	0,595	13 020	13 020	5 625	5 610	411	392	—19	— 4,6	115	113	632	636
	0,596		13 010		5 605						111		643	
	0,587		13 050		5 615						103		618	
36	0,596	0,592	13 190	13 105	5 685	5 640	415	407	— 8	— 1,9	117	111	629	617
	0,592		13 070		5 625						112		603	
	0,592		13 190		5 690						107		612	
48	0,592	0,592	13 195	13 195	5 680	5 680	420	414	— 6	— 1,4	109	108	624	621
	0,593		13 200		5 695						107		627	
	0,592		13 210		5 695						112		647	
72	0,593	0,592	13 200	13 190	5 635	5 660	421	412	— 9	— 2,1	112	112	650	639
	0,592		13 170		5 640						113		621	

Tab. 32 (Fortsetzung)

Lagerungsdauer (W)	Gewicht (kg)	Gewicht Mittel	Resonanzfrequenz longit. (Hz)	longit. Mittel	Resonanzfrequenz transv. (Hz)	transv. Mittel	Dyn. E-Modul longit. ($\times 10^3$ kp/cm²)	Dyn. E-Modul transv. ($\times 10^3$ kp/cm²)	Absolute Abw. ($\times 10^3$ kp/cm²)	Relative Abw. (%)	Festigkeiten Biegezug (kp/cm²)	Biegezug Mittel	Festigkeiten Druck (kp/cm²)	Druck Mittel
							Mischung 5 (10 Klinker : 90 HÜS)							
							a) Klinker 3 500 cm²/g (Blaine) : HÜS 3 500 cm²/g (Blaine)							
	0,590		12 400		5 280						93		363	
24	0,590	0,590	12 360	12 440	5 190	5 250	372	351	—21	— 5,7	95	96	363	371
	0,590		12 550		5 275						99		387	
	0,586		12 530		5 310						99		363	
36	0,587	0,584	12 510	12 415	5 200	5 205	368	343	—25	— 6,8	99	97	359	355
	0,580		12 200		5 105						93		342	
	0,583		12 460		5 260						93		392	
48	0,586	0,585	12 400	12 490	5 210	5 280	371	352	—19	— 5,1	89	94	386	390
	0,587		12 600		5 380						100		393	
	0,579		12 440		5 260						90		395	
72	0,582	0,583	12 400	12 480	5 270	5 280	370	352	—18	— 4,9	93	92	384	389
	0,587		12 595		5 300						94		387	
							b) Klinker 3 500 cm²/g (Blaine) : HÜS 5 000 cm²/g (Blaine)							
	0,594		12 660		5 425						103		522	
24	0,521	0,593	12 650	12 640	5 400	5 410	386	377	— 9	— 2,3	110	106	510	514
	0,593		12 610		5 400						105		510	
	0,585		12 750		5 430						99		551	
36	0,588	0,588	12 730	12 725	5 460	5 440	389	376	—13	— 3,3	109	106	543	544
	0,590		12 700		5 425						110		538	
	0,588		12 930		5 505						109		595	
48	0,591	0,591	12 800	12 840	5 500	5 495	498	385	—13	— 3,3	107	107	686	594
	0,594		12 800		5 480						106		600	
	0,593		12 990		5 560						110		618	
72	0,592	0,593	12 880	12 930	5 495	5 520	405	391	—14	— 3,5	106	105	600	603
	0,593		12 930		5 500						99		591	

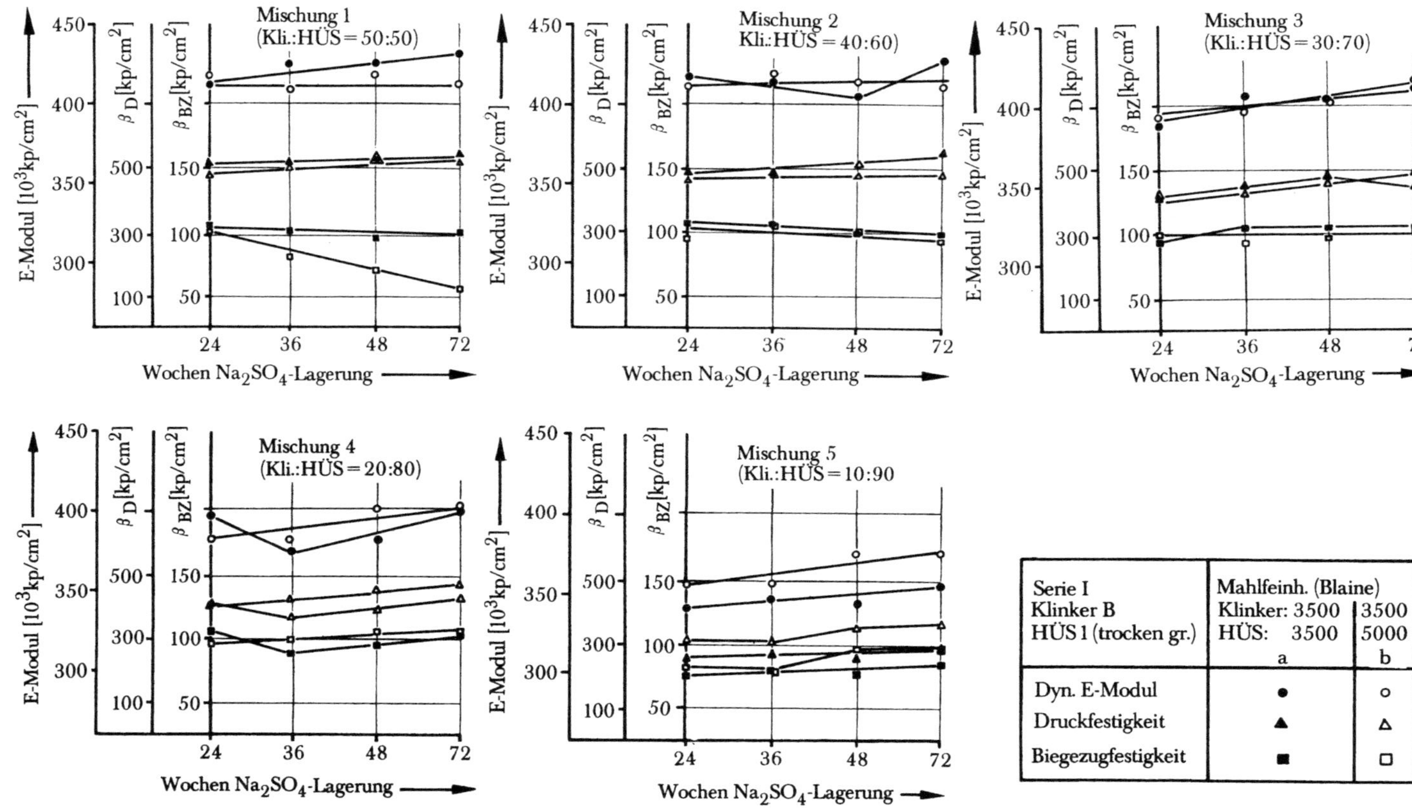

Abb. 30 Dynamischer *E*-Modul, Druck- und Biegezugfestigkeit in Abhängigkeit von der Na_2SO_4-Lagerung

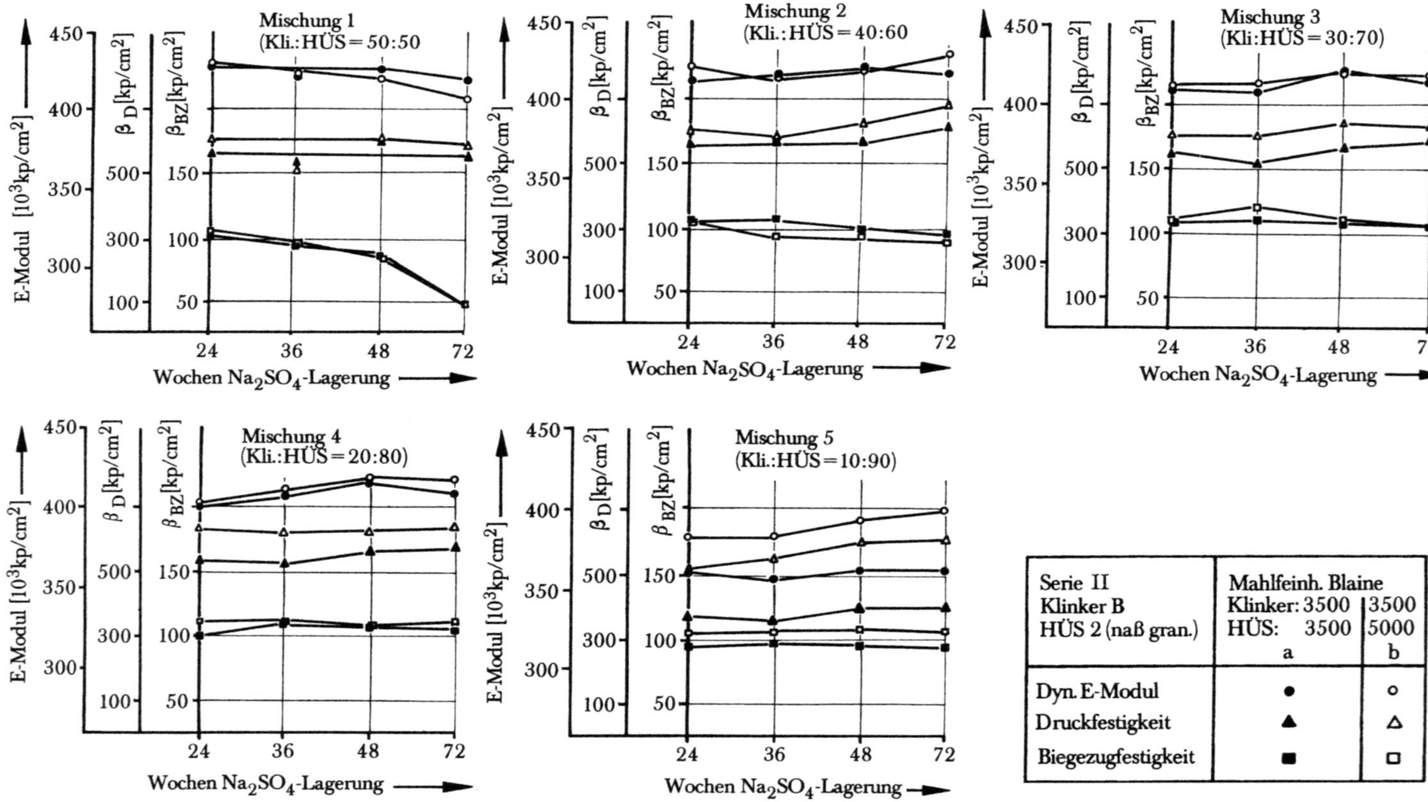

Abb. 31 Dynamischer *E*-Modul, Druck- und Biegezugfestigkeit in Abhängigkeit der Na_2SO_4-Lagerung

Die Prismen der *Mischungen a 3 bis a 5 bzw. b 3 bis b 5* zeigen mit ansteigenden Festigkeiten einen zunehmenden *E*-Modul. Auffallend ist bei den Prüfkörpern der Mischung a 4 der vorübergehende Abfall nach 36 Wochen sowohl der Festigkeiten als auch des *E*-Moduls. Diese einheitliche Tendenz aller drei Meßgrößen wird auch bei Mischung b 5 sichtbar, wo nach 48 Wochen ein deutlicher Anstieg zu erkennen ist.

Der Einfluß der Mahlfeinheit des Hüttensandes auf die Festigkeit der Prüfkörper macht sich erst bei den Prismen der *Mischungen 4 und 5* bemerkbar. Hier liegen die Festigkeiten und der *E*-Modul der feiner gemahlenen b-Mischungen über denen der a-Mischungen.

Die starke Abnahme der Biegezugfestigkeit bei den Prismen der *Mischung b 1* wird sowohl auf den höheren Klinkeranteil als auch auf die feinere Verteilung der reaktionsfähigen Tonerde aus dem Hüttensand zurückgeführt, die zu einer stärkeren Ettringitbildung führte. Daß diese Ettringitbildung in den noch hüttensandreicheren Mischungen b 3, b 4 und b 5 nicht auftreten konnte, wird mit der geringeren Basizität dieser klinkerarmen Mörtel erklärt, wie pH-Wert-Messungen an zerkleinertem Mörtel von Rand- und Kernzone zeigen (Tab. 33).

Tab. 33 pH-*Wert-Messungen von Mörtel–Wasser-Suspensionen nach 24 Stunden*

Mischung	Randzone	Kern
I a 1	12,2	12,4
I a 2	12,0	12,2
I a 3	11,9	12,3
I a 4	11,8	12,1
I a 5	11,6	12,0
I b 1	12,2	12,4
I b 2	12,1	12,3
I b 3	11,9	12,2
I b 4	11,9	12,1
I b 5	11,8	12,0
II a 1	12,2	12,4
II a 2	12,1	12,3
II a 3	12,1	12,2
II a 4	12,0	12,1
II a 5	12,0	12,0
II b 1	12,1	12,3
II b 2	12,2	12,2
II b 3	12,2	12,2
II b 4	12,0	12,1
II b 5	12,0	11,9

Tab. 34 *Zusammenstellung der durch Röntgenfluoreszenzanalyse bestimmten* CaO-, SiO_2-, Al_2O_3- *und* SO_3-*Gehalte der Mörtelprismenrandzonen und -kerne*
(auf bei 110° C getrocknete Substanz bezogen)

Serie I

	Klinker B: 3500 Bl.; HÜS I: 3500 Bl.										Klinker B: 3500 Bl.; HÜS I: 5000 Bl.									
	I a 1 (50/50)		I a 2 (40/60)		I a 3 (30/70)		I a 4 (20/80)		I a 5 (10/90)		I b 1 (50/50)		I b 2 (40/60)		I b 3 (30/70)		I b 4 (20/80)		I b 5 (10/90)	
	Kern	Rand	Kern	Rand	Kern	Rand	Kern	Rand	Kern	Rand	Kern	Rand	Kern	Rand	Kern	Rand	Kern	Rand	Kern	Rand
CaO	10,70	9,70	10,00	9,20	9,50	8,95	9,15	8,30	8,85	8,45	10,35	10,10	10,00	9,25	10,25	8,95	9,10	8,60	8,30	7,75
SiO_2	80,70	82,60	81,80	83,40	82,40	83,90	82,80	86,60	84,10	87,00	81,30	82,40	81,60	83,60	80,10	83,70	82,20	85,00	85,80	86,00
Al_2O_3	2,48	2,67	2,60	2,74	2,60	2,77	2,76	2,78	2,87	2,87	2,48	2,61	2,71	2,76	3,01	2,82	3,35	3,13	3,15	3,14
SO_3	2,76	4,31	2,66	4,10	2,72	3,94	2,94	3,35	3,08	3,20	2,40	4,83	2,54	4,08	2,82	3,84	2,74	3,26	2,65	2,82

Serie II

	Klinker B: 3500 Bl.; HÜS II: 3500 Bl.										Klinker B: 3500 Bl.; HÜS II: 5000 Bl.									
	II a 1 (50/50)		II a 2 (40/60)		II a 3 (30/70)		II a 4 (20/80)		II a 5 (10/90)		II b 1 (50/50)		II b 2 (40/60)		II b 3 (30/70)		II b 4 (20/80)		II b 5 (10/90)	
	Kern	Rand	Kern	Rand	Kern	Rand	Kern	Rand	Kern	Rand	Kern	Rand	Kern	Rand	Kern	Rand	Kern	Rand	Kern	Rand
CaO	10,10	10,00	9,70	9,30	9,40	9,10	9,30	8,60	8,70	8,00	10,30	10,00	10,15	9,90	9,50	9,50	8,70	8,45	8,25	8,35
SiO_2	83,50	82,40	82,30	83,30	81,40	80,80	82,80	83,90	84,20	85,50	82,80	82,20	83,20	81,90	83,80	81,80	86,70	83,10	86,30	82,60
Al_2O_3	2,61	2,81	2,89	2,98	3,19	3,49	3,22	3,26	3,61	2,98	2,92	2,90	3,14	3,17	3,30	3,50	2,89	3,44	3,28	3,70
SO_3	2,30	4,20	2,28	3,80	2,93	4,03	2,71	3,16	2,82	2,85	2,57	4,53	2,64	4,20	2,64	3,56	2,48	3,18	2,60	3,28

Der Einfluß der Mahlfeinheit auf die Aggressivbeständigkeit ist von KARCIC [54] und MALL [55] untersucht worden.

Nach MALL [55] soll mit zunehmender Mahlfeinheit des Zementes die Sulfatbeständigkeit größer werden. Die unterschiedliche Mahlfeinheit wurde hierbei durch den Rückstand auf dem Sieb 0,09 (DIN 4188) charakterisiert. Im Gegensatz hierzu kommt KARCIC [54] auf Grund seiner Untersuchungen zu dem Ergebnis, daß sich die Aggressivbeständigkeit mit zunehmender Mahlfeinheit des Zementes vermindert.
Diese nachteilige Wirkung der Feinvermahlung kann nach SCHESTOPEROW [56, 57] und japanischen Autoren [58] durch eine erhöhte Gipsdosierung ausgeglichen werden. Dadurch soll erreicht werden, daß bereits im Anfangsstadium der Erhärtung, wo sich der Zementmörtel noch im plastischen Zustand befindet, möglichst die ganze C_3A-Menge vom Gips unter Ettringitbildung verbraucht werden.

Serie II (siehe Tab. 32 und Abb. 31).
Hier zeigen die Prismen der *Mischungen a 1 und b 1* einen deutlichen Abfall der Biegezugfestigkeit, während der E-Modul und die Druckfestigkeit erst nach 48 Wochen Aggressivlagerung eine geringe Abnahme zeigen.
Bei den Prüfkörpern der *Mischung 2* ist nur noch eine geringe Abnahme der Biegezugfestigkeit zu verzeichnen, der E-Modul und die Druckfestigkeit nehmen weiterhin zu.
Der Kurvenverlauf bei den Prismen der *Mischungen 3, 4, 5* läßt erkennen, daß bei gleichbleibenden Biegezugfestigkeiten die E-Moduln und Druckfestigkeiten weiterhin eine mehr oder weniger deutliche Zunahme zeigen.
Bei dem naßgranulierten Hüttensand II bewirkt dessen feinere Mahlung bereits bei Mischung 3 höhere Festigkeiten bzw. einen größeren E-Modul gegenüber den mit gröber gemahlenem Hüttensand hergestellten Prismen.
Ein Einfluß der Mahlfeinheit auf die Aggressivbeständigkeit konnte hier nicht festgestellt werden, die Abnahme der Festigkeiten bei den Prismen der Mischungen a 1 und b 1 war gleich groß.
Die Ergebnisse der beiden Versuchsserien haben weiterhin gezeigt, daß bei den sulfatgelagerten Prüfkörpern die Abnahme der Biegezugfestigkeit der Verringerung der Druckfestigkeit vorausgeht. Diese Erscheinung ist auch bei anderen Versuchsreihen beobachtet worden und wird darauf zurückgeführt, daß die sich bildenden Gips- und Ettringitkristalle auf die bereits vorhandenen Hydratphasen Zugkräfte ausüben, die sich mit den bei der Biegezugfestigkeit auftretenden Zugkräften überlagern und einen früher eintretenden Bruch des Prüfkörpers verursachen.
Bei der Druckfestigkeitsprüfung müssen diese Zugspannungen erst überwunden werden, was zu höheren Druckfestigkeiten führt. Zusätzlich wirken die genannten Neubildungen raumerfüllend und erhöhen dadurch zusätzlich die Druckfestigkeit und den dynamischen E-Modul, wie den Abb. 12, 13 und 14 zu entnehmen ist. Das gilt aber nur für den Fall, daß die durch Neubildungen entstehenden Kristallisationsdrucke noch nicht ausreichen, um das Gefüge zu zerstören. Ist dagegen nach längerer Lagerungsdauer bereits eine Gefügelockerung durch Treiben eingetreten, dann nehmen auch die Druckfestigkeiten und damit auch der dynamische E-Modul der Prismen ab.

Zusammenfassend kann gesagt werden, daß bei nicht sulfatbeständigen Mörtelprismen die Abnahme der Biegezugfestigkeit dem Abfall der Druckfestigkeit und damit auch des E-Moduls vorausgeht.
Werden Sulfatbeständigkeitsuntersuchungen an Mörtelprismen mit Hilfe der zerstörungsfreien Resonanzfrequenzmethode durchgeführt, dann entspricht die Abnahme des E-Moduls einem Druckfestigkeitsabfall der durch Treibwirkung verursachten Gefügelockerung des Mörtels.

5.1.2. Gegenüberstellung von E-Modul$_{\text{longit.}}$ *und E-Modul*$_{\text{transv.}}$

Von Interesse war in diesem Zusammenhang weiterhin, inwieweit die aus den Resonanzfrequenzen bei longitudinaler und transversaler Anregung errechneten E-Moduln voneinander abweichen. Die absoluten und relativen Abweichungen sind in den Tab. 31 und 32 aufgeführt. Sie lassen erkennen, daß die Abweichungen etwas größer sind als bei den wassergelagerten Prüfkörpern. Bei Betrachtung der Abb. 32, in der die E-Moduln der sulfatgelagerten Prismen gegeneinander aufgetragen sind, fällt besonders auf, daß die Werte fast ausschließlich oberhalb der Geraden liegen. Letzteres war bereits bei wassergelagerten Prismen zu erkennen; es kommt jedoch bei den sulfatgelagerten Prismen stärker zum Ausdruck, wie Abb. 32 zeigt.
Als Ursache hierfür wird die Änderung der Poissonschen Konstanten während der Na_2SO_4-Lagerung angesehen. Über die Änderung der Poisson-Konstanten von Kiesbeton bei Lagerung in Ammoniumnitrat berichten DAWANCE und CHEFDEVILLE [59]. Sie konnten zeigen, daß die Poissonsche Zahl nach Einlagerung der Prüfkörper in die aggressive Flüssigkeit stark ansteigt. Das würde, auf die vorliegenden Ergebnisse übertragen, bedeuten, daß die zur Berechnung verwendete Poissonsche Zahl von 0,166 bei den aggressivgelagerten Prismen zu gering ist. Nach PICKETT [60] liegt der Wert bei wassergelagerten Prüfkörpern je nach dem Wassergehalt zwischen 0,10 und 0,25.
Wie bereits erwähnt, wäre unter diesen extremen Verhältnissen bei $4 \times 4 \times 16$-cm-Prismen mit einem zusätzlichen Fehler für den Wert des E-Moduls von $\pm 0{,}7\%$ zu rechnen.
Da die hier auftretenden Abweichungen aber z. T. beträchtlich höher liegen, muß die Aggressivlagerung eine noch stärkere Zunahme der Poisson-Konstanten zur Folge haben. Unter Berücksichtigung einer größeren Konstanten würde sich aus der transversalen Resonanzfrequenz sowie dem Gewicht und den Abmessungen des Prüfkörpers ein höherer E-Modul$_{\text{transv.}}$ errechnen lassen, so daß der Unterschied gegenüber dem E-Modul$_{\text{longit.}}$ geringer würde.
Vielleicht ist der deutliche Unterschied zwischen den errechneten E-Moduln aus der Resonanzfrequenz bei longitudinaler und transversaler Anregung auch darauf zurückzuführen, daß bei longitudinaler Anregung die durch die Sulfatlösung beanspruchten Randzonen in die Messung nicht so stark eingehen, wie bei der transversalen Anregung, und daß sich diese Einflüsse bei höheren Festigkeiten ausgleichen.

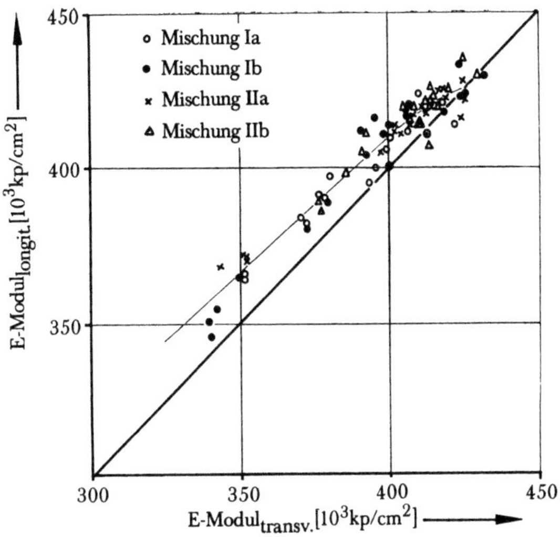

Abb. 32 E-Modul$_{longit.}$ in Abhängigkeit von E-Modul$_{transv.}$ bei in Na_2SO_4-Lösung gelagerten Mörtelprismen mit abgestuftem Klinker–HÜS-Verhältnis

Daß die Na_2SO_4-Lagerung die Homogenität des Mörtelprismas verringert, wird besonders dadurch deutlich, daß eine lineare Beziehung zwischen der 4. Potenz der Resonanzfrequenzen und der Druckfestigkeit, wie sie bei den wassergelagerten Prüfkörpern abgeleitet und gefunden wurde, bei den sulfatgelagerten Prismen nicht mehr beobachtet werden konnte.

5.1.3. Chemische Untersuchungen der Mörtelprüfkörper

Die Untersuchung der Mörtelprismen erfolgte nach 72wöchiger Lagerung in 0,15 molarer Na_2SO_4-Lösung. Die korrodierten Prüfkörper zeigten eine Korrosion an den Ecken und Kanten, da hier die eindiffundierte Sulfatmenge auf Grund der möglichen und kürzesten Diffusionswege am größten ist. Daraus ergibt sich, daß es Zonen besonders hoher SO_3-Aufnahme geben muß.

Daher wurden von den Mörtelprismen 2–3 mm starke Scheiben von den Randzonen abgesägt und diese wie auch die Prismenkerne mit Hilfe der Röntgenfluoreszenzanalyse [44] auf ihre CaO-, Al_2O_3-, SiO_2- und SO_3-Gehalte hin unter-

sucht. Die Festmörtelstücke waren zuvor nach Trocknung bei 20–30 °C in einer Schwingmühle zerkleinert worden, so daß jeweils Durchschnittsproben vom Prismenkern und von der Prismenrandzone zur Untersuchung gelangten.
Eine Zusammenstellung der Analysenwerte für die Mörtel der Mischungen 1–5 beider Serien (I und II) zeigt Tab. 34. Aus dieser ist zu entnehmen, daß auf Grund der chemischen Zusammensetzung von Klinker und Hüttensand (siehe Tab. 3) der CaO-Gehalt sowohl im Kern als auch in der Randzone mit zunehmendem HÜS-Anteil abnimmt. Die SiO_2- und Al_2O_3-Gehalte derselben Proben nehmen dagegen auf Grund des höheren Kieselsäure- und Tonerdegehaltes der verwendeten zwei Hüttensande zu.
Deutlich ist der geringere CaO-Gehalt der Randzone gegenüber dem Prismenkern zu erkennen, was auf das Herausdiffundieren des bei der Hydratation der Calciumsilikate freiwerdenden Calciumhydroxids zurückzuführen ist.
Die Festigkeitsuntersuchungen hatten gezeigt, daß bei den klinkerreichen Prismen der Mischungen I b 1 bzw. I b 2 und II a 1 bzw. II a 2 sowie II b 1 bzw. II b 2 die Sulfatlagerung zu einer Abnahme der Biegezugfestigkeit geführt hatte. Nur die Prismen der Mischungen I a 1 und I a 2 hatten trotz 72wöchiger Lagerung keine Festigkeitseinbußen gezeigt (siehe Tab. 31 und 32).
Als Ursache hierfür wird die Diffusion des Kalkes aus der Randzone angesehen, was durch den relativ hohen Unterschied im CaO-Gehalt von Kern- und Randzone zum Ausdruck kommt, der bei der Mischung I a 1 1,0% beträgt.
Diese hohe Kalkdiffusion ist auf die geringe Hydraulizität (geringer Glasgehalt) des trocken granulierten Hüttensandes zurückzuführen.
Der Unterschied im SO_3-Gehalt zwischen Randzone und Kern beträgt hier 1,55%. Er ist geringer als bei den Prismen der Mischungen I b 1, II a 1 und II b 1 (Klinker : HÜS = 50 : 50), wo es durch erhöhte Ettringitbildung zur Zerstörung der Prismen kam.
Einen Überblick über die in den Kern- und Randzonen ermittelten CaO- und SO_3-Gehalte für die klinkerreichen Mischungen 1 und 2 gibt Tab. 35:

Tab. 35 Zusammenstellung der CaO- *und* SO_3-*Gehalte von Kern- und Randzonen der Mischungen 1 und 2* (Serie I und II)

Mischung	CaO (M.-%) Kern	Rand	Diff.	SO_3 (M.-%) Kern	Rand	Diff.	Biegezugfestigkeit
I a 1	10,7	9,7	1,0	2,76	4,31	1,55	gleichbleibend
I b 1	10,4	10,1	0,3	2,40	4,83	2,43	abnehmend
II a 1	10,1	10,0	0,1	2,30	4,20	1,90	abnehmend
II b 1	10,3	10,0	0,3	2,57	4,53	1,96	abnehmend
I a 2	10,0	9,20	0,80	2,66	4,10	1,44	gleichbleibend
I b 2	10,0	9,30	0,70	2,54	4,08	1,54	abnehmend
II a 2	9,7	9,4	0,30	2,28	3,80	1,52	abnehmend
II b 2	10,2	9,9	0,30	2,64	4,20	1,56	abnehmend

Tab. 36 Zusammenstellung der Grenzwerte für die Ettringitbildung sowie der Prüfkörperbeschaffenheit und der Tendenz der Festigkeit

Mischung	Serie	Prüfkörper-beschaffenheit	Festigkeit BZ	Festigkeit D	Grenzwert $G = \frac{\frac{CaO}{56}}{0{,}025\ SiO_2 + 0{,}0293\ Al_2O_3}$ Kern	Schale
a 1	I	feine Risse	gl.[5]	z.[4]	1,00	0,91
a 2	I	nicht korr.	gl.	z.	0,89	0,81
a 3	I	nicht korr.	gl.	gl.	0,81	0,76
a 4	I	nicht korr.	gl.	gl.	0,75	0,68
a 5	I	nicht korr.	gl.	z.	0,70	0,67
b 1	I	feine Risse	a.[6]	gl.	0,97	0,94
b 2	I	feine Risse	a.	z.	0,89	0,82
b 3	I	nicht korr.	gl.	z.	0,87	0,76
b 4	I	nicht korr.	gl.	z.	0,74	0,70
b 5	I	nicht korr.	gl.	z.	0,65	0,61
a 1	II	feine Risse	a.	gl.	0,93	0,93
a 2	II	feine Risse	a.	z.	0,86	0,83
a 3	II	nicht korr.	gl.	z.	0,80	0,77
a 4	II	nicht korr.	gl.	z.	0,76	0,70
a 5	II	nicht korr.	gl.	z.	0,68	0,63
b 1	II	feine Risse	a.	gl.	0,96	0,93
b 2	II	feine Risse	a.	z.	0,90	0,88
b 3	II	nicht korr.	gl.	gl.	0,81	0,81
b 4	II	nicht korr.	gl.	gl.	0,71	0,69
b 5	II	nicht korr.	gl.	z.	0,65	0,65
Klinkerarmer HOZ »A« ohne Molererde	[1]	schlechte Raumbeständigkeit[3]	–		0,80	
Klinkerarmer HOZ »A« mit Molererde	[1]	gute Raumbeständigkeit[3]	–		0,64	
HOZ »B«	[2]	starke Risse	–		0,89	
SHZ		–	–		0,77	

[1] Siehe Literaturverzeichnis [65].
[2] Siehe Literaturverzeichnis [66].
[3] Raumbeständigkeit wurde mit Le Chatelier-Ringen bestimmt. Als Maß diente der Nadelabstand nach 178 Tagen Wasserlagerung [65].
[4] Zunehmend.
[5] Gleichbleibend.
[6] Abnehmend.

Ein höherer Kalkgehalt der Randzonen hat auch bei den Mischungen I b 2, II a 2 und II b 2 (Klinker : HÜS = 40 : 60) zu einer etwas höheren Sulfataufnahme geführt, was wiederum infolge Ettringitbildung zu Biegezugfestigkeitsabnahmen führte, die allerdings geringer sind.

5.1.4. Formel zur Beurteilung der Aggressivbeständigkeit mit Hilfe der oxidischen Zusammensetzung des Zementes

Zur Beurteilung der Aggressivbeständigkeit von Zementen sind von verschiedenen Autoren Moduln aufgestellt worden.
Von Meier-Grolmann [61] wurde ein Aggressivmodul »*A*« vorgeschlagen, der sich aus der Mineralzusammensetzung des Klinkers wie folgt berechnet:

$$A = \frac{C_3S + C_2S + C_4AF}{CaO_{fr.} + 1{,}27\ C_3A + 0{,}7\ Alkali + CaSO_4}$$

Diese Formel ist besonders schwierig zu diskutieren, da die mengenmäßige Erfassung der einzelnen Klinkerphasen nach Bogue bekanntlich keinen Anspruch auf eine große Genauigkeit haben kann. Auch geht diese Formel von der Vorstellung aus, daß das bei der Hydratation des C_3S entstehende Kalziumhydroxid im Gegensatz zum freien Kalk des Klinkers günstig zu beurteilen ist.
Nach Ansicht des Verfassers ist der Tonerdemodul bei sonst normal zusammengesetzten Portlandzementen für die Sulfatbeständigkeit eine einfache und ausreichende sichere Beurteilungsgrundlage.
Der von Grün [62] für Portlandzemente aufgestellte Aggressivmodul berechnet sich aus den oxidischen Bestandteilen des Zementes

$$\text{Aggressivmodul} = \frac{Fe_2O_3 + SiO_2}{CaO + MgO + Al_2O_3}$$

Danach ist ein Portlandzement um so korrosionsbeständiger, je größer der zahlenmäßige Wert des Moduls ist, der zwischen 0,25 und 0,4, bei Erzzementen über 0,4 liegt.
van den Burgh [63] zog zur Beurteilung von Zementen gegenüber Meerwasser den folgenden Aggressivfaktor heran:

$$\text{Aggressivfaktor} = \frac{SiO_2 + Al_2O_3}{CaO}$$

Nach Budnikow [64] ist bei aus Hüttenzement hergestelltem Beton dann nicht mit einer Zerstörung zu rechnen, wenn im Hüttensandanteil das Verhältnis von

$$\frac{SiO_2 + Al_2O_3}{CaO} > 1{,}0$$

ist.
Bei der Beurteilung der Aggressivbeständigkeit mit Hilfe der oxidischen Zusammensetzung des Zementes bleiben in den genannten drei Formeln die unter-

schiedliche Kalkbindung vom SiO_2 und Al_2O_3 sowie die molaren Verhältnisse unberücksichtigt, so daß die Formeln eine sichere Aussage über die Sulfatbeständigkeit der Zemente nicht gestatten.
Überlegungen führten zu dem Schluß, daß bei Sulfatangriff dann mit einem Ettringittreiben zu rechnen ist, wenn bei Hüttenzementen ein bestimmtes Verhältnis von

$$\frac{CaO}{SiO_2 + Al_2O_3}$$

überschritten wird.

Hierbei handelt es sich allerdings auch um eine grobe Näherung, die den Einfluß der Eisenoxide, des MgO und der Alkalien außer Ansatz läßt.
Diese Annahme wird auf das Verhalten von Sulfathüttenzementen zurückgeführt, die bekanntlich einen geringeren Kalkanteil enthalten und die bei einem geringen pH-Wert und in Gegenwart großer Mengen an SO_3 hydratisieren, ohne daß ein Treiben zu beobachten wäre. Zusätzlich ist die Beobachtung von Bedeutung, daß diese Zemente äußerst empfindlich auf eine Überdosierung des Klinkers, also eine zu starke Anhebung des pH-Wertes während des Erhärtens, reagieren.
Bei der angegebenen Formel ist das SiO_2 mit dem Faktor 1,5 und das Al_2O_3 mit dem Faktor 3 zu multiplizieren.
Dieser Rechnung liegt die Vorstellung zugrunde, daß die Kieselsäure 1,5 Mole CaO in Gegenwart einer kalkgesättigten Lösung zu C_3S_2 aq. zu binden vermag und daß die Tonerde als stabile Verbindung das C_3AH_6 im System $CaO—Al_2O_3—H_2O$ bildet.
Somit erhält man als Kriterium für die Sulfatbeständigkeit von Hochofenzementen den Quotienten

$$\frac{CaO}{1{,}5\ SiO_2 + 3{,}0\ Al_2O_3},$$

wobei die Anteile an CaO, SiO_2 und Al_2O_3 im Molprozenten einzusetzen sind.

Für die Mischungen b 1–b 5 (Serie I) und a 1–a 5 bzw. b 1–b 5 (Serie II) ergab sich unter Zugrundelegung der mittels Röntgenfluoreszenzanalyse gefundenen CaO-Werte des Mörtels (nach Abzug des an das SO_3 gebundenen Kalkes) und der sich rechnerisch aus den Kieselsäure- und Tonerdegehalten der Bindemittel ergebenden Kalkbindungen, daß dann eine Festigkeitseinbuße durch die Bildung von treibendem Ettringit eintrat, wenn der Wert für die Randzone

$$\frac{CaO}{1{,}5\ SiO_2 + 3{,}0\ Al_2O_3} > 0{,}81$$

war (Tab. 36).

Obwohl an den Prüfkörpern der Mischungen a 1 und a 2 keine Festigkeitsverringerung auftrat, und die Korrosion sich bei a 1 nur in Form feiner Risse bemerkbar machte, liegen die Grenzwerte bei 0,91 und 0,81. Als Ursache hierfür wird der niedrigere Kalkgehalt in den Außenzonen angesehen, der infolge der

Tab. 37 *Druck- und Biegezugfestigkeitswerte der in* 0,15 m *Essigsäure und in Wasser (Nullprobe) gelagerten Portlandzement »A«-Mörtelprismen*

Lagerungsdauer (W)	Essigsäurelagerung: Gewicht (g) nach Entschal.	Essigsäurelagerung: Gewicht (g) nach Wasserlagerung	Essigsäurelagerung: Gewicht (g) nach Essigsäurelagerung	Essigsäurelagerung: Biegezugfestigkeit (kp/cm²)	Biegezugfestigkeit (Mittel)	Essigsäurelagerung: Druckfestigkeit (kp/cm²)	Druckfestigkeit (Mittel)	Wasserlagerung (Nullproben): Gewicht (g) nach Entschal.		Wasserlagerung (Nullproben): Gewicht (g) nach Wasserlagerung		Wasserlagerung (Nullproben): Biegezugfestigkeit (kp/cm²)		Biegezugfestigkeit (Mittel)	Wasserlagerung (Nullproben): Druckfestigkeit (kp/cm²)		Druckfestigkeit (Mittel)
	579	586	579	73		398		579	580	584	583	77	76		476	465	
2	583	589	584	75	74	361	391	577	580	582	583	78	72	75	466	456	467
	584	591	585	74		415		578	579	587	582	74	72		497	442	
	575	582	573	69		332		582	579	588	588	78	84		457	424	
4	575	583	572	72	70	342	341	580	581	587	589	76	83	81	415	403	428
	578	584	576	70		348		578	578	586	586	84	78		454	415	
	575	582	560	44		216		577	580	588	583	77	73		523	469	
12	573	580	557	51	48	215	220	576	577	584	582	80	78	78	509	477	497
	571	578	555	49		229		575	576	582	581	85	75		509	493	
	581	589	553	32		122		575	576	581	583	79	76		501	554	
24	583	591	555	34	33	122	121	578	578	584	585	78	83	81	514	512	531
	583	591	554	32		120		577	576	583	582	82	85		531	572	
	578	585	545	26		89		572	578	582	586	76	80		507	541	
36	581	588	545	25	25	87	87	575	582	582	590	73	80	78	503	546	520
	577	584	544	23		84		577	577	584	583	78	82		503	520	
	574	580	531	20		52		573	582	583	593	77	80		507	530	
48	574	582	538	19	20	56	55	578	582	588	593	86	88	82	543	540	524
	571	579	533	20		58		575	583	586	593	84	76		524	521	
	583	588	530	12		20		578	577	586	584	80	84		493	493	
72	583	589	529	12	12	20	19	579	577	586	584	83	78	81	510	498	501
	581	587	528	12		18		579	578	587	588	79	84		489	523	

Tab. 38 *Druck- und Biegezugfestigkeitswerte der in* 0,15 m *Essigsäure und in Wasser (Nullprobe) gelagerten Hochofenzement »C«-Mörtelprismen*

Lagerungsdauer (W)	Essigsäurelagerung: Gewicht (g) nach Entschal.	Essigsäurelagerung: Gewicht (g) nach Wasserlagerung	Essigsäurelagerung: Gewicht (g) nach Essigsäurelagerung	Biegezugfestigkeit (kp/cm²)		Druckfestigkeit (kp/cm²)		Wasserlagerung (Nullproben): Gewicht (g) nach Entschal.		Wasserlagerung (Nullproben): Gewicht (g) nach Wasserlagerung		Biegezugfestigkeit (kp/cm²)			Druckfestigkeit (kp/cm²)		
	575	581	576	59		244		572	571	579	579	64	65		300	302	
2	576	583	577	63	61	264	255	570	571	577	578	62	62	65	310	312	302
	571	576	572	61		257		566	570	574	576	69	68		295	292	
	573	580	573	65		261		571	574	576	579	78	76		384	379	
4	575	581	574	65	64	262	262	570	570	576	574	77	73	76	403	365	386
	570	577	570	63		264		574	573	579	578	75	78		406	377	
	573	579	564	57		216		578	574	583	579	89	80		402	403	
12	573	580	564	57	57	215	216	576	573	581	578	83	83	82	418	393	406
	572	579	563	57		216		580	576	585	581	82	76		418	400	
	576	583	557	48		156		571	581	579	589	87	81		477	401	
24	575	581	557	47	48	162	156	572	582	579	589	77	86	83	476	406	437
	573	579	555	48		150		577	574	585	581	75	89		415	448	
	576	581	553	45		130		574	568	581	575	84	93		449	463	
36	573	577	554	44	43	129	120	572	566	580	573	88	92	87	423	463	458
	576	582	553	41		101		570	566	578	574	78	88		469	482	
	575	582	544	33		78		580	574	587	579	91	86		557	500	
48	575	582	545	30	31	75	77	580	576	586	581	89	92	92	523	490	495
	574	582	545	31		78		581	576	586	584	101	91		513	495	
	579	585	538	27		65		577	576	582	581	89	96		577	554	
72	576	583	537	29	27	66	66	576	573	581	579	83	89	89	483	563	539
	572	578	532	25		66		573	573	579	580	86	91		510	548	

Tab. 39 *Druck- und Biegezugfestigkeitswerte der in* 0,15 m *Essigsäure und in Wasser (Nullprobe) gelagerten Hochofenzement »D«-Mörtelprismen*

Lagerungsdauer	Essigsäurelagerung							Wasserlagerung (Nullproben)									
	Gewicht (g) nach			Biegezugfestigkeit		Druckfestigkeit		Gewicht (g) nach				Biegezugfestigkeit			Druckfestigkeit		
(W)	Entschal.	Wasserlagerung	Essigsäurelagerung	(kp/cm²)		(kp/cm²)		Entschal.		Wasserlagerung		(kp/cm²)			(kp/cm²)		
	564	570	564	72		213		562	558	571	563	73	69		231	229	
2	563	569	562	76	74	209	211	569	565	574	572	73	73	72	224	240	229
	565	571	564	74		210		568	563	573	569	69	72		220	231	
	563	570	563	79		220		564	561	571	567	78	80		240	239	
4	565	571	564	78	75	222	221	566	563	571	568	81	81	81	242	264	247
	564	570	562	69		220		565	563	571	570	80	88		245	254	
	565	572	557	62		197		571	558	581	568	88	90		269	271	
12	567	576	562	65	64	202	197	573	561	583	572	88	90	90	272	275	274
	566	573	561	65		191		571	567	582	579	91	89		273	283	
	565	572	552	54		162		568	566	576	576	91	88		311	319	
24	566	573	552	56	54	172	169	570	569	578	579	98	94	90	309	320	307
	566	574	553	52		172		567	565	574	574	85	86		298	286	
	559	567	537	45		143		565	571	574	580	94	100		308	334	
36	564	571	543	49	47	142	144	563	567	572	576	93	85	93	306	294	307
	561	569	539	48		146		564	570	573	578	94	91		308	289	
	566	573	536	40		101		561	568	570	577	90	94		311	345	
48	570	578	542	39	40	124	111	562	571	571	580	79	102	96	313	354	331
	566	574	536	40		109		562	571	571	580	90	100		319	345	
	556	565	515	28		65		562	563	570	570	91	91		332	351	
72	562	568	518	28	27	71	70	559	569	568	569	90	96	91	342	357	350
	560	570	519	26		75		562	562	571	571	89	88		357	360	

Tab. 40 Chemische Zusammensetzung von Rand- und Kernzone der in 0,15 m *Essigsäure gelagerten Portland- und Hochofenzementprismen*

Zementart	Lagerungsdauer (Monate)	Lagerungsart	Art der Probe	Chemische Zusammensetzung %					pH-Wert
				CaO	MgO	Fe_2O_3	Al_2O_3	SO_3	(nach 24 Std.)
Hüttensandreicher HOZ 275 (»D«)	19	Wasserlagerung	Nullversuch	7,70	0,98	0,97	2,26	1,60	11,3
	1	Wasservorlagerung und	Prüfkörperkern	7,80	0,99	0,87	2,63	1,61	11,6
	18	Essigsäurelagerung	Prüfkörperaußenzone	0,40	0,18	0,91	3,54	0,63	5,7
HOZ 275 (»C«) (Spezialzement)	19	Wasserlagerung	Nullversuch	10,15	0,74	1,52	2,32	0,98	11,6
	1	Wasservorlagerung und	Prüfkörperkern	8,50	0,67	1,58	2,18	1,11	11,8
	18	Essigsäurelagerung	Prüfkörperaußenzone	0,95	0,24	1,82	2,88	0,31	5,9
PZ 375 (»A«) (Spezialzement)	19	Wasserlagerung	Nullversuch	12,10	0,65	2,31	1,56	0,81	12,3
	1	Wasservorlagerung und	Prüfkörperkern	8,40	0,50	2,40	1,62	0,95	11,5
	18	Essigsäurelagerung	Prüfkörperaußenzone	0,80	0,28	3,18	2,07	0,15	5,9

trägen Schlacke (gleiche Mahlfeinheit von HÜS und Klinker) leichter in die Lösung diffundieren konnte.
Vergleichsweise wurden die Grenzwerte für einen Sulfathüttenzement, einen klinkerarmen HOZ »A« ohne und mit Molerdezusatz sowie die für einen hüttensandreichen HOZ »B« mit angegeben. Die chemischen Analysen sind in Tab. 3 angegeben.
Der errechnete Grenzwert des Sulfathüttenzementes liegt bei 0,77 (Tab. 36). Da bei der Berechnung des Grenzwertes die an das SO_3 gebundene Kalkmenge außer Ansatz bleibt, konnte die Berechnung des Grenzwertes aus den Schlackenanalysenwerten erfolgen.
Hier zeigt sich also, daß auch der Wert der SHZ-Schlacke unter dem bei diesen Versuchen nachgewiesenen Grenzwert liegt. Dabei ist zu berücksichtigen, daß durch das zu erwartende Konzentrationsgefälle des CaO vom Prüfkörperinneren zum Prüfkörperäußeren hin – an den Stellen, wo Ettringittreiben beobachtet wurde, mit einer geringeren Kalkkonzentration zu rechnen ist, als unter Zugrundelegung der mittleren Kalkgehalte der Mörtelprismen in die Rechnung eingesetzt wurde.
Die Grenzwerte des klinkerarmen HOZ mit und ohne Molerdezusatz (10% an Stelle des HÜS) passen gut in das vorliegende Schema. Wie die Untersuchungen von SCHWIETE, LUDWIG und OTTO [65] zeigten, wird durch Molerdezusatz in Gegenwart größerer Sulfatmengen eine Verbesserung der Raumbeständigkeit erzielt, was sich auch durch den niedrigen Grenzwert von 0,64 ausdrückt. Der Wert für die Probe ohne Molerdezusatz liegt mit 0,80 gerade an der Grenze (Tab. 36).
Der Grenzwert des hüttensandreichen HOZ »B« bestätigt die infolge der Erhöhung des SO_3-Gehaltes auf 8% beobachtete Zerstörung der Mörtelprismen durch Ettringittreiben [66].
Zusammenfassend kann gesagt werden, daß die Kalkgehalte in den Mörteln b 1 und b 2 (Serie I) sowie a 1 und a 2 bzw. b 1 und b 2 (Serie II) eine Zerstörung durch Ettringitbildung ermöglichen. Die Ergebnisse zeigen aber weiterhin, daß das hier angewendete Prüfverfahren nicht die Sulfatbeständigkeit des Zementes, sondern die des Mörtels prüft, die neben der Art des verwendeten Bindemittels vor allem von der Porosität des Mörtelprüfkörpers abhängt.
Bei der Bestimmung der Sulfatbeständigkeit von Zementmörtelprismen sollte deshalb stets die Porosität des Mörtels zu Beginn der Aggressivlagerung bestimmt werden. Als Meßverfahren wird die Bestimmung der Durchströmbarkeit empfohlen, über das unter 2.2 berichtet wurde.
Zur Bestimmung der Porosität und der Porengrößenverteilung bietet sich die Quecksilberdruckmethode an, die im Kapitel 2.1 behandelt wurde.
Von der Sulfatbeständigkeit eines Zementes wird man nur dann sprechen können, wenn bei erhöhtem SO_3-Zusatz kein Treiben auftritt, was z. B. durch Zusatz von Molererde erreicht werden kann [65]. Die Verwendung von ringförmigen Formen in Anlehnung an die Le-Chatelier-Ringe haben den Vorteil, daß der Abstand der mit dem Ring verbundenen Nadeln bei Treiberscheinungen stets rd. dreimal so groß sein wird, wie die lineare Ausdehnung des Prüfkörpers in Rich-

tung des Durchmessers, wodurch eine größere Empfindlichkeit der Prüfmethode erzielt werden kann.
Ist der Zement nach dieser Prüfung selbst nicht sulfatbeständig, so kann er aber trotzdem mit geeigneten Zuschlagstoffen und bei guter Nachbehandlung einen dichten und damit auch sulfatbeständigen Beton oder Mörtel ergeben. Aus diesem Grunde ist es aber wichtig, die Porosität des Prüfkörpers zahlenmäßig zu erfassen, damit eine Deutung der Ergebnisse möglich wird.

5.2. Lagerung in Essigsäure

5.2.1. Herstellung, Lagerung und Prüfung der Mörtelprismen

5.2.1.1. Beschreibung der Rohstoffe

Die Untersuchungen wurden an PZ- und HOZ-Mörtelprismen durchgeführt.
Die chemischen Analysen der Zemente zeigt Tab. 7. Das Klinker–Hüttensand-Verhältnis lag bei 60:40 (Hochofenzement »C«) bzw. bei 82:18 (Hochofenzement »D«). Der Glasgehalt lag bei beiden Hüttenzementen im Bereich von 60 bis 80%, beurteilt nach der vorher abgetrennten Fraktion 20–33 μm.
Die spezifischen Oberflächen nach Blaine betrugen 3680 cm^2/g (PZ »A«), 3460 cm^2/g (HOZ »C«) und 4020 cm^2/g (HOZ »D«). Als Mörtelsand diente der Prüfsand nach RILEM-CEM.

5.2.1.2. Herstellung der Mörtelprismen

Die Prismen wurden in Anlehnung an das RILEM-CEM-Verfahren hergestellt. Abweichend davon war das Mischungsverhältnis des Mörtels wie 1:4, bei einem Verhältnis der drei abgestuften CEM-Sand-Fraktionen von 1:1:1. Der W/Z-Wert betrug 0,6.

5.2.1.3. Bestimmung der Gasdurchlässigkeit

An 28 Tage alten Parallelproben wurde zu Beginn der Essigsäurelagerung die Gasdurchlässigkeit bestimmt.
Die Durchströmbarkeit war für alle drei Mörtelarten sehr gering und lag im Bereich von 0,5 bis 0,8 pPm.

5.2.1.4. Bestimmung der Festigkeiten

Die Ermittlung der Festigkeiten erfolgte nach 2, 14, 12, 24, 36, 48 und 72 Wochen Lagerung in 0,15 molarer Essigsäure. Die Lösungen wurden im Anfang der Aggressivlagerung wöchentlich und später, nachdem nur noch eine geringe Abnahme des pH-Wertes gemessen wurden, im Rhythmus von 2 bzw. 4 Wochen erneuert. Die Festigkeitswerte der in Essigsäure sowie der vergleichsweise in

Wasser gelagerten (Nullproben) Mörtelprismen sind in den Tab. 37, 38 und 39 zusammengestellt.
Die starken Festigkeitsabnahmen mit zunehmender Aggressivlagerungsdauer waren bei allen Zementmörteln zu beobachten. So lagen die relativen Biegezugfestigkeiten nach 72wöchiger Essigsäurelagerung im Bereich von 0,4 bis 0,2, und die relativen Druckfestigkeiten zwischen 0,5 und 0,3.
Jedoch ergaben Untersuchungen, bei denen nur noch der gesunde Kern bei der Berechnung der Festigkeiten berücksichtigt wurde, keine Festigkeitseinbußen. Das zeigt, daß diese Angriffsart nur von außen erfolgt.

5.2.2. Chemische Untersuchung der Mörtelprüfkörper

Zu diesem Zweck wurden von den Mörtelprismen nach 72wöchiger Essigsäurelagerung die stark ausgelaugte Prüfkörperaußenzone sowie der noch nicht angegriffene Prüfkörperkern mit Hilfe der Röntgenfluoreszenzanalyse [44] auf ihren CaO-, MgO-, Fe_2O_3-, Al_2O_3- und SO_3-Gehalt hin untersucht.
Parallel dazu wurde der Mörtel eines gleichalten, nur in Wasser gelagerten Prismas untersucht (Nullprobe).
In Tab. 40 sind die Analysenwerte der wassergelagerten Nullproben sowie der Prüfkörperkern- und Randzonen der in Essigsäure gelagerten Mörtelprismen zusammengestellt.
Gleichzeitig wurden die gemessenen pH-Werte mit aufgeführt, die sich 24 Stunden nach der Wasserzugabe zum in der Schwingmühle zerkleinerten Mörtel einstellten.

Abb. 33 Querschnittsbruchfläche eines Hochofenzementmörtelprismas nach 48 Wochen Essigsäurelagerung

Deutlich ist die starke Abnahme des CaO-Gehaltes in den Randzonen zu erkennen, die sich auch in den niedrigen pH-Werten ausdrückt. Die Werte zeigen, daß die Essigsäure sowohl den durch Hydrolyse entstandenen Kalk als auch die Hydratphasen zerstört hat.
Auch eine Auslaugung des MgO-Gehaltes in den Randzonen ist zu erkennen, wenn auch die Abnahme nicht so stark ist, wie sie beim Kalk beobachtet wurde.
Für das Fe_2O_3 und das Al_2O_3 wurde eine Anreicherung in den Randzonen beobachtet. Der erhöhte Gehalt an dreiwertigem Eisen in der Randzone zeigt sich auch in einer deutlichen Rotfärbung, die in der Abb. 33 an einer Bruchfläche eines Mörtelprüfkörpers nach 48wöchiger Essigsäurelagerung zu erkennen ist.

5.2.3. Röntgenographische Untersuchung der Mörtelprüfkörper

Für die röntgenographischen Untersuchungen wurde der Zementsteinanteil sowohl der ausgelaugten Randzone als auch des unveränderten Kernes angereichert. Die so erhaltenen Röntgendiagramme unterscheiden sich deutlich voneinander, wie aus Abb. 34 zu entnehmen ist, die den Einfluß der Einwirkung einer 0,15 molaren Essigsäurelösung auf den HOZ »C«-, PZ »A«- und PZ »B«-Mörtel zeigt. Bei dem PZ »B« handelt es sich ebenfalls wie beim PZ »A« um einen C_3A-freien bzw. -armen Portlandzement, dessen chemische Analyse der Tab. 7 zu entnehmen ist.
Aus der Aufnahme des Hochofenzementmörtelkernes sind deutlich die Interferenzen des Zuschlagstoffes neben denen der Hydratationsprodukte (Ettringit, CSH-Phase und Kalziumhydroxid) sowie eine Andeutung des Restklinkers zu beobachten.
Die ausgelaugte Randzone zeigt nur noch die Interferenzen des Zuschlagstoffes.
Gleichartig sind die Röntgendiagramme bei den Mörteln aus den C_3A-armen Portlandzementen. In dem nicht angegriffenen Kern werden wieder die Interferenzen der Zuschlagstoffe (Quarz, Feldspat) und die Hydratationsprodukte Ettringit, CSH-Phasen und Kalziumhydroxid (letzteres ist teilweise zu Vaterit karbonatisiert) neben Restklinkeranteilen beobachtet. Dabei bestehen die Klinkerbestandteile im wesentlichen aus Kalziumaluminatferrit und den untergeordneten Anteilen aus β-C_2S.
Interessant ist, daß die Interferenzen des Kalziumaluminatferrites auch im ausgelaugten Mörtel der Randzone noch deutlich hervortreten, d. h. aber, daß sich die Kalziumaluminatferrite an der Hydratation nur wenig beteiligt haben.

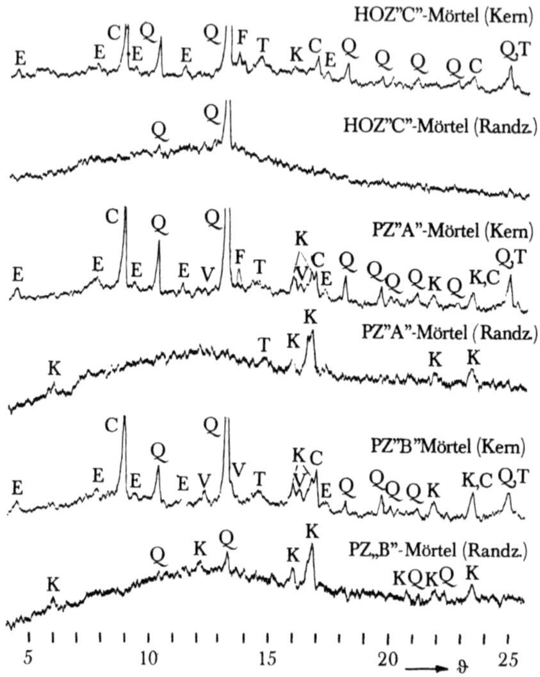

Abb. 34 Röntgenographische Aufnahmen von Kern und Randzone der in 0,15 molarer Essigsäure gelagerten Portland- und Hochofenzementmörtelprismen

Q = Quarz (SiO_2)
E = Ettringit ($C_3S \cdot Cs_3 \cdot H_{32}$)
P = Portlandit ($Ca(OH)_2$)
V = Vaterit ($CaCO_3$)
T = CSH-Phase
K = Restklinker ($C_2(A, F)$, β-C_2S)
F = Feldspat
Wasservorlagerung: 4 Wochen
Essigsäurelagerung: 72 Wochen

6. Zusammenfassung

1. Einleitend wird auf den Unterschied zwischen der Aggressivbeständigkeit des Zementes bzw. des Mörtels und Betons hingewiesen. Die Sulfatbeständigkeit des Mörtels bzw. des Betons hängt sowohl von der Zementart als auch von der Dichtigkeit des Prüfkörpers ab, die deshalb zu Beginn der Aggressivlagerung bestimmt werden sollte. Zemente mit erhöhter Sulfatbeständigkeit werden besprochen.
2. Es wird ein Überblick über die bekannten Prüfmethoden zur Ermittlung der Sulfatbeständigkeit gegeben. Beim Kleinprismenverfahren wurden neben der Ermittlung der relativen Biegezugfestigkeit auch röntgenographische und infrarotspektroskopische Untersuchungen des angereicherten hydratisierten Bindemittelanteils zur Beurteilung herangezogen.
3. Die Ermittlung der Porengrößenverteilung im Zementstein wurde mit der Quecksilber-Druck-Methode durchgeführt. Das bei den Untersuchungen verwendete Porosimeter nach GUYER wird beschrieben und die Beziehung zwischen Porenradius und Druck abgeleitet.
Die Porengrößenverteilung im Zementstein wurde für einen Porenradiusbereich von rd. 75 bis 10^5 Å bestimmt. Dabei nehmen mit zunehmender Wasserlagerungsdauer die Porenradien und damit auch die Gesamtporositäten ab. Die sich auf den genannten Porengrößenbereich beziehenden Gesamtporositäten betrugen für den 90 Tage alten Portlandzementstein 18,2% (= 0,0917 cm^3/g) und für den Hüttenzementstein 12,9% (= 0,0659 cm^3/g). Es wurden weiterhin für beide Zementsteinarten die Gesamtporositäten für Poren mit einem Radius > 75 Å angegeben.
4. Die Bestimmung der Porosität an erhärtetem Zementmörtel erfolgte mit Hilfe der Gasdurchlässigkeits- bzw. der Durchströmbarkeitsmethode. Das zur Ermittlung der Gasdurchlässigkeit verwendete Porometer nach ZAGAR wird beschrieben und die Berechnungsformel angegeben.
5. Der Einfluß der Porosität auf die Sulfatbeständigkeit unterschiedlich verdichteter Mörtelprismen ($5 \times 5 \times 25$ cm^3) wurde mit Resonanzfrequenzmessungen verfolgt. Die durch Änderung des Körnungsaufbaues erzielten offenen Porositäten der Prismen wurden vor Einlagerung in die 0,15 molare $MgSO_4$-Lösung mit der Gasdurchlässigkeitsmethode nach ZAGAR bestimmt. Die Messung der spezifischen Gasdurchlässigkeit erfolgte an zylindrischen Prüfkörpern von 50 mm Durchmesser und rd. 10 mm Höhe, die aus den Prismen herausgebohrt wurden. Die spezifischen Gasdurchlässigkeiten der Mörtelproben lagen im Bereich von 0,50 bis $18 \cdot 10^3$ Picoperm (pPm).
Es wurde nachgewiesen, daß die Durchströmungsgeschwindigkeiten bei der für das Meßverfahren erforderlichen laminaren Strömung lagen.

In fast allen Fällen waren die Gasdurchlässigkeiten der senkrecht zur Verdichtungsrichtung herausgebohrten Prüfscheiben größer, was auf Textureffekte zurückzuführen ist.
Die geringsten Gasdurchlässigkeiten besaßen die Prüfkörper der Mischung IV, deren NS I : NS II-Verhältnis wie 1 : 2 ist, also dem der Prüfkörper nach DIN 1164 entspricht.
Der Abfall der Resonanzfrequenz während der Aggressivlagerung stand im direkten Zusammenhang mit der gemessenen Porosität. Mörtelprismen aus Spezialzementen mit Gasdurchlässigkeiten < 10 pPm zeigten nach 370 Tagen Lagerung in 0,15 m $MgSO_4$-Lösung keine Abnahme der Resonanzfrequenz. Die chemischen, lichtmikroskopischen und röntgenographischen Untersuchungen der Mörtelproben nach 370 Tagen $MgSO_4$-Lagerung ergaben, daß die Zerstörung der porösen Prismen durch Ettringit-, Gips- und Brucitbildung erfolgte.
6. Zur Beurteilung der Sulfatbeständigkeit von Zementmörteln aus PZ, HOZ und TrZ wurden Resonanzfrequenz- und Dehnungsmessungen an $1 \times 4 \times 16$-cm-Flachprismen durchgeführt. Untersuchungen an Mörtelprismen unterschiedlicher Gasdurchlässigkeit zeigten wiederum den starken Einfluß der Porosität auf die Aggressivbeständigkeit des Mörtels.
Die Gasdurchlässigkeitswerte der Festmörtel mit abgestuftem Mischungsverhältnis von 1:3, 1:4,5 und 1:6 bei W/Z-Werten von sowohl 0,5 als auch 0,6 haben gezeigt, daß bei den mageren Mischungen ein W/Z-Wert von 0,5 nicht ausreicht, um den Mörtelprüfkörper ausreichend zu verdichten.
Aus dem W/Z-Wert eines Mörtels kann allein nicht auf dessen Dichtigkeit geschlossen werden, da bei mageren Mörtelmischungen ein höherer Wasserzusatz für eine gute Verdichtung erforderlich ist.
7. Messungen an in Na_2SO_4-Lösung gelagerten $4 \times 4 \times 16$-cm-HOZ-Prismen haben gezeigt, daß bei sulfatgelagerten Prüfkörpern die Abnahme der Biegezugfestigkeit der Verringerung der Druckfestigkeit und damit auch des E-Moduls vorausgeht. Während die frühzeitige Biegezugfestigkeitsabnahme durch Überlagerung auftretender Zugkräfte erklärt wird, sind die Abnahmen von Druckfestigkeit und E-Modul auf die durch Treibwirkung verursachten Gefügelockerungen des Mörtels zurückzuführen.
8. Ein Vergleich der aus den Resonanzfrequenzen bei longitudinaler und transversaler Anregung errechneten E-Moduln zeigt, daß letztere einen kleineren Wert besitzen. Als Ursache wird die Änderung der Poisson-Konstanten während der Na_2SO_4-Lagerung angesehen.
Auf die unterschiedliche Beanspruchung der korrodierten Randzonen durch beide Anregungsarten als mögliche Ursache für die errechneten unterschiedlichen E-Moduln hingewiesen.
Die bei wassergelagerten Prismen gefundene lineare Abhängigkeit zwischen der 4. Potenz der Resonanzfrequenz und der Druckfestigkeit konnte bei sulfatgelagerten Proben nicht beobachtet werden.
9. Es wurde eine Formel angegeben, mit deren Hilfe es näherungsweise möglich ist, aus den CaO, SiO_2 und Al_2O_3-Gehalten des Hüttenzementes eine Zerstörung durch Ettringittreiben vorauszusagen.

Nach den bisherigen Ergebnissen ist eine Korrosion dann zu erwarten, wenn der Quotient

$$\frac{CaO}{1{,}5\ SiO_2 + 3{,}0\ Al_2O_3} > 0{,}81$$

ist.

Die Aussagekraft dieser Beziehung konnte an verschiedenen Beispielen nachgewiesen werden, wo infolge des zu hohen Kalkgehaltes im Mörtel sowohl durch erhöhte SO_3-Dosierung als auch durch von außen angreifende sulfathaltige Lösungen Zerstörungen auftraten.

10. Die Einwirkung von 0,15 molarer Essigsäure auf Portland- und Hochofenzementmörtelprismen von annähernd gleichgroßer Durchströmbarkeit wurde durch Festigkeitsprüfungen sowie chemische und röntgenographische Untersuchungen verfolgt.

Die Zerstörung von PZ- und HOZ-Mörtelprismen erfolgte durch eine von der Oberfläche ausgehende Auflösung des Zementsteines, wobei der Kern der Mörtelprüfkörper unbeeinflußt blieb.

7. Literaturverzeichnis

[1] Spohn, E., und E. Woermann, Potentielle Analyse Kalkstandard–Kalkfehler. ZKG 2/1961, S. 56–67.

[2] Smolczyk, H. G., Die röntgenographische Bestimmung der Kristallphasen des Portlandzementklinkers. ZKG 14/1961, S. 558.

[3] Eckardt, A., und W. Kronsbein, Versuche über das Verhalten von Beton und Zement im Seewasser. Deutscher Ausschuß für Stahlbeton, Heft 102 (1950).

[4] Niebuhr, W., Vortrag auf der Herbsttagung des VDZ am 30. 9. 1964 in Hamburg.

[5] Wischers, G., Aufbau und physikalische Eigenschaften des Zementsteins. Der Deutsche Baumeister 23 (1962), 3, S. 201–205.

[6] Powers, T. C., L. E. Copeland, J. C. Hayers und H. M. Mann, Permeability of portland Cement paste. Bulletin 53, Portland Cement Association, Chicago 1955.

[7] Powers, T. C., L. E. Copeland und H. M. Mann, Capillary continuity or discontinuity in cement pastes. Bulletin 110, Portland Cement Association, Chicago 1959.

[8] Powers, T. C., Structure an physical properties of hardened portland Cement paste. Bulletin 94, Portland Cement Association, Chicago 1958.

[9] Kavcic, J., Einfluß der Feinstkornfraktion im Zuschlagstoff auf die sulfatische Korrosion im Zementmörtel. Tonindustrie 86 (1962), H. 18, S. 460–465.

[10] Schwiete, H. E., und U. Ludwig, Beurteilung von Normenzementen für Mörtel und Beton. Wissenschaftl. Zeitschr. d. Hochschule f. Bauwesen, Leipzig 1963.

[11] Seidel, K., Beton in chemisch angreifenden Wässern. Deutscher Ausschuß für Stahlbeton, Heft 134 (1959).

[12] Koch, W., und H. Steinegger, Ein Schnellprüfverfahren für Zemente auf ihr Verhalten bei Sulfatangriff. ZKG, 1960, 317.

[13] Schwiete, H. E., E. Niel, und D. Lipinski, Die Bestimmung der verschiedenen Sulfate in Zementen während des Erstarrens. ZKG 16/1963, 529.

[14] Rabinowitsch, M., und N. Fortunatow, Angewandte Chemie 41 (1928), S. 1222 bis 1226.

[15] Vgl. Freundlich, H., Kapillarchemie, Bd. 1, Leipzig 1930, 54.

[16] Bechthold, H., und Schurmann, Z. phys. Chem. Abt. A 142 (1929), 1/24.

[17] Ritter, H. L., L. C. Drake, Ind. Engng. Chem.

[18] Schenck, H., Reduktionsversuche an Eisenerzen. Stahl und Eisen 75 (1955), Nr. 11, S. 682–690.

[19] Schenck, H., und J. Cloth, Die Ermittlung von Porengrößen nach dem Kapillardruck-Verfahren. Archiv für das Eisenhüttenwesen (1956), Heft 6, S. 421.

[20] Zagar, L., Ermittlung der Größenverteilung von Poren in feuerfesten Baustoffen. Archiv für das Eisenhüttenwesen 26 (1955), Heft 9, S. 561/62.

[21] Zagar, L., Die Grundlagen zur Ermittlung der Gasdurchlässigkeit von feuerfesten Baustoffen. Archiv für das Eisenhüttenwesen 26 (1955), Heft 12, S. 777–782.

[22] Zagar, L., Über die Textur feuerfester Baustoffe. Bericht der keramischen Gesellschaft, Bd. 35 (1958), Heft 9, S. 294.

[23] Zagar, L., Der gegenwärtige Stand der Forschung auf dem Gebiete der Textur von keramischen Werkstoffen und Erzeugnissen. Stewart, Science of Ceramics, Bd. 1.

[24] Powers, T. C., Physical properties of cement paste. Symposium Washington 1960.
[25] Hansen, W. C., Porosity of Hardened Portland Cement Paste. Proc. Amer. Concrete Inst. 60 (1963), Heft 1, S. 141–156.
[26] Powers, T. C., und T. L. Brownyard, Studies of the Physical Properties of Hardened Portland Cement Paste, Part. 3. ACI Journal, Proc. Vol. 43, No. 4, Dec. 1946 pp. 469–504; Bulletin 22, Research Laboratories of the Portland Cement Association, Skokie.
[27] Bonzel, J., Beton in angreifenden Wässern. Beurteilungsgrundsätze und technologische Maßnahmen. Die Bauwirtschaft 2 (1964), S. 32–35.
[28] Locher, F. W., und H. Pisters, Beurteilung betonangreifender Wässer. ZKG 4/1964, S. 129–136.
[29] le Chatelier, H., Compt. rend, 94 (1882), 13 und 867.
[30] Campbell, E. D., Ind. Eng. Chem. 7 (1915), 835.
[31] Hansen, W. C., Bogue und L. T. Brownmiller, J. Amer. Chem. Soc. 50 (1928), 396–406.
[32] zur Strassen, H., Fortschr. d. M.K.P. 20 (1936), 270–272.
[33] McMurdie, H. F., J. Res. N. B. s. 18 (1937), 475–484.
[34] Toropow, N. A., L. D. Merkow und N. A. Schischakow, Zement (Moskau) 28 (1937).
[35] Yamauchi, T., J. Jap. Ceram. Ass. 45 (1937), 279.
[36] Swayze, M. A., Am. J. Sci. 224 (1946), 1–30.
[37] Malquori, G. L., und V. Cirilli, Sym. Chem. Cem. (London) (1952), 126–133.
[38] Newkirk, T. F., und R. D. Thwaite, P.C.A.F. Paper 73 (1959), S. 20.
[39] Büssem, W., Fortschr. d. M.K.P. 22 (1937) XXXI.
[40] Schwiete, H. E., und T. Iwai, Über das Verhalten der ferritischen Phase im Zement während der Hydratation. ZKG 9/1964, S. 379–386.
[41] Schwiete, H. E., und H. zur Strassen, Zement 23 (1934), 511–514.
[42] Ludwig, U., und H. E. Schwiete, Das Verhalten von rheinischem und bayerischem Traß in hydraulischen Bindemitteln. Westdeutscher Verlag, Köln und Opladen (1961).
[43] Wuerpel, Ch., Zement-Symposium, London (1952), S. 633.
[44] Schwiete, H.-E., W. Krönert, W. Babinecz, Über die Anwendung der Röntgenfluoreszenzanalyse in der Gesteinshüttenkunde unter Berücksichtigung der Nebenbestandteile und Spuren. Forschungsberichte des Landes Nordrhein-Westfalen Nr. 1721.
[45] Kühl, H., Zement-Chemie, Bd. II, S. 610, VEB-Verlag Technik, Berlin 1961.
[46] Steopoe, A., Über die Einwirkung von aggressiven Lösungen auf erhärteten Zement. Tonindustrie-Zeitung 1935, Heft 64, 1936, Heft 39.
[47] Biczok, J., Beton-Korrosion, Betonschutz. VEB-Verlag für Bauwesen, Berlin 1960.
[48] Kind, W. W., Korrosion der Zemente und des Betons in Wasserbauten, Moskau–Leningrad Gosenergoisdat 1955.
[49] Lerch, W., F. W. Ashton und R. H. Bogue, The sulfoaluminates of calcium. PCAF-Paper Nr. 19 (1929).
[50] Guttmann, A., und R. Gille, Über die Eigenschaften des Zementbazillus und sein Vorkommen bei Betonzerstörungen durch Sulfatlösungen. Tonindustrie 54 (1930), 759–762.
[51] Bogue, R. H., The Chemistry of Portland Cement. New York 1955.

[52] HORNIBROOK, F. B., Comparison of dynamical with other measurements of mortar bars exposed to sulfate solutions. Bull. Amer. Soc. Test. Mat. Nr. 113 (1941), 25–27.
[53] Report by the Working Committee on Sulfate Resistance of ASTM Committee C-1 on Cement. ASTM-Bulletin Nr. 212 (1956), 37–44.
[54] KARCIC, Vgl. BICZOK (47).
[55] MALL, G., Der Einfluß der Mahlfeinheit von Hüttenzementen auf die Widerstandsfähigkeit gegenüber sulfathaltigen Wässern. ZKG (1954), Heft 9.
[56] SCHESTOPEROW, S. W., Dauerhaftigkeit des Betons, Moskau Awtotransisdat 1955.
[57] SCHESTOPEROW, S. W., und F. M. IWANOW, Erhöhung der Sulfatbeständigkeit von Portlandzementen. Zement 3 (1956).
[58] SHIMPEI HIYAMA und HIROSHI FUKUI, On the relation of gypsum and the cement klinker. Gypsum and Lime, Tokio 1954, 12.
[49] DAWANCE, G., und M.-J. CHEFDEVILLE, Schallmessung an Beton. Schw. Archiv für angewandte Wissenschaft und Technik, Heft 7 und 10 (1955).
[60] PICKITT, G., Equations for Computing elastic Constants from flexural and torsional resonant frequencies of vibration of prisms and cylinders. Amer. Soc. f. Test. Mat. Proc. Vol. 45 (1945).
[61] MEIER-GROLMANN, F. W., Über die Bedeutung des freien Kalkes im Portlandzement für die Widerstandsfähigkeit des Betons gegen aggressive Einwirkungen. ZKG (1956), Heft 1.
[62] GRÜN, R., Prüfung von Zementmörteln auf Widerstandsfähigkeit in angreifenden Lösungen. Tonindustrie-Zeitung 65 (1941), 169.
[63] VAN DEN BURGH, A., Vgl. BICZOK (47).
[64] BUDNIKOW, P. P., und K. G. KRUT, Über die Schlackenportlandzemente und ihre Anwendungsmöglichkeit im Wasserbau. Moskau, Shurnal prikladnoi Chimii. (1953), Bd. 26, H. 3.
[65] SCHWIETE, H. E., U. LUDWIG und P. OTTO, Einfluß von Molererde auf klinkerarme Hochofenzemente. Forschungsberichte des Landes Nordrhein-Westfalen Nr. 1550.
[66] SCHWIETE, H. E., U. LUDWIG und K. H. KÜHLE, Der Einfluß verschiedener Sulfatzusätze in verschiedenen Körnungen auf das mörteltechnische Verhalten von Normenzementen. Veröffentlichung in Vorbereitung.

FORSCHUNGSBERICHTE DES LANDES NORDRHEIN-WESTFALEN

Herausgegeben im Auftrage des Ministerpräsidenten Heinz Kühn
von Staatssekretär Professor Dr. h. c. Dr. E. h. Leo Brandt

BAU · STEINE · ERDEN

HEFT 36
Forschungsinstitut der Feuerfest-Industrie, Bonn
Untersuchungen über die Trocknung von Rohton. Untersuchungen über die chemische Reinigung von Silikat- und Schamotte-Rohstoffen mit chlorhaltigen Gasen
1953. 51 Seiten, 5 Abb., 5 Tabellen. DM 11,—

HEFT 37
Forschungsinstitut der Feuerfest-Industrie, Bonn
Untersuchungen über den Einfluß der Probenvorbereitung auf die Kaltdruckfestigkeit feuerfester Steine. Untersuchungen über die Abnutzung von Strangpressen-Messern bei der Verarbeitung plastischer Schamotte-Massen
1953. 33 Seiten, 2 Abb., 5 Tabellen. DM 7,80

HEFT 59
Forschungsinstitut der Feuerfest-Industrie, Bonn
Ein Schnellanalysenverfahren zur Bestimmung von Aluminiumoxid, Eisenoxid und Titanoxid in feuerfestem Material mittels organischer Farbreagenzien auf photometrischem Wege.
Untersuchungen des Alkali-Gehaltes feuerfester Stoffe mit dem Flammenphotometer nach Riehm-Lange
1954. 52 Seiten, 12 Abb., 3 Tabellen. Vergriffen

HEFT 76
Max-Planck-Institut für Arbeitsphysiologie, Dortmund
Arbeitstechnische und arbeitsphysiologische Rationalisierung von Mauersteinen
1954. 41 Seiten, 12 Abb., 3 Tabellen. DM 10,20

HEFT 81
Prüf- und Forschungsinstitut für Ziegeleierzeugnisse, Essen-Kray
Die Einführung des großformatigen Einheits-Gitterziegels im Lande Nordrhein-Westfalen
1954. 54 Seiten, 2 Abb., 2 Tabellen, 7 Seiten Anhang. DM 10,—

HEFT 90
Forschungsinstitut der Feuerfest-Industrie, Bonn
Das Verhalten von Silikatsteinen im Siemens-Martin-Ofengewölbe
1954. 49 Seiten, 15 Abb., 11 Tabellen. DM 11,90

HEFT 91
Forschungsinstitut der Feuerfest-Industrie, Bonn
Untersuchungen des Zusammenhangs zwischen Leistung und Kohlenverbrauch von Kammer-Öfen zum Brennen von feuerfesten Materialien
1954. 29 Seiten, 6 Abb. DM 8,30

HEFT 106
Oberregierungsrat Dr.-Ing. W. Küch, Dortmund
Untersuchungen über die Einwirkung von feuchtigkeitsgesättigter Luft auf die Festigkeit von Leimverbindungen
1954. 64 Seiten, 10 Abb., 6 Tabellen. DM 11,40

HEFT 111
Fachverband Steinzeugindustrie, Köln
Die Entwicklung eines Gerätes zur Beschickung seitlicher Feuer von Steinzeug-Einzelkammeröfen mit festen Brennstoffen
1955. 31 Seiten, 16 Abb. DM 9,40

HEFT 127
Güteschutz Betonstein e. V., Arbeitskreis Nordrhein-Westfalen, Dortmund
Die Betonwaren-Gütesicherung im Lande Nordrhein-Westfalen
1954. 44 Seiten, 15 Abb., 3 Tabellen. DM 11,50

HEFT 142
Dipl.-Ing. G. M. F. Wiebel, Hannover, A. Konermann und A. Ottenheym, Sennelager
Entwicklung eines Kalksandleichtsteines
1955. 21 Seiten, 4 Abb. DM 8,—

HEFT 149

Dr.-Ing. Kamillo Konopicky und Dipl.-Chem. P. Kampa, Bonn

I. Beitrag zur flammenphotometrischen Bestimmung des Calciums

Dr.-Ing. Kamillo Konopicky, Bonn

II. Die Wanderung von Schlackenbestandteilen in feuerfesten Baustoffen

1955. 37 Seiten, 10 Abb., 5 Tabellen. DM 11,—

HEFT 180

Dr.-Ing. Werner Piepenburg, Dipl.-Ing. Bodo Bühling und Bau-Ing. Johannes Behnke, Köln

Putzarbeiten im Hochbau und Versuche mit aktiviertem Mörtel und mechanischem Mörtelauftrag

1955. 103 Seiten, 31 Abb., 68 Tabellen. DM 23,—

HEFT 213

Dipl.-Ing. K. F. Rittinghaus, Institut für elektrische Nachrichtentechnik der Rhein.-Westf. Technischen Hochschule Aachen

Zusammenstellung eines Meßwagens für Bau- und Raumakustik

1957. 87 Seiten, 17 Abb., 7 Tabellen. DM 19,80

HEFT 223

Dr.-Ing. Kurt Alberti und Dr. phil. habil. Franz Schwarz, Forschungslaboratorium des Bundesverbandes der Deutschen Kalkindustrie e. V., Köln

Über das Problem Hartbrand–Weichbrand

1956. 43 Seiten, 25 Abb., 14 Tabellen. DM 12,10

HEFT 231

Oberregierungsrat Dr.-Ing. W. Küch, Deutsche Gesellschaft für Holzforschung e. V., Stuttgart

Über die Wechselwirkung zwischen Holzschutzbehandlung und Verleimung

1956. 38 Seiten, 10 Abb., 8 Tabellen. DM 10,40

HEFT 250

Dozent Dr. phil. habil. Franz Schwarz und Dr.-Ing. Kurt Alberti, Forschungslaboratorium des Bundesverbandes der Deutschen Kalkindustrie e. V., Köln

Entwicklung von Untersuchungsverfahren zur Gütebeurteilung von Industriekalken

1956. 23 Seiten, 9 Abb., 4 Tabellen. DM 16,50

HEFT 266

Fliesen-Beratungsstelle Bad Godesberg-Mehlem

Güteeigenschaften keramischer Wand- und Bodenfliesen und deren Prüfmethoden

1956. 21 Seiten. DM 7,10

HEFT 319

Prof. Dr. phil. Carl Kröger, Institut für Brennstoffchemie der Rhein.-Westf. Technischen Hochschule Aachen

Gemengereaktionen und Glasschmelze

1956. 109 Seiten, 53 Abb., 16 Tabellen. DM 26,—

HEFT 370

Dozent Dr. phil. habil. Franz Schwarz, Köln

Physikochemische Grundlagen der Bildsamkeit von Kalken unter Einbeziehung des Begriffes der aktiven Oberfläche

1958. 90 Seiten, 14 Abb., 16 Tabellen, 36 Titrationen. DM 25,10

HEFT 398

Prof. Dr. phil. nat. habil. Hans-Ernst Schwiete und Dipl.-Ing. Günter Geisdorf, Aachen

Einlagerungsversuche an synthetischem Mullit Teil I

Prof. Dr. phil. nat. habil. Hans-Ernst Schwiete, Master of Science Arun Kumar Bose und Dr. phil. Hermann Müller-Hesse, Aachen

Die Zusammensetzung der Schmelzphase in Schamottesteinen Teil I

1957. 45 Seiten, 17 Abb., 17 Tabellen. DM 14,50

HEFT 399

Prof. Dr. phil. nat. habil. Hans-Ernst Schwiete und Dr.-Ing. Reinhard Vinkeloe, Aachen

Möglichkeiten der quantitativen Mineralanalyse mit dem Zählrohrgerät unter besonderer Berücksichtigung der Mineralgehaltsbestimmung von Tonen

1958. 88 Seiten, 34 Abb., 1 Tabelle. DM 26,70

HEFT 402

Prof. Dr. Werner Linke, Aachen

Die Wärmeübertragung durch Thermopane-Fenster

1958. 29 Seiten, 17 Abb., 2 Tabellen. DM 10,80

HEFT 430

Prof. Dr. Georg Garbotz und Dr.-Ing. Gerhard Dress, Institut für Baumaschinen und Bauarbeiten der Rhein.-Westf. Technischen Hochschule Aachen

Untersuchungen über das Kräftespiel an Flachbagger-Schneidwerkzeugen in Mittelsand und schwach bindigem, sandigem Schluff unter besonderer Berücksichtigung der Planierschilde und ebenen Schürfkübelschneiden

1958. 142 Seiten, 81 Abb. DM 37,50

HEFT 453

Forschungsinstitut der Feuerfest-Industrie, Bonn

Die Arbeiten der technisch-wissenschaftlichen Kommission der PRE (Vereinigung der europäischen Feuerfest-Industrie)

1957. 50 Seiten, 2 Abb., 18 Tabellen. DM 14,75

HEFT 454

Dr.-Ing. Werner Piepenburg, Dipl.-Ing. Bodo Bühling und Bau-Ing. Johannes Behnke, Forschungslaboratorium des Bundesverbandes der Deutschen Kalkindustrie e. V., Köln

Haftfestigkeit der Putzmörtel

1958. 115 Seiten, 6 Abb., 63 Tabellen. DM 28,03

HEFT 482
Dipl.-Ing. Rudolf Pels-Leusden und
Dr. Karl Bergmann, Prüf-Forschungsinstitut für Ziegelerzeugnisse e. V., Essen-Kray
Die Frostbeständigkeit von Ziegeln; Einflüsse der Materialzusammensetzung und des Brandes
1958. 70 Seiten, 31 Abb., 5 Tabellen. DM 20,45

HEFT 484
Prof. Dr. phil. nat. habil. Hans-Ernst Schwiete und Dr. Gisela Franzen, Institut für Gesteinshüttenkunde der Rhein.-Westf. Technischen Hochschule Aachen
Beitrag zur Struktur des Montmorillonit
1958. 74 Seiten, 23 Abb. DM 22,—

HEFT 488
Prof. Dr. phil. nat. habil. Hans-Ernst Schwiete und Dipl.-Chem. Heribert Westmark, Institut für Gesteinshüttenkunde der Rhein.-Westf. Technischen Hochschule Aachen
Beitrag zur Kennzeichnung der Texturen von Schamottesteinen
1958. 48 Seiten, 32 Abb., 7 Tabellen. DM 16,80

HEFT 528
Dipl.-Chem. Dr. Paul Ney, Forschungslaboratorium des Bundesverbandes der Deutschen Kalkindustrie e. V., Köln
Physikochemische Grundlagen der Bildsamkeit von Kalken unter Einbeziehung des Begriffs der aktiven Oberfläche
1958. 80 Seiten, 30 Abb., 6 Tabellen. DM 26,75

HEFT 543
Prof. Dr. phil. nat. habil. Hans-Ernst Schwiete,
Dr. phil. Hermann Müller-Hesse und
Dipl.-Ing. Günter Gelsdorf, Institut für Gesteinshüttenkunde der Rhein.-Westf. Technischen Hochschule Aachen
Einlagerungsversuche an synthetischem Mullit Teil II
1958. 28 Seiten, 5 Abb., 10 Tabellen. DM 10,—

HEFT 544
Prof. Dr. phil. nat. habil. Hans-Ernst Schwiete,
Dr.-Ing. Arun Kumar Bose und
Dr. phil. Hermann Müller-Hesse, Institut für Gesteinshüttenkunde der Rhein.-Westf. Technischen Hochschule Aachen
Die Schmelzphase in Schamottesteinen. Teil II
1958. 30 Seiten, 9 Abb., 12 Tabellen. DM 11,—

HEFT 545
Prof. Dr. phil. nat. habil. Hans-Ernst Schwiete,
Dr. rer. nat. Günther Ziegler und
Dipl.-Ing. Christoph Kliesch, Institut für Gesteinshüttenkunde der Rhein.-Westf. Technischen Hochschule Aachen
Thermochemische Untersuchungen über die Dehydration des Montmorillonits
1958. 48 Seiten, 16 Abb., 4 Tabellen. DM 15,40

HEFT 553
Prof. Dr. Georg Garbotz und
Dipl.-Ing. Josef Theiner, Institut für Gesteinshüttenkunde der Rhein.-Westf. Technischen Hochschule Aachen
Untersuchungen der statischen Walzverdichtungsvorgänge mit Glattwalzen und Vergleiche mit Ergebnissen aus Versuchen mit dynamischen Verdichtungsgeräten
1959. 286 Seiten, 208 Abb. DM 58,—

HEFT 559
Prof. Dr. phil. nat. habil. Hans-Ernst Schwiete und Dipl.-Chem. Rainer Gauglitz, Institut für Gesteinshüttenkunde des Rhein.-Westf. Technischen Hochschule Aachen
Die Verflüssigung von Montmorillonitschlämmen
1958. 65 Seiten, 15 Abb., 5 Tabellen. DM 19,30

HEFT 634
Prüf- und Forschungsinstitut für Ziegeleierzeugnisse e. V., Essen-Kray
Verminderung der Streuungen der Masse, der Festigkeit und der Sprödigkeit von Ziegeln
1958. 93 Seiten, 36 Abb., 18 Tabellen. DM 24,30

HEFT 643
Max-Planck-Institut für Silikatforschung, Würzburg
Anisotropiemessungen an Schleifkörpern
1958. 38 Seiten, 22 Abb. DM 11,70

HEFT 651
Dr.-Ing. Albrecht Eisenberg, Staatliches Materialprüfungsamt Nordrhein-Westfalen Dortmund
Versuche zur Körperschalldämmung in Gebäuden
1958. 26 Seiten, 20 Abb. DM 8,10

HEFT 688
Prof. Dr. phil. nat. habil. Hans-Ernst Schwiete und Dipl.-Ing. Arnulf Schüffler, Institut für Gesteinshüttenkunde der Rhein.-Westf. Technischen Hochschule Aachen
Entwicklung einer elektrisch beheizten Apparatur zur Messung von Wärmeleitfähigkeiten feuerfester Materialien bei hohen Temperaturen
1959. 41 Seiten, 16 Abb. DM 11,60

HEFT 689
Prof. Dr. phil. nat. habil. Hans-Ernst Schwiete und Dipl.-Chem. Heribert Westmark, Institut für Gesteinshüttenkunde der Rhein.-Westf. Technischen Hochschule Aachen
Die Wärmeleitfähigkeit feuerfester Steine im Spiegel der Literatur
1949. 54 Seiten, 35 Abb. DM 16,30

HEFT 695
Dr.-Ing. Walter Herding, München
Die Fahrdynamik und das Arbeitsspiel gleisloser Erdbaugeräte als Kalkulationsgrundlage für die Bodenförderung und ihre Kosten
1960. 178 Seiten, 89 Abb., 18 Tabellen. DM 49,—

HEFT 711
Dr.-Ing. Kurt Alberti, Forschungslaboratorium des Bundesverbandes der Deutschen Kalkindustrie e. V., Köln
Einfluß der chemischen Zusammensetzung des Anmachewassers auf die Festigkeit von Kalkmörteln
1959. 50 Seiten, 4 Abb., 20 Tabellen. DM 13,10

HEFT 713
Dr.-Ing. Ernst Menzenbach, Institut für Verkehrswasserbau, Grundbau und Bodenmechanik der Rhein.-Westf. Technischen Hochschule Aachen
Die Anwendbarkeit von Sonden zur Prüfung der Festigkeitseigenschaften des Baugrundes
1959. 215 Seiten, 190 Abb., 24 Tabellen. Vergriffen

HEFT 734
Institut für Bauforschung e. V., Hannover
Arbeitstechnische und arbeitsphysiologische Untersuchungen zur Erleichterung der Maurerarbeit
1959. 55 Seiten, 15 Abb., 7 Anlagen, 20 Tabellen. DM 15,60

HEFT 843
Dipl.-Chem. Wolfgang Schmidt,
Dipl.-Chem. Emil Köhler und
Dipl.-Ing. Wilhelm Schmidt, Forschungsinstitut der Feuerfest-Industrie, Bonn
Flammenspektrometrische Alkalibestimmung im Korund
1960. 13 Seiten, 2 Abb., 1 Tabelle. DM 5,50

HEFT 844
Prof. Dr.-Ing. Otto Kienzle und
Dipl.-Ing. Klaus Greiner, Hannoversches Forschungsinstitut für Fertigungsfragen e. V., Technische Hochschule Hannover
Festigkeitsuntersuchungen an Klebverbindungen zwischen Schleif- und Tragkörpern
1960. 125 Seiten, 48 Abb., 10 Tabellen, 20 Anlagen. DM 35,—

HEFT 859
Prof. Dr. phil. nat. habil. Hans-Ernst Schwiete und Dr.-Ing. Rolf Baur, Aachen
Hydrothermalsynthese und Strukturuntersuchung an synthetischen Montmorillonit
1960. 104 Seiten, 44 Abb., 29 Tabellen. DM 28,70

HEFT 903
Prof. Dr.-Ing. Bernhard Renfert †,
Baurat Dipl.-Ing. Karl Heisig und
Dipl.-Ing. Josef Thelen, Lehrstuhl für Straßenbau, Erd- und Tunnelbau der Rhein.-Westf. Technischen Hochschule Aachen
Untersuchungen über Bodenverfestigung des Untergrunds zur Feststellung der technischen und wirtschaftlichen Auswirkungen auf den Unterbau bzw. auf die Straßenbetonfahrbahnplatten sowie Untersuchungen flexibler Deckenkonstruktionen auf verschiedenen Unterbauarten
1960. 136 Seiten, 62 Abb., 15 Anlagen, 10 Tabellen. DM 39,10

HEFT 910
Prof. Dr.-Ing. habil. Kurt Walz, Forschungsinstitut der Zementindustrie, Düsseldorf
Der Einfluß einer Wärmebehandlung auf die Festigkeit von Beton aus verschiedenen Zementen
1960. 39 Seiten, 17 Abb., 5 Tabellen. DM 12,60

HEFT 921
Dr.-Ing. Kamillo Konopicky und
cand. phys. Karl Wohlleben, Forschungsinstitut der Feuerfest-Industrie, Bonn
Untersuchungen zum Gang des Torsionsmoduls mit der Temperatur an Wannensteinen
1960. 23 Seiten, 10 Abb., 4 Tabellen. DM 8,40

HEFT 948
Prof. Dr. phil. nat. habil. Hans-Ernst Schwiete und Dipl.-Ing. Udo Ludwig, Institut für Gesteinshüttenkunde der Rhein.-Westf. Technischen Hochschule Aachen
Der Tuff, seine Entstehung und Konstitution und seine Verwendung im Baugewerbe im Spiegel der Literatur
1961. 68 Seiten, 8 Abb., 20 Tabellen. DM 18,80

HEFT 956
Prof. Dr. phil. nat. habil. Hans-Ernst Schwiete,
Dipl.-Ing. Udo Ludwig und
Dipl.-Ing. Karl-Heinz Wigger, Institut für Gesteinshüttenkunde der Rhein.-Westf. Technischen Hochschule Aachen
Die Konstitution einiger rheinischer und bayrischer Trasse
1961. 44 Seiten, 17 Abb., 14 Tabellen. DM 13,40

HEFT 977
Dr.-Ing. Gottfried Kronenberger, Institut für Baumaschinen und Baubetrieb der Rhein.-Westf. Technischen Hochschule Aachen
Untersuchungen über die Verdichtungswirkung und das Arbeitsverhalten eines Einmassenrüttlers auf Schotter und Kiessand zur Ermittlung der maßgeblichen Einflußgrößen bei der Rüttelverdichtung
1961. 96 Seiten, 36 Abb., 17 Tafeln, 7 Tabellen. DM 27,70

HEFT 978
Prof. Dr. phil. nat. habil. Hans-Ernst Schwiete und Dipl.-Ing. Udo Ludwig, Institut für Gesteinshüttenkunde der Rhein.-Westf. Technischen Hochschule Aachen
Das Verhalten von rheinischem und bayrischem Trass in hydraulischen Bindemitteln
1961. 82 Seiten, 27 Abb., 25 Tabellen. DM 24,70

HEFT 979
Prof. Dr. phil. nat. habil. Hans-Ernst Schwiete und Dipl.-Ing. Udo Ludwig, Institut für Gesteinshüttenkunde der Rhein.-Westf. Technischen Hochschule Aachen
Die Bindung des freien Kalkes und die bei den Trass-Kalk-Reaktionen entstehenden Neubildungen
1961. 59 Seiten, 18 Abb., 13 Tabellen. DM 18,—

HEFT 995
Prof. Dr.-Ing. Hermann Reiher und
Dr. phil. Dietrich von Soden, Institut für technische Physik der Fraunhofer-Gesellschaft, Stuttgart
Einfluß von Erschütterungen auf Gebäude
1961. 45 Seiten, 11 Abb. Vergriffen

HEFT 998
Prof. Dr. phil. nat. habil. Hans-Ernst Schwiete,
Dr. phil. Hermann Müller-Hesse und
Dipl.-Chem. John Egon Planz, Institut für Gesteinshüttenkunde der Rhein.-Westf. Technischen Hochschule Aachen
Untersuchungen über Festkörperreaktionen im System $BaO—Al_2O_3—SiO_2$ mit Hilfe der Infrarot-Spektroskopie
1961. 169 Seiten, 82 Abb., 32 Tabellen. DM 49,—

HEFT 1005
Prof. Dr.-Ing. habil. Kurt Walz, Dr.-Ing. Justus Bonzel, Forschungsinstitut der Zementindustrie, Düsseldorf
Festigkeitsentwicklung verschiedener Zemente bei niederer Temperatur
1961. 42 Seiten, 25 Abb., 7 Tabellen. DM 15,10

HEFT 1012
Dr. rer. pol. Theo Beckermann,
Dipl.-Kfm. Meinolf Wulff, Rheinisch-Westfälisches Institut für Wirtschaftsforschung, Essen
Entwicklung und Situation des Baumarktes
1961. 119 Seiten, 5 Abb., 10 Tabellen.
Strukturtabellen 1–35. DM 34,10

HEFT 1026
Prof. Dr. phil. nat. habil. Hans-Ernst Schwiete und
Dipl.-Chem. Hans Georg Ritt, Institut für Gesteinshüttenkunde der Rhein.-Westf. Technischen Hochschule Aachen
Beitrag zur Konstitution und Wirkungsweise plastifizierender und lufteinführender Betonzusatzmittel
1962. 58 Seiten, 23 Abb., 5 Tabellen. DM 19,90

HEFT 1047
Prof. Dr.-Ing. habil. Kurt Walz und
Dr.-Ing. Gerd Wischers, Forschungsinstitut der Zementindustrie, Düsseldorf
Beton als Strahlenschutz für Kernreaktoren
1961. 51 Seiten, 17 Abb., 6 Tabellen. DM 18,70

HEFT 1048
Dr.-Ing. Kamillo Konopicky, Dr. Ingeborg Patzak und
Dipl.-Phys. Karl Wohlleben, Forschungsinstitut der Feuerfest-Industrie, Bonn
Über den Glasanteil in Silikatsteinen
1961. 25 Seiten, 6 Abb., 7 Tabellen. DM 11,—

HEFT 1076
Prof. Dr. phil. nat. habil. Hans-Ernst Schwiete,
Dr. Rainer Ganglitz, Dipl.-Ing. Cristoph Ackermann, Institut für Gesteinshüttenkunde der Rhein.-Westf. Technischen Hochschule Aachen
Der Einfluß der Art, der Korngröße und der Kationenbelegung von Montmorillonit auf sein thermochemisches Verhalten
1962. 49 Seiten, 23 Abb., 5 Tabellen. DM 21,80

HEFT 1077
Prof. Dr. phil. nat. habil. Hans-Ernst Schwiete,
Dr. phil. Hermann Müller-Hesse und
Dipl.-Chem.-Ing. Oktay Tekin Orhun, Institut für Gesteinshüttenkunde der Rhein.-Westf. Technischen Hochschule Aachen
Über die Stabilität der Mineralien Kyanit, Andalusit und Sillimanit
1962. 67 Seiten, 24 Abb., 10 Tabellen. DM 31,60

HEFT 1090
Dr.-Ing. Kamillo Konopicky,
Dipl.-Chem. Emil Karl Köhler und
Dr.-Ing. Wilhelm Lohre, Forschungsinstitut der Feuerfest-Industrie, Bonn
Aufbau und Eigenschaften des Kanalisationssteinzeugrohres
Einfluß der Rohstoffe und Herstellungsbedingungen
1962. 85 Seiten, 53 Abb., 15 Tabellen. DM 46,—

HEFT 1096
Dr.-Ing. Kamillo Konopicky,
Dipl.-Chem. Emil Karl Köhler, Forschungsinstitut der Feuerfest-Industrie, Bonn
Die Veränderung der keramisch-technologischen Eigenschaften und des Mineralaufbaues verschiedener Tone beim Brennen
1962. 46 Seiten, 23 Abb., 3 Tabellen. DM 27,50

HEFT 1186
Prof. Dr. phil. nat. habil. Hans-Ernst Schwiete und
Dipl.-Ing. Friedrich-Carl Dölbor, Institut für Gesteinshüttenkunde der Rhein.-Westf. Technischen Hochschule Aachen
Einfluß der Abkühlungsbedingungen und der chemischen Zusammensetzung auf die hydraulischen Eigenschaften von Hämatitschlacken
1963. 119 Seiten, 52 Abb., davon 1 Abb. farbig,
18 und 38 Tabellen. DM 59,60

HEFT 1241
Dr.-Ing. Kamillo Konopicky, Forschungsinstitut der Feuerfest-Industrie, Bonn
Über die Zonenbildung bei der Reaktion von Glas mit feuerfesten Steinen, vorzugsweise Schamotte-Wannensteinen
1963. 43 Seiten, 23 Abb., 1 Tabelle. DM 22,50

HEFT 1288
Prof. Dr. phil. nat. habil. Hans-Ernst Schwiete und
Dipl.-Chem. Emil Karl Köhler, Institut für Gesteinshüttenkunde der Rhein.-Westf. Technischen Hochschule Aachen
Über Aufbau, Eigenschaften und Prüfmethoden feuerfester Mörtel
1964. 136 Seiten, 73 Abb., 19 Tabellen. DM 67,—

HEFT 1299
Prof. Dr. phil. nat. habil. Hans-Ernst Schwiete und
Dr.-Ing. Helmut Neises, Institut für Gesteinshüttenkunde der Rhein.-Westf. Technischen Hochschule Aachen
Untersuchungen über die Verschlackung von Schamotte-Pfannensteinen
1964. 125 Seiten, 52 Abb., 42 Tabellen. DM 62,50

HEFT 1321
Prof. Dr.-Ing. Wolfgang Triebel und Dipl.-Ing. Günter Meyerhoff, Institut für Bauforschung e. V., Hannover
Elemente und Maßstäbe der Produktivität
1964. 38 Seiten. DM 15,20

HEFT 1322
Prof. Dr.-Ing. Wolfgang Triebel und Dipl.-Ing. Erichbernd Brocher, Institut für Bauforschung e. V., Hannover
Wirtschaftlichkeit der Vorfertigung bestimmter Elemente im Hochbau
1964. 50 Seiten, 17 Abb., 4 Tabellen. DM 23,—

HEFT 1323
Obering. Gerhard Piltz, Institut für Ziegelforschung Essen e. V., Essen-Kray
Untersuchung der Möglichkeiten der Aufhellung der Brennfarben von Ziegelrohstoffen
1964. 44 Seiten, 9 Abb., 15 Tabellen. DM 18,80

HEFT 1336
Prof. Dr. phil. nat. habil. Hans-Ernst Schwiete und Dipl.-Ing. Claus Metzger, Institut für Gesteinshüttenkunde der Rhein.-Westf. Technischen Hochschule Aachen
Methoden zur Untersuchung des Fließverhaltens von feuerfesten Baustoffen bei hohen Temperaturen
1964. 28 Seiten, 12 Abb. DM 15,30

HEFT 1337
Prof. Dr. phil. nat. habil. Hans-Ernst Schwiete und Karl-Heinz Karsch, Institut für Gesteinshüttenkunde der Rhein.-Westf. Technischen Hochschule Aachen
Einfluß der Vorbehandlung auf das chemische und mechanische Verhalten binärer Alkaliboratgläser
1964. 37 Seiten, 22 Abb., 3 Tabellen. DM 19,—

HEFT 1338
Dr.-Ing. Hans-Joachim Crasemann, Dr.-Ing. Manfred Meyer, Untersuchungen durchgeführt im Jahre 1960 am Institut für Werkzeugmaschinen und Umformtechnik Technische Hochschule Hannover (Leiter: Prof. Dr.-Ing. Dr.-Ing. E. h. O. Kienzle) im Auftrage der Forschungsgemeinschaft Schleifscheiben Beuel
Der Verschleiß an Preßformen bei der Herstellung von Schleifkörpern
1964. 42 Seiten, 19 Abb., 2 Tabellen. DM 24,80

HEFT 1339
Prof. Dr.-Ing. habil. Adolf Dietzel, Max-Planck-Institut für Silikatforschung Würzburg, im Auftrage der Deutschen Keramischen Gesellschaft e. V., Bad Honnef
Untersuchungen über die Spannungsverteilung im System Mörtel-Scherben-Glasur bei angelegten Wandfliesen
Teil I: Das System Mörtel-Scherben
2. Auflage 1966, 56 Seiten, 32 Abb., 9 Tabellen. DM 31,80

HEFT 1341
Prof. Dr. phil. nat. habil. Hans-Ernst Schwiete, Dr. phil. Hermann Müller-Hesse und Dipl.-Ing. Ehrhardt Wilkendorf, Institut für Gesteinshüttenkunde der Rhein.-Westf. Technischen Hochschule Aachen
Untersuchungen an Al_2O_3 : SiO_2-Mineralien als Rohstoffe für feuerfeste Erzeugnisse
1964. 53 Seiten, 26 Abb., 13 Tabellen. DM 28,—

HEFT 1342
Dipl.-Chem. Dr. Paul Ney, Forschungslaboratorium des Bundesverbandes der Deutschen Kalkindustrie e. V., Köln-Raderthal
Einfluß der Zusammensetzung der flüssigen Phase beim Löschvorgang auf die Plastizitätseigenschaften des Kalkes nach Emley
1964. 57 Seiten, 7 Abb., 28 Tabellen. DM 25,40

HEFT 1343
Prof. Dr.-Ing. habil. Adolf Dietzel, Direktor des Max-Planck-Instituts für Silikatforschung, Würzburg
Untersuchungen über das Schnellkühlverfahren bei Steinzeug.
Gefügeaufbau des Scherbens von Isolatorenporzellan
1964. 16 Seiten, 3 Abb. DM 8,90

HEFT 1345
Dipl.-Ing. Herbert Menkhoff, Institut für Baumaschinen und Baubetrieb der Rhein.-Westf. Technischen Hochschule Aachen
Raumgewichtsbestimmung mit radioaktiven Isotopen
1964. 96 Seiten, 62 Abb., 14 Tabellen. DM 51,50

HEFT 1346
Dr.-Ing. Armin Horn, Institut für Verkehrswasserbau, Grundbau und Bodenmechanik der Rhein.-Westf. Technischen Hochschule Aachen
Die Scherfestigkeit von Schluff
1964. 293 Seiten, 150 Abb., 1 Tabelle. DM 112,—

HEFT 1351
Obering. Gerhard Piltz, Institut für Ziegelforschung Essen e. V., Essen-Kray
Vergleich der in der Grobkeramik angewandten Untersuchungsmethoden in bezug auf ihre Aussage über technologisches Verhalten der Rohstoffe und der Eigenschaften der daraus gefertigten Erzeugnisse
1964. 64 Seiten, 15 Abb., 19 Anlagen, 7 Tabellen. DM 31,—

HEFT 1378
Rheinisch-Westfälisches Institut für Wirtschaftsforschung, Essen
Öffentliche Hand und Baumarkt — Voraussetzungen und Möglichkeiten einer Koordinierung
1964. 56 Seiten, 3 Schaubilder, 1 Tabelle. DM 19,50

HEFT 1380
Dipl.-Phys. Karl Wohlleben, Forschungsinstitut der Feuerfest-Industrie, Bonn
Studien zur Anwendbarkeit der Röntgenfluoreszenzanalyse für die quantitative Analyse
Röntgenfluoreszenzanalyse von tonerdereichen Substanzen
1965. 69 Seiten, 33 Abb., 10 Tabellen. DM 38,50

HEFT 1382
Prof. Dr.-Ing. Dr. h. c. Herwart Opitz, Dozent Dr.-Ing. Janez Peklenik und Dipl.-Ing. Wilhelm Ernst, Laboratorium für Werkzeugmaschinen und Betriebslehre der Rhein.-Westf. Technischen Hochschule Aachen
Im Auftrag des Vereins Deutscher Schleifmittelwerke e. V.
Forschungsgemeinschaft Schleifscheiben, Beuel a. Rh.
Untersuchung der Härte von Schleifkörpern
1964. 57 Seiten, 35 Abb., 2 Tabellen. DM 29,80

HEFT 1383
Dr.-Ing. Kamillo Konopicky, Dr.-Ing. Wilhelm Lohre und Gerald Routschka, Forschungsinstitut der Feuerfest-Industrie, Bonn
Zur Frage des synthetischen Mullits
1964. 69 Seiten, 19 Abb., 16 Tabellen. DM 35,40

HEFT 1386
Architekt Karl Richard Kräntzer unter Mitwirkung von Rolf Heitmann, Institut für Bauforschung e. V., Hannover
Leiter: Prof. Dr.-Ing. Wolfgang Triebel
Preisindex und Baukosten im Wohnungsbau. Einflüsse auf Aufwand und Baukosten und ihre Auswirkung auf die Anwendungsmöglichkeiten der Baupreisindices für Preis- und Kostenvergleiche
1964. 84 Seiten, 6 Abb., 15 Tabellen, 7 Anlagen. DM 43,—

HEFT 1392
Prof. Dr. phil. nat. habil. Hans-Ernst Schwiete und Dipl.-Chem. Egid M. M. G. Niel, Institut für Gesteinshüttenkunde der Rhein.-Westf. Technischen Hochschule Aachen
Untersuchungen über die Reaktionen im System Klinker-Sulfat-Wasser in den ersten Minuten nach der Wasserzugabe
1964. 152 Seiten, 128 Abb., 37 Tabellen. DM 93,80

HEFT 1412
Dipl.-Chem. Eberhard Benkel, Institut für Fußbodenforschung und -materialprüfung der Fraunhofer-Gesellschaft zur Förderung der angewandten Forschung e. V., Bonn
Einbau organischer Körper in die Oberfläche von Steinholzbelägen zur Erhöhung der Güteeigenschaften
1965. 40 Seiten, 11 Abb., 12 Tabellen. DM 19,80

HEFT 1427
Prof. Dr. phil. nat. habil. Hans-Ernst Schwiete und Dipl.-Ing. Heinz Klein, Institut für Gesteinshüttenkunde der Rhein.-Westf. Technischen Hochschule Aachen
Über Verformungsmessungen an feuerfesten Materialien unter hohen statischen, dynamischen und thermischen Beanspruchungen
1965. 118 Seiten, 98 Abb., 2 Tabellen. DM 61,80

HEFT 1441
Prof. Dr. phil. nat. habil. Hans-Ernst Schwiete, Dipl.-Ing. Petrus Kastanja und Dr.-Ing. Udo Ludwig, Institut für Gesteinshüttenkunde der Rhein.-Westf. Technischen Hochschule Aachen
Das mörteltechnische und chemische Verhalten verschiedener Trasse und Gesteinsmehle in Verbindung mit Kalk in wäßrigen Lösungen
1965. 46 Seiten, 17 Abb., 15 Tabellen. DM 25,50

HEFT 1449
Frau Prof. Dr. Eleanor von Erdberg-Consten, Institut für Kunstgeschichte der Rhein.-Westf. Technischen Hochschule Aachen
Grundsätze des Wohnens im westlichen und östlichen Raum; Baustil und Bautechnik in Amerika und Japan
1964. 79 Seiten, 22 Abb. DM 33,—

HEFT 1451
Prof. Dr. phil. nat. habil. Hans-Ernst Schwiete und Dipl.-Ing. Friedrich Ellies, Institut für Gesteinshüttenkunde der Rhein.-Westf. Technischen Hochschule Aachen
Untersuchungen über die Abriebsfestigkeit keramisch gebundener und schmelzgegossener, feuerfester Steine bei hohen Temperaturen
1965. 111 Seiten, 87 Abb., 23 Tabellen. DM 68,—

HEFT 1453
Günter Serwatzky, Forschungsinstitut der Feuerfest-Industrie e. V., Bonn
Die Bestimmung der Korngrößenverteilung von Tonmineralien
1965. 35 Seiten, 22 Abb., DM 22,80

HEFT 1464
Prof. Dr.-Ing. Wolfgang Triebel und Rat.-Ing. Dirk Gerdes, Institut für Bauforschung e. V., Hannover
Energieersparnis durch Verbesserung des baulichen Wärmeschutzes
1966. 66 Seiten, 12 Abb., 20 Tabellen. DM 43,50

HEFT 1467
Prof. Dr. Georg Garbotz und Dr.-Ing. Hermann Christoffel, Institut für Baumaschinen und Baubetrieb der Rhein.-Westf. Technischen Hochschule Aachen
Das Verhalten von Schotter in Gleisbettungen
1964. 98 Seiten, 54 Abb., 10 Tabellen. DM 55,80

HEFT 1469
Dipl.-Chem. Dr. Paul Ney, Bundesverband der Deutschen Kalkindustrie e. V., Köln
Einfluß der Mörtelbestandteile und der Mörtelherstellung auf die Eigenschaften von Frischmörteln
1965. 48 Seiten, 13 Abb., 9 Tabellen. DM 24,—

HEFT 1493
Dipl.-Chem. Dr. Paul Ney, Forschungslaboratorium des Bundesverbandes der Deutschen Kalkindustrie e. V., Köln-Raderthal
Erprobung einer Bestimmungsmethode für die Verbrennungsgeschwindigkeit fester Brennstoffe zur Herstellung von Branntkalk
1965. 33 Seiten, 9 Tabellen. DM 16,50

HEFT 1494
Ing. Helmut Erich Czabon, Batelle-Institut e. V., Frankfurt. Im Auftrage der Forschungsgemeinschaft Schleifscheiben im Verband Deutscher Schleifmittelwerke e. V., Bonn
Einwirkung von Kühlflüssigkeiten auf kunstharzgebundene Schleifkörper und Maßnahmen zur Erhaltung ihrer Ursprungshärte
1965. 24 Seiten, 7 Tabellen. DM 12,50

HEFT 1515
Prof. Dr. Edward de Beer, Dr.-Ing. Heinz Graßhoff und Dr.-Ing. Manfred Kany, Institut für Verkehrswasserbau, Grundbau und Bodenmechanik der Rhein.-Westf. Technischen Hochschule Aachen
Die Berechnung elastischer Gründungsbalken auf nachgiebigem Untergrund. Vergleichende Untersuchungen über den Einfluß der Steifigkeit der Hochbaukonstruktion, der Plattensteifigkeit und einer Überkragung auf die inneren Beanspruchungen der Grundplatte
1966. 308 Seiten, zahlr. Abb. und Tabellen. DM 132,—

HEFT 1537
Dr. Emil Karl Köhler und Gerald Routschka, Forschungsinstitut der Feuerfest-Industrie, Bonn
Brennverhalten von Tonen in verschiedenen Atmosphären
1965. 54 Seiten, 17 Abb., 12 Tabellen. DM 33,—

HEFT 1540
Dipl.-Chem. Dr. rer. nat. Joachim Ernst Quincke, Prüf- und Forschungsinstitut des Bundesverbandes Kalksandsteinindustrie e. V., Hannover
Im Auftrage des Fachverbandes Kalksandsteinindustrie Nordrhein-Westfalen e. V., Hannover
Untersuchung über den Mischvorgang zur Senkung des Kalkbedarfs und Steigerung der Steinqualität
I. Teil: Laboratoriumsversuche
II. Teil: Betriebsversuche
1965. 88 Seiten, 20 Abb., 9 Tabellen. DM 49,50

HEFT 1541
Prof. Dr.-Ing. Kamillo Konopicky, Forschungsinstitut der Feuerfest-Industrie, Bonn
Prof. Dr.-Ing. habil. Adolf Dietzel,
Prof. Dr. Horst Saalfeld und
Priv.-Doz. Dr. Heribert J. Oel, Max-Planck-Institut für Silikatforschung, Würzburg
Vorgänge in der Grenzschicht zwischen feuerfestem Material und Glas bzw. Schlacke
Teil I: Eigenschaften der verwendeten feuerfesten Steine
Teil II: Vorgänge beim Angriff der Schlacken auf die Steine
1965. 55 Seiten, 24 Abb., 10 Tabellen. DM 35,80

HEFT 1549
Prof. Dr. phil. nat. habil. Hans-Ernst Schwiete und Dipl.-Ing. Tohru Iwai, Institut für Gesteinshüttenkunde der Rhein.-Westf. Technischen Hochschule Aachen
Über die ferritische Phase im Zement und ihr Verhalten bei der Hydration
1965. 78 Seiten, 48 Abb., 14 Tabellen. DM 44,—

HEFT 1550
Prof. Dr. phil. nat. habil. Hans-Ernst Schwiete, Dr.-Ing. Udo Ludwig und Dipl.-Ing. Peter Otto, Institut für Gesteinshüttenkunde der Rhein.-Westf. Technischen Hochschule Aachen
Der Einfluß der Molererde auf die technologischen Eigenschaften von klinkerarmen Hochofenzementen. Teil I
1965. 41 Seiten, 13 Abb., 12 Tabellen. DM 24,50

HEFT 1551
Prof. Dr.-Ing. Kamillo Konopicky,
Dr. Ingeborg Patzak und Heinz Dohr, Forschungsinstitut der Feuerfest-Industrie, Bonn
Untersuchungen zum Zweistoffsystem
Al_2O_3—SiO_2
1965. 26 Seiten, 8 Abb., 7 Tabellen. DM 15,80

HEFT 1597
Prof. Dr.-Ing. Kamillo Konopicky und
Dr. rer. nat. Ingeborg Patzak, Forschungsinstitut der Feuerfest-Industrie, Bonn
Untersuchungen über den Aufbau und die Umwandlung der verschiedenen Minerale der Sillimanit-Gruppe
1966. 66 Seiten, 44 Abb., 21 Tabellen. DM 39,80

HEFT 1605
Prof. Dr. Karl Jasmund und Dr. Heinz Lange,
Mineralogisch-Petrographisches Institut der Universität Köln
Adsorption und Selektivität an Na-, K- und Ca-Kaoliniten und K-, Ca-Montmorilloniten mit radioaktiv markiertem Rubidium, Cäsium und Kobalt
1966. 53 Seiten, 19 Abb. DM 32,70

HEFT 1606
Prof. Dr.-Ing. Kamillo Konopicky,
Dipl.-Phys. Karl Wohlleben und Gerd Mill, Forschungsinstitut der Feuerfest-Industrie, Bonn
Entstehung der mechanischen Festigkeit bei feuerfesten Erzeugnissen während des Trocknens
1966. 33 Seiten, 20 Abb., 5 Tabellen. DM 21,50

HEFT 1654
Prof. Dr.-Ing. Werner Leins, Aachen, und
Dr.-Ing. Siegfried Velske, Remscheid, Forschungsgesellschaft für das Straßenwesen e. V., Köln
Spannungen im bindemittelfreien Unterbau von Straßen unter Verkehrseinwirkung
1966. 102 Seiten, 50 Abb., 15 Tabellen, 7 Anlagen. DM 59,40

HEFT 1656
Dr.-Ing. Herbert Müllejans,
Lehrstuhl für Wärmeübertragung und Klimatechnik an der Rhein.-Westf. Technischen Hochschule Aachen
Über die Ähnlichkeit der nichtisothermen Strömung und den Wärmeübergang in Räumen mit Strahllüftung
1966. 73 Seiten, 30 Abb. DM 57,10

HEFT 1659
Prof. Dr.-Ing. Wilhelm Patterson und
Dr.-Ing. Dietmar Boenisch, Gießerei-Institut der Rhein.-Westf. Technischen Hochschule Aachen
Die Wasserbindung an Tonen und ihre Bedeutung für die Festigkeit des Gießereiformsandes
1966. 35 Seiten, 2 Abb., 1 Tabelle. DM 18,80

HEFT 1673
Prof. Dr.-Ing. Wolfgang Triebel,
Dipl.-Ing. Lothar Schmechel,
Prof. Dr. K. H. Pfarr und Dipl.-Kfm. Bauing. H. Th. Schmidt, Institut für Bauforschung e. V., Hannover
Die wirtschaftlichen Grenzen der Geräteinvestitionen im Wohnungsbau

HEFT 1674
Dr. rer. nat. Wolfgang Krönert und Dipl.-Phys. Gerhard Rudolf Lang, Institut für Gesteinshüttenkunde der Rhein.-Westf. Technischen Hochschule Aachen
Direktor: Prof. Dr. phil. nat. habil. Hans-Ernst Schwiete
Untersuchung intensitätsbeeinflussender Parameter bei der Röntgenfluoreszenzanalyse unter Berücksichtigung der für die Zementanalyse wichtigen Wellenlängenbereiche
1966. 94 Seiten, 62 Abb., zahlr. Tabellen. DM 63,—

HEFT 1692
Obering. Gerhard Piltz, Institut für Ziegelforschung Essen e. V., Essen
Versuche zur Erhöhung der Feuerstandfestigkeit sowie zur Bestimmung der zulässigen Gewichtsbelastung der Ziegel beim Brand
1966. 47 Seiten, 29 Abb., 12 Tabellen. DM 30,—

HEFT 1705
Prof. Dr.-Ing. Kamillo Konopicky, Forschungsinstitut der Feuerfest-Industrie, Bonn
Untersuchungen an Kohlenstoffsteinen
1966. 52 Seiten, 16 Abb., 8 Tabellen. DM 27,40

HEFT 1718
Prof. Dr. phil. Dr. techn. Ludvik Žagar und Dipl.-Ing. Gerhard Krause, Institut für Gesteinshüttenkunde der Rhein.-Westf. Technischen Hochschule Aachen
Direktor: Prof. Dr. phil. nat. habil. Hans-Ernst Schwiete
Beitrag zur Bestimmung der spezifischen Oberfläche von Glaspulvern und deren Beziehung zu den aus der Korngrößenanalyse ermittelten statistischen Parametern
1966. 117 Seiten, 31 Abb., 31 Tabellen. DM 71,10

HEFT 1719
Dipl.-Chem. Dr. Paul Ney, Bundesverband der Deutschen Kalkindustrie e. V., Köln
Dr. Gerhard Schimmel, Batelle-Institut e. V., Frankfurt
Der Einfluß der Erhärtungsbedingungen auf die Kristallisationsformen des Calciumcarbonates
1966. 79 Seiten, 54 Abb., DM 41,—

HEFT 1720
Prof. Dr. phil. nat. habil. Hans-Ernst Schwiete, Dr.-Ing. Udo Ludwig und Dipl.-Ing. Hans-Peter Lühr, Institut für Gesteinshüttenkunde der Rhein.-Westf. Technischen Hochschule Aachen
I. Resonanzfrequenzmessungen an in Wasser und aggressiven Lösungen gelagerten Mörtelprismen
II. Der Einfluß der Porosität auf die Aggressivbeständigkeit von Zementmörtelprismen

HEFT 1721
Prof. Dr. phil. nat. habil. Hans-Ernst Schwiete und Dipl.-Ing. Wolfram Babinecz, Institut für Gesteinshüttenkunde der Rhein.-Westf. Technischen Hochschule Aachen
Über die Anwendung der Röntgenfluoreszenzanalyse in der Gesteinshüttenkunde unter Berücksichtigung der Nebenbestandteile und Spuren

HEFT 1733
Prof. Dr. phil. Dr. techn. Ludvik Žagar und Dipl.-Ing. Winfrid Bernhardt, Institut für Gesteinshüttenkunde der Rhein.-Westf. Technischen Hochschule Aachen
Beitrag zur Frage der Bindfähigkeit verschiedener Metalle mit Nichtmetallen als Grundbedingung bei der Herstellung von Cermets
1966. 82 Seiten, 3 Abb., 48 Tabellen. DM 51,20

HEFT 1758
Prof. Dr.-Ing. Kamillo Konopicky, Heinz Dohr, Gudrun Krüger und Gerald Routschka, Forschungsinstitut der Feuerfestindustrie, Bonn
Studium der Inhomogenität und des Verschlakkungsvorganges in feuerfesten Erzeugnissen
1966. 41 Seiten, 18 Abb., 4 Tabellen. DM 27,10

HEFT 1759
Dr.-Ing. Walter Ohnemüller, Bundesverband der Deutschen Kalkindustrie e. V., Köln
Reaktionen zwischen Steinoberfläche und Mörtel
1966. 41 Seiten, 1 Tabelle. DM 20,50

HEFT 1778

Prof. Dr.-Ing. Kamillo Konopicky, Gerald Routscka, Dr.-Ing. Hans Lehmann und Dr. rer. nat. Ingeborg Patzak, Forschungsinstitut der Feuerfest-Industrie Bonn

Das Verhalten und der Verschleiß hochwertiger Schamottsteine im Hochofenschacht und Hochofenrast

HEFT 1785

Prof. Dr. phil. nat. habil. Hans-Ernst Schwiete und Dipl.-Ing. Dieter Opitz, Institut für Gesteinshüttenkunde der Rhein.-Westf. Technischen Hochschule Aachen

Untersuchungen an kalksilikatreichen Ferrochromschlacken im Hinblick auf ihre Verwendbarkeit als feuerfeste Steine

1966. 77 Seiten, 34 Abb., zahlr. Tabellen DM 54,80

HEFT 1805

Prof. Dr.-Ing. habil. Wilhelm Anton Fischer und Dr.-Ing. Werner Ertmer, Max-Planck-Institut für Eisenforschung, Düsseldorf

Die Untersuchung des Wärmeinhalts, der Wärmeleitfähigkeit und der elektrischen Leitfähigkeit von Schmelzkalk

Band I und II

In Vorbereitung

HEFT 1841

Dipl.-Chem. Dr. Paul Ney, Dr.-Ing. Walter Ohnemüller und Ilse Zimmermann, Forschungslaboratorium des Bundesverbandes der Deutschen Kalkindustrie e. V., Köln

Ermittlung der Phasenzusammensetzung von Gemischen in denen $CaCo_3$ oder CaO oder $Cq(OH)_2$ Hauptbestandteile sind

In Vorbereitung

Verzeichnisse der Forschungsberichte aus folgenden Gebieten können beim Verlag angefordert werden:

Acetylen/Schweißtechnik – Arbeitswissenschaft – Bau/Steine/Erden – Bergbau – Biologie – Chemie – Druck/Farbe/Papier/Photographie – Eisenverarbeitende Industrie – Elektrotechnik/Optik – Energiewirtschaft – Fahrzeugbau/Gasmotoren – Fertigung – Funktechnik/Astronomie – Gaswirtschaft – Holzbearbeitung – Hüttenwesen/Werkstoffkunde – Kunststoffe – Luftfahrt/Flugwissenschaften – Luftreinhaltung – Maschinenbau – Mathematik – Medizin/Pharmakologie – NE-Metalle – Physik – Rationalisierung – Schall/Ultraschall – Schiffahrt – Textilforschung – Turbinen – Verkehr – Wirtschaftswissenschaften.

WESTDEUTSCHER VERLAG · KÖLN UND OPLADEN
567 Opladen/Rhld., Ophovener Straße 1–3

GPSR Compliance

The European Union's (EU) General Product Safety Regulation (GPSR) is a set of rules that requires consumer products to be safe and our obligations to ensure this.

If you have any concerns about our products, you can contact us on ProductSafety@springernature.com

In case Publisher is established outside the EU, the EU authorized representative is:

Springer Nature Customer Service Center GmbH
Europaplatz 3
69115 Heidelberg, Germany

Batch number: 10584556

Printed by Printforce, the Netherlands